AF538088

Dominik Erdmann, Stefan Brönnimann

Humboldts Wetterwerkstatt

Dominik Erdmann, Stefan Brönnimann

HUMBOLDTS WETTERWERKSTATT

Die Anfänge der modernen Klimaforschung

Haupt Verlag

Inhaltsverzeichnis

THE WORLD

I. DAS KLIMA AN HUMBOLDTS SCHREIBTISCH

Mitten im Sommer, am 1. Juli 1842, zog Alexander von Humboldt «[u]nter allen Gräueln des Umziehens in eine entfernte, aber sehr gesunde und heitere Wohnung.»[1] Es war seine letzte Adresse. Sie lag in der Oranienburger Straße Nr. 67 im Nordwesten Berlins, unweit der Stadtmauer, in der Nähe des Oranienburger Tors. Bis zu seinem Tod am 6. Mai 1859 bewohnte Humboldt dort vier Zimmer im ersten Stock eines gewöhnlichen Stadthauses. Zur Gartenseite hin lag sein Arbeitszimmer, in das uns ein 1845 gemaltes Aquarell des königlich preußischen Hofmalers Eduard Hildebrand einen detailverliebten Einblick gibt (Abb. 1).

Abbildung 1 • Eduard Hildebrandt malte Alexander von Humboldt 1845 in seinem zur Gartenseite des Hauses hin gelegenen Arbeitszimmer.

In diesem Zimmer, an einem kleinen, geradezu unscheinbaren Schreibtisch aus Birkenholz, der nur 80 cm hoch, 78 cm tief und 145 cm breit ist (Abb. 2), schuf Humboldt die Grundlagen der modernen Klimaforschung. Die weiteren Schreibgeräte, die ihm zur Verfügung standen, waren nicht minder schlicht. Um das Klima zum Erscheinen zu bringen, benutzte Humboldt Gänsefedern, Eisengallustinte, gelegentlich einen Bleistift sowie Papier, Klebstoff und eine Schere. Neben diesen gab es nur noch zwei weitere, für Humboldts Arbeit jedoch unerlässliche, Hilfsmittel. Das erste war sein Kachelofen. «Tropische Wärme, immer an die 20° Réaumur»[2] (was 25 °C entspricht), waren ihm in seinen Zimmern ein stetes Bedürfnis. Das zweite war das weitaus wichtigste Arbeitsinstrument Humboldts, seine sogenannten Kollektaneen zum Kosmos. Dabei handelt es sich um eine spezielle Sammlung wissenschaftlicher Papiere, die er in 13 eigens für ihn angefertigten Pappkästen aufbewahrte. Drei dieser Kästen sind rechts unten auf dem Aquarell Hildebrandts abgebildet. Insgesamt enthielten die 13 Kästen an die 15 000 Briefe, Manuskripte, Zeitungsausschnitte, Listen, Tabellen, Zeichnungen und Notizzettel, die Humboldt in beschriftete Mappen und Umschläge sortierte. Mit ihnen hat Humboldt alle seine späten Bücher, Aufsätze, Artikel und Essays verfasst. Bis heute sind die Kollektaneen in der Berliner Staatsbibliothek in der von ihm angelegten Ordnung überliefert.[3] Um die Rolle, die diese Kollektaneen für Humboldts Klimaforschung spielen, wird es in dem vorliegenden Buch gehen.

Abbildung 2 • Alexander von Humboldts «Wetterwerkstatt» • Sein Schreibtisch, den er 1827 bei einem unbekannten Berliner Tischler in Auftrag gab, und an dem er das Klima zum Erscheinen brachte.

Der Begründer der Klimatologie und sein Nachlass

Humboldt gilt heute als der Begründer der modernen Klimatologie, da er der Erste war, der das Klima auf Grundlage mehrjähriger Messreihen statistisch bestimmte und eine genauere Definition des Begriffes «Klima» vorgelegt hat. Allerdings hatte auch er Vorläufer. So war in Johann Christian Adelungs *Grammatisch-kritischem Wörterbuch der hochdeutschen Mundart* bereits 1801 über die «Witterung» zu lesen, sie sei «[d]er merklich veränderliche Zustand der Atmosphäre, als ein Collectivum, [...] wodurch es sich von Wetter unterscheidet, welches nur eine einzelne Beschaffenheit andeutet.»[4] Adelung und seine Zeitgenossen differenzierten also bereits genau zwischen momentanen Wetterereignissen und einem längerfristigen Klima, worauf Humboldt aufbauen konnte.

Neben der Dauer war für Humboldt die Komplexität des Klimas als ein multifaktoriell bedingtes Gebilde wechselwirksamer Ursachen entscheidend, was sich aus seiner ersten Klimadefinition erfahren lässt, die er im ersten Band seines Opus Magnum *Kosmos – Entwurf einer physischen Weltbeschreibung*[5] 1845 publizierte:

> Das Wort Klima bezeichnet allerdings zuerst eine specifische Beschaffenheit des Luftkreises; aber diese Beschaffenheit ist abhängig von dem perpetuirlichen Zusammenwirken einer all- und tiefbewegten, durch Strömungen von ganz entgegengesetzter Temperatur durchfurchten Meeresfläche mit der wärmestrahlenden trocknen Erde, die mannigfaltig gegliedert, erhöht, gefärbt, nackt oder mit Wald und Kräutern bedeckt ist.[6]

Doch nicht nur als Theoretiker, auch als praktischer Klimaforscher war Humboldt tätig. Auf seinen Reisen erhob er selbst Klimadaten, maß Temperaturen, Luftdruck, Niederschläge, Schneegrenzen, Luftelektrizität, Himmelsbläue und mehr und brachte sie in Verbindung mit der Ausbreitung der Vegetation, der Tiere und des Menschen. Das Ergebnis dieser Forschungen war sein wohl berühmtestes Bild, die Datengrafik mit dem Titel *Géographie des plantes équinoxiales. Tableau physique des Andes et Pays voisins*, deren Vorzeichnung er 1803 in Guayaquil anfertigte (Abb. 3).

Während seiner Russlandreise im Jahr 1829 regte er erfolgreich die Einrichtung eines meteorologischen Messnetzes an. Im Oktober 1847 wurde auf Humboldts Betreiben das Preußische Meteorologische Institut gegründet, der erste staatlich organisierte Wetterdienst Deutschlands.

Dieser Weite und Vielfalt von Überlegungen und Aktivitäten entspricht das breite Themenspektrum seiner klimatologischen Schriften. Er befasste sich mit dem unterirdischen Klima in Höhlen und Bergwerken und war einer der ersten, der systematisch Hochgebirgsmeteorologie betrieb. Er untersuchte mittels Eudiometer die chemische Zusammensetzung der Atmosphäre und studierte die Wärmeverteilung auf dem Erdkörper, indem er im großen Stil Luftdruck- und Temperaturmessungen zusammentrug, kritisch miteinander verglich und in Grafiken übersetzte. Er stellte Vermutungen über die Geschichte des Klimas an und beschrieb als einer der ersten Klimaveränderungen, die durch Umwelteingriffe des Menschen hervorgerufen wurden. Er war fasziniert von den Auswirkungen der Meeresströmungen auf das Klima und von exotisch anmutenden, klimatologischen Themen. So untersuchte er beispielsweise den Zusammenhang zwischen dem Mikroklima eines Ortes und der lokalen Verbreitung

Abbildung 3 • Noch während sich Humboldt in Südamerika aufhielt, zeichnete er 1803 in Guayaquil die Vorlage für sein wahrscheinlich bekanntestes klimageographisches Bild, das 1807 publizierte *Tableau physique des Andes et Pays voisins*.

von Infektionskrankheiten oder die Abhängigkeit der Ausbreitung von Schallwellen von der Beschaffenheit der Atmosphäre. Bei all diesen Studien war Humboldts Augenmerk stets auf die Erde als Ganzes gerichtet. Ihn interessierte der allgemeine Zusammenhang der Klima- und Geofaktoren und ihre Auswirkungen auf die Verbreitung von Pflanzen, Tieren und letztlich des Menschen und seiner Kultur. Humboldt war einer der Ersten, der die Erde und ihr Klima als ein Ökosystem begriff, noch bevor dieser Begriff gebräuchlich wurde. Nach einem eigenen Buch über das Klima sucht man bei Humboldt, der noch nicht einmal ein ausgebildeter Meteorologe war, allerdings vergebens. Seine klimatologischen Ansichten sind vielmehr über sein ganzes Werk in Buchkapiteln, Artikeln, Aufsätzen und Essays verstreut.[7] Und sie finden sich in seinem handschriftlichen Nachlass, seinen Kollektaneen zum Kosmos.

Dort gibt es ganze Kästen zur Klimatologie, beispielsweise den Kasten Nummer 1, in dem er seine Materialien für die von ihm in die Wissenschaft eingeführten isothermen Linien sammelte. Nahezu in jedem weiteren Kasten der Kollektaneen befinden sich Briefe, Manuskripte, Notizzettel, einzelne Dokumente oder ganze Mappen zu klimatologischen Themen: Temperaturtabellen und Daten zur barometrischen Höhenmessung in Kasten 2; ausgedehnte Sammlungen zu den Meeresströmungen in Kasten 4; Umrechnungstabellen für die unterschiedlichen Skalen von Barometern und Thermometern in den Kästen 1 und 5; umfangreiche Dossiers zum «Luftmeer», wie Humboldt die Atmosphäre nannte, in den Kästen 11–14. In den letzteren stellte er Materialien zusammen, die sich mit extremen Sommer- und Wintertemperaturen, Winden und Stürmen, der chemischen Zusammensetzung der Atmosphäre, der atmosphärischen Elektrizität, dem Luftdruck, den Niederschlägen, dem Paläoklima und weiteren Themen mehr beschäftigen. Alle klimatologischen Fakten, mit denen Humboldt sich befasste und zu denen er publizierte, sind in den Kollektaneen vertreten. An seinen Materialien zur Klimatologie lässt sich aber auch nachvollziehen, wie er das globale Klima mit Feder, Tinte, Schere und Klebstoff auf dem Papier zum Erscheinen gebracht hat.

Klimatologie als Papierarbeit

Bei Humboldt steht am Anfang seiner Klimaforschung die empirische Datenerhebung. Zum Teil sammelte er selbst Klimadaten. Der weitaus größere Teil wurde ihm jedoch in Form von Briefen, Tabellen, Manuskripten und Publikationen zugetragen. Sie mussten ausgewertet und überarbeitet werden, denn erst die Verarbeitung der Daten brachte das Klima als Wissensgegenstand in Erscheinung. Diese Arbeit fand bei Humboldt in erster Linie auf und mit dem Papier statt. Es ist

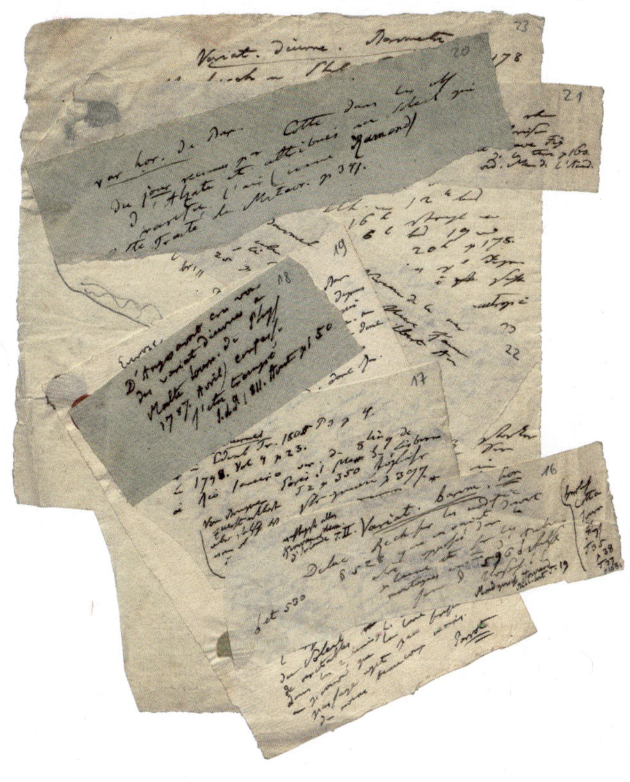

eine Besonderheit der Kollektaneen, dass sie es uns noch heute erlauben, Humboldt bei seinen Klimastudien «über die Schulter zu schauen». Exemplarisch soll dieser Blick im Folgenden anhand zweier Beispiele gewagt werden. Beim ersten sehen wir, wie Humboldt die Papiere seiner Kollektaneen nach Belieben sortierte. Beim zweiten, wie er mit Schere und Klebstoff die Zusammenhänge der Natur erkundete.

Die Kollektaneen sind eine große, nach Themengebieten sortierte Loseblattsammlung, die Humboldt in beschriftete Mappen ablegte. Dieses Arrangement erlaubte es ihm, zu jeder Zeit und an jeder beliebigen Stelle neue Informationen einzufügen oder veraltete zu entfernen. Auf diese Weise konnte Humboldt die Kollektaneen über einen langen Zeitraum hinweg auf dem aktuellen Stand des Wissens halten. Die Mobilität der Papiere erlaubte es ihm aber auch, sie entsprechend der Themen, an denen er gerade arbeitete, zu sortieren und sie so zu kombinieren, dass sie ihm neue Einblicke in Naturphänomene erlaubten. Das ist beispielsweise bei seinen Untersuchungen der globalen Wärmeverteilung der Fall, seinen berühmten Arbeiten zu den isothermen Linien. Die dazu notwendigen Materialien – Temperaturtabellen verschiedener Autoren, Umrechnungstabellen von Fahrenheit-, Réaumur- und Celsius-Temperaturskalen, Isothermenkarten und Notizzettel mit Literaturauszügen – sammelte er in dem bereits erwähnten Kasten Nummer 1. Er ordnete die Materialien in diesem Kasten in insgesamt acht Mappen ein, die er nach Ländern und Regionen unterteilte. Durch diese Organisation der Papiere erhielt er Einblicke in ein an sich unsichtbares Phänomen, der konkreten Verteilung der Wärme auf der Erde. In einem zweiten Schritt konnte er dann auf die Ursachen dieser Verteilung zu sprechen kommen oder seine Einsichten in eine eigene Temperaturtabelle oder eine Isothermenkarte überführen. Dies tat er, um seinen Leserinnen und Lesern die Gesetzmäßigkeiten der Wärmeverteilung auf der Erde vor Augen zu führen. Die Kollektaneen waren also keineswegs nur ein Ort der Speicherung von Wissen. Sie waren für Humboldt vor allem auch ein Werkzeug der Erkenntnisgewinnung und -vermittlung.

Abbildung 4 • Solche zusammengeklebte Notizzettelkonvolute sind typisch für Humboldts Kollektaneen. In ihnen vernetzte er Informationen, die er in seinen Schriften auswertete, oder stellte Daten zusammen, um sich Zusammenhänge in der Natur zu verdeutlichen.

Das Arrangieren von Papieren ist bei Humboldt insofern auch nicht nur ein Zusammenstellen, sondern immer auch ein Zusammendenken und damit Vernetzen von Informationen. Die Metapher des Netzes beziehungsweise des Netzwerks ist zur Charakterisierung der Welt- und Wissensauffassung Humboldts in den vergangenen zwei Jahrzehnten zugegebenermaßen reichlich strapaziert worden. Er selbst gab dazu den Anlass, da er die Natur im ersten Band seines *Kosmos* als eine «allgemeine Verkettung, nicht in einfacher linearer Richtung, sondern in netzartig verschlungenem Gewebe»[8] beschreibt. Dieses Netzwerk der Natur wollte Humboldt entschlüsseln und seinen Leserinnen und Lesern vermitteln. Er analysierte die Zusammenhänge der Erscheinungen allerdings nicht nur in Gedanken. Diese Arbeit fand vielmehr im praktischen Umgang mit den Papieren seiner Kollektaneen statt. Humboldt konnte die Natur deshalb als Netzwerk erkennen und seine netzwerkartigen Texte über sie schreiben, weil er seine Kollektaneen netzwerkartig verwaltete. Zwei Schreibutensilien halfen ihm dabei ganz wesentlich: seine Schere und der von ihm verwendete Klebstoff.

In allen Mappen der Kollektaneen lassen sich Dokumente finden, die Humboldt mit diesen beiden Schreibutensilien bearbeitete. Oft fügte er dabei Notizzettel zu umfangreichen Notizzettelgebilden zusammen, die sich gleich einem Leporello entfalten lassen. Das ist beispielsweise auch der Fall bei einem zusammengeklebten Notizzettelkonvolut,[9] in dem sich Humboldt mit dem Tagesgang des Luftdrucks befasste, den «stündlichen Schwankungen» des Barometers, wie er das Phänomen bezeichnete, das er als «eine Art Ebbe und Fluth der Atmosphäre» betrachtete und in dem er einen der «Hauptzüge eines allgemeinen Naturgemäldes der Atmosphäre»[10] sah (Abb. 4).

An diesem mit bunten Siegeloblaten zusammengeklebten Notizzettelkonvolut, das aus insgesamt acht zusammengeklebten Zetteln besteht, lässt sich beobachten, wie Humboldt bei der Vernetzung von Informationen konkret vorgegangen ist. Auf den zu unterschiedlicher Zeit geschriebenen Zetteln sammelte er Literaturhinweise und -auszüge verschiedener Autoren zum Tagesgang des Luftdrucks. Er klebte sie schrittweise zusammen, wobei sich die Zettel alle so entfalten lassen, dass sich die auf ihnen enthaltenen Informationen ohne Textverluste lesen lassen. Die meisten dieser Angaben wertete er in seiner 1828 erschienenen Abhandlung *Ueber die allgemeinen Gesetze der stündlichen Schwankungen des Barometers*[11] aus. Durch das Zusammenkleben der Zettel hob Humboldt also die ansonsten lose Verzettelung seiner Kollektaneen auf und stellte Informationsbündel her, mit denen er sich Übersichten zu einzelnen Themen verschaffte, Informationen aus verschiedenen Wissensgebieten zusammenstellte und die, wie im vorliegenden Fall, die Basis textueller Ausarbeitungen darstellen. Solche Zettelgebilde lassen einen anderen Blick auf Humboldts Netzwerkdenken zu, für das die von ihm begründete transdisziplinäre Wissenschaft der Klimatologie ein typisches Beispiel ist: Sie ist nicht das Resultat einer rein theoretischen Auseinandersetzung, sondern geht aus der praktischen, vernetzenden Schreibarbeit mit den Papieren seiner Kollektaneen unmittelbar hervor.

Zum Anliegen und Aufbau dieses Buches

Das Anliegen dieses Buches speist sich aus der Beobachtung, dass die greifbaren Überbleibsel von Humboldts realer klimatologischer Arbeit vertiefende Einblicke in seine Konzeption des globalen Klimas erlauben; tiefere Einblicke als sie aus seinen publizierten Schriften hervorgehen. Tatsächlich ist Humboldt mit seinen klimatologischen Studien in den Kollektaneen auch weitergekommen als in seinem publizierten Werk. In Letzterem wollte er dem Publikum nur gesichertes Wissen vorlegen, aber keine Hypothesen, die noch ungeklärt und umstritten waren. Um nur ein, wenn auch prominentes Beispiel zu nennen, werden in seinem publizierten Werk die Eiszeiten nicht behandelt. In seinen Aufsätzen und größeren eigenständigen Werken findet sich nicht mal der Begriff der Eiszeit. Daher wurde lange vermutet, dass Humboldt ein Gegner der kontrovers diskutierten Eiszeittheorie gewesen sei. Hanno Beck etwa behauptete in dem Zusammenhang: «Die Grenze, die Humboldt erlebte, war die Eiszeittheorie, die er nicht mehr verstand, obgleich er zu ihren Schrittmachern gerechnet werden kann.»[12] Tatsächlich finden sich in seinen Kollektaneen aber zahlreiche Zettel und Manuskripte zu dem Thema, an denen sich beobachten lässt, dass Humboldt sich mit der Eiszeit intensiv auseinandergesetzt hat und den Schlussfolgerungen der Eiszeittheoretiker gegenüber nicht unaufgeschlossen war. Anhand der Kollektaneen lässt sich also ein differenzierteres Bild seiner klimatologischen Leistungen und Kenntnisse zeichnen.

Das betrifft auch die in den vergangenen Jahren immer wieder zu hörende Behauptung, bereits Humboldt habe vor dem menschengemachten Klimawandel gewarnt. Es trifft zu, dass er auf seiner amerikanischen und asiatischen Reise Gegenden besuchte, in denen der Raubbau an der Natur zu lokalen Klimaveränderungen führte und er darauf hinwies.[13] Einen globalen, vom Menschen verursachten Klimawandel nahm er allerdings nicht an und er wusste auch nichts über die Klimawirkung von Treibhausgasen.[14] Humboldts Ansichten vom Klima unterscheiden sich von denen, die wir heute haben. Gleichwohl bestimmte bereits er das Klima als ein System aus wechselwirksamen Prozessen, was ihn dennoch zu einem der Vordenker unseres heutigen Klimaverständnisses macht.

Das vorliegende Buch beabsichtigt, Humboldts Klimadenken anhand seines handschriftlichen Nachlasses in Schlaglichtern zu beleuchten. Den Ausgangsunkt der 15 inhaltlichen Kapitel bildet jeweils ein einzelnes, für das in dem Kapitel behandelte Thema repräsentatives Dokument aus den Kollektaneen. Es kann sich um eine Tabelle mit Temperaturdaten handeln, die ihm von einem anderen Wissenschaftler zugetragen wurde, ein Manuskript mit Bemerkungen zu klimatologischen Themen oder um einen schlichten Notizzettel Humboldts, auf dem er Literatur ausgewertet hat. Diese Dokumente werden in ihren geschichtlichen Kontext eingebettet, wobei nicht nur Details erzählt werden, die sich auf ihre klimatologische Bedeutung beziehen. Wir wollen Einblicke in die Zeit ihrer Entstehung geben, einzelne Details über die Biografien ihrer Autoren mitteilen, ihre Arbeiten und Ansichten – zuweilen kritisch – aus der Perspektive der Nachgeborenen beleuchten und so Einblicke in das Werden unserer eigenen Vorstellungen vom Klima gewinnen.

So verschieden wie Humboldts klimatologische Themen sind, so verschieden sind die Perspektiven der Kapitel dieses Buches. Mal stehen die Messmethoden zur Erfassung von Klimadaten im Zentrum, mal geht es um deren Übersetzung in Klimagrafiken, mal um die Schilderung von bedeutenden Naturereignissen, mal um Beobachtungen, die nicht auf den ersten Blick klimatologischer Natur sind, die aber dennoch mit Klimaereignissen zusammenhängen. In dieser Vielfalt spiegeln sich die verschiedenen Blickwinkel wider, unter denen Humboldts klimatologische Materialien betrachtet werden können. Zugleich weisen sie auf den Umstand hin, dass das Klima damals, als Humboldt darüber nachdachte, erst im Erscheinen war. Er und seine Zeitgenossen hatten schon deshalb eine von unserer heutigen Vorstellung verschiedene Auffassung vom Klima, da sie über sehr viel weniger Daten verfügten als wir. Aus diesem Sachverhalt erklärt sich auch der Titel des Buches: *Humboldts Wetterwerkstatt*. Die Messreihen, mit denen er arbeitete, um seine noch heute relevanten klimatologischen Ansichten zu entwickeln, waren oft so kurz, dass sie nach heutigem Maßstab gar nicht das Klima abgebildet haben, sondern weit eher das Wetter oder bestenfalls – wie Adelung schreibt – die Witterung. Als Klima wird heute üblicherweise das über dreißig Jahre gemittelte Wetter verstanden. Humboldt musste sich mit Messreihen begnügen, die nur wenige Jahre und in vielen Fällen nur ein einzelnes Jahr umfassen. Es ist umso bemerkenswerter, dass er und seine Zeitgenossen mit diesen Daten die Grundlagen unseres heutigen Klimaverständnisses formulieren konnten.

Die Texte in diesem Buch stehen jeweils für sich, sind aber durch Querverweise miteinander verbunden. Wir wollten nicht verbergen, dass ihre Autoren aus ganz unterschiedlichen Disziplinen kommen (Stefan Brönnimann aus der Klimatologie, Geographie und Geschichte; Dominik Erdmann aus der Literaturwissenschaft und Wissenschaftsgeschichte) und demgemäß eine ganz verschiedene Sicht auf die von ihnen beschriebenen Dokumente haben. Wir betrachten diese Vielfalt der Ansichten, die sich auch im Duktus der Texte ausdrückt, als Beleg dafür, dass es verschiedene Möglichkeiten gibt, über das Klima und die Geschichte der Klimatologie nachzudenken und zu schreiben. Diese Mehrdimensionalität ist in Humboldts klimatologischem Denken bereist angelegt, in dem der Mensch als wahrnehmendes Subjekt ohnehin immer im Zentrum steht. In seiner zweiten Klimadefinition im ersten Band seines *Kosmos* schreibt er:

> Der Ausdruck Klima bezeichnet in seinem allgemeinsten Sinne alle Veränderungen in der Atmosphäre, die unsre Organe merklich afficiren: die Temperatur, die Feuchtigkeit, die Veränderungen des barometrischen Druckes, den ruhigen Luftzustand oder die Wirkungen ungleichnamiger Winde, die Größe der electrischen Spannung, die Reinheit der

Atmosphäre oder ihre Vermengung mit mehr oder minder schädlichen gasförmigen Exhalationen, endlich den Grad habitueller Durchsichtigkeit und Heiterkeit des Himmels; welcher nicht bloß wichtig ist für die vermehrte Wärmestrahlung des Bodens, die organische Entwicklung der Gewächse und die Reifung der Früchte, sondern auch für die Gefühle und ganze Seelenstimmung des Menschen.[15]

Die Gliederung der Texte folgt, soweit ihr Entstehungszeitpunkt bekannt ist, der Zeitfolge ihrer Entstehung. Im Prinzip bilden sie damit die Chronologie von Humboldts Leben ab, doch nicht in einem strengen Sinn. In vielen Texten finden sich Vor- und Rückblenden, die die Entwicklung von Humboldts klimatologischem Denken veranschaulichen. Zur Orientierung findet sich am Ende des Bandes eine Zeittafel zu Humboldts Leben, in der neben allgemeinen Angaben zu seiner Biografie einige seiner wichtigsten Publikationen zur Klimatologie im Lebenslauf verankert sind.

Den Texten sind kurzgefasste Zusatzinformationen in Form von Kästen beigegeben. Sie beinhalten weiterführende Angaben zu einzelnen in ihnen behandelten Themen. Sie verstehen sich gewissermaßen als die Zettel, die heute auf Humboldts Schreibtisch liegen könnten: Notizen, die über den gegenwärtigen Stand der Klimaforschung informieren.

Editorische Notiz

Dem vorliegenden Buch liegen handschriftliche Quellen zugrunde, aus denen auszugsweise zitiert wird. In den Transkriptionen wird die ursprüngliche Schreibung beibehalten. Wo Zusätze zum besseren Verständnis nötig sind, werden diese in eckigen Klammern gegeben. Längere Zitate, die im Original fremdsprachig geschrieben sind (ausgenommen englischsprachige Zitate), wurden von uns ins Deutsche übertragen. Die fremdsprachigen Originaltexte sind zum Abgleich in den Endnoten angeführt. Kürzere fremdsprachige Zitate werden direkt im Text in eckigen Klammern übersetzt.

Zu Humboldts Zeit existierten verschiedene Temperatureinheiten. Diese werden wie folgt abgekürzt: Grad Fahrenheit: °F; Grad Celsius: °C; und Grad Réaumur: °Ré. Der Luftdruck in Hektopascal wird mit hPa abgekürzt.

3 4

OBSERVACIONES METEOROLOGICAS DE LOS ULTIMOS NUEVE MESES DEL AÑO de mil setecientos sesenta y [illegible] HECHAS EN ESTA CIUDAD DE MEXICO POR D. JOSEPH ANTONIO DE ALZATE Y RAMIREZ.

Temperature moyenne de Mexique en 1769.

D'apres les observations faite a 7 heures de matin et a trois heures de soir.

Avril	14.9	de Reaumur.
May	15.1	
Juin	13.6	
Juillet	13.79	
Aout.	13.77	
Septembre	12.73	
Octobre	13.2	
Novembre	11.61	
Decembre	10.97	
	119.4	
	13,8° R = 17,0 C	

IMPRESSAS CON LAS LICENCIAS NECESARIAS En Mexico, en la Imprenta del Lic. D. Joseph de Jauregui, en la calle de S. Bernardo. Año de 17[illegible]

28	329,25 Par	29	332,53 Par	30	328,17 Par	17	329,13 Par
20	340.36	15	341,59	23	340,67	13	339,75
	336.00		336.89		335,51		333,65
7/9	32	9	28	16	50	1	56
31	95	3	97	23	96	20	100
	66		79		82		86
30	2,71	9	1,59	31	2,00	19	1,14
1	7,30	21	5,31	4	5,45	2	2,59
	4,45		3,86		3,72		1,97
	331,55 Par		333,03 Par		331,79 Par		331,68
	"		1,9		"		11,1
	"		0,3		0,6		2,6
	"		"		0,0		"
	6,9		2,5		7,5		9,0
	12,5		8,0		17,4		14,2
	0 0,3		10,3		"		15,7
	"		0,1		"		"
	"		0,5		"		"
	19,4		23,6		25,5		9,6
	"		"		"		24,3
	"		"		"		18,7
	"		"		"		"
	19,4		23,6		25,5		52,6
	11,6° R		8,2° R.		7,6° R		0,7° R
	18.4		12,9		11,3		2,2
	13,7		9,8		8,5		0,9
	14,6		10,3		9,1		1,3
	18,6		13,3		11,4.		2,4
	10.8		7,6		6,6		−0,4
	14,7		10,4		9,0		1,0
	7,8		5,7		4,8		2,8
1	24,1	24	16,6	1	13,9	1	6,8
30	5,9	9	3,4	31	−0,4	23	−6,2
	13,2		13,2		16,3.		13,0

2. Klimareihen als Spiegel von Geschichte und Geschichten

Wir beginnen den Streifzug durch die Klimadatenblätter auf Humboldts Schreibtisch mit zwei Quellen (Abb. 1). Sie zeigen die älteste und die neueste Reihe aus seinen Kollektaneen: auf dem Blatt links flüchtig hingeschriebene Monatsmittelwerte der Temperatur aus Mexiko-Stadt von 1769, rechts eine Tabelle mit Wetterdaten aus Berlin von 1856. Die beiden Reihen umspannen (fast) Humboldts Leben, sowohl zeitlich als auch räumlich. Stellvertretend für den ganzen Korpus von Klimareihen in Humboldts Kollektaneen zeichnen sie das Bild einer sich entwickelnden Klimawissenschaft. In den fast 100 Jahren zwischen diesen Klimareihen veränderte sich die Messtechnik, die Art des Datenaustauschs, die Anzahl an Messtationen, aber auch die theoretischen Grundlagen, die Fragestellungen, die akademische Welt, die Bildungsinstitutionen, die Disziplinen selbst und schließlich die Anwendungen und die Relevanz von Klimadaten. Nicht zuletzt spiegeln diese beiden Datenblätter aber auch Weltgeschichte: von aufklärerischen Zirkeln zur nationalstaatlichen Verwaltung. Die Welt war in den 1850er-Jahren nicht mehr die gleiche wie 1769. In der Zeitspanne von Humboldts Leben entstand die moderne Wissenschaft. Das erste Kapitel dieses Buches verwendet Klimadatenblätter als Spiegel von Geschichte und Geschichten – Wissenschaftsgeschichte, die Geschichte Europas in der Welt und Humboldts Lebensgeschichte.

Abbildung 1 • Links: Température moyenne du Mexique en 1769. Leopold von Buch, mit Notizen von Alexander von Humboldt. Rechts: Wetter-Beobachtungen zu Berlin, 1855/1856 (Ausschnitt).

Mitte des 18. Jahrhunderts waren meteorologische Messungen noch selten. In Europa lasen vielleicht gut zwei Dutzend Gelehrte mehr oder weniger regelmäßig meteorologische Messgeräte ab, dazu kamen noch einige weniger regelmäßige Messreihen.[16] Außerhalb Europas waren Messungen noch viel seltener (vgl. Kapitel «Das Klima wird global»). Die ersten Messungen aus Mexiko, welche auf das Jahr 1769 zurückgehen, Humboldts Geburtsjahr, sind also verhältnismäßig früh. Das Schriftstück in Humboldts Kollektaneen ist eine Handschrift von Leopold von Buch mit Anmerkungen und Berechnungen von Alexander von Humboldt. Leopold von Buch war ein Studienfreund Humboldts an der Bergakademie Freiberg und wurde ein bedeutender Geologe und Paläontologe (vgl. Kapitel «(Keine) Eiszeit»). Er blieb Humboldt zeitlebens verbunden,

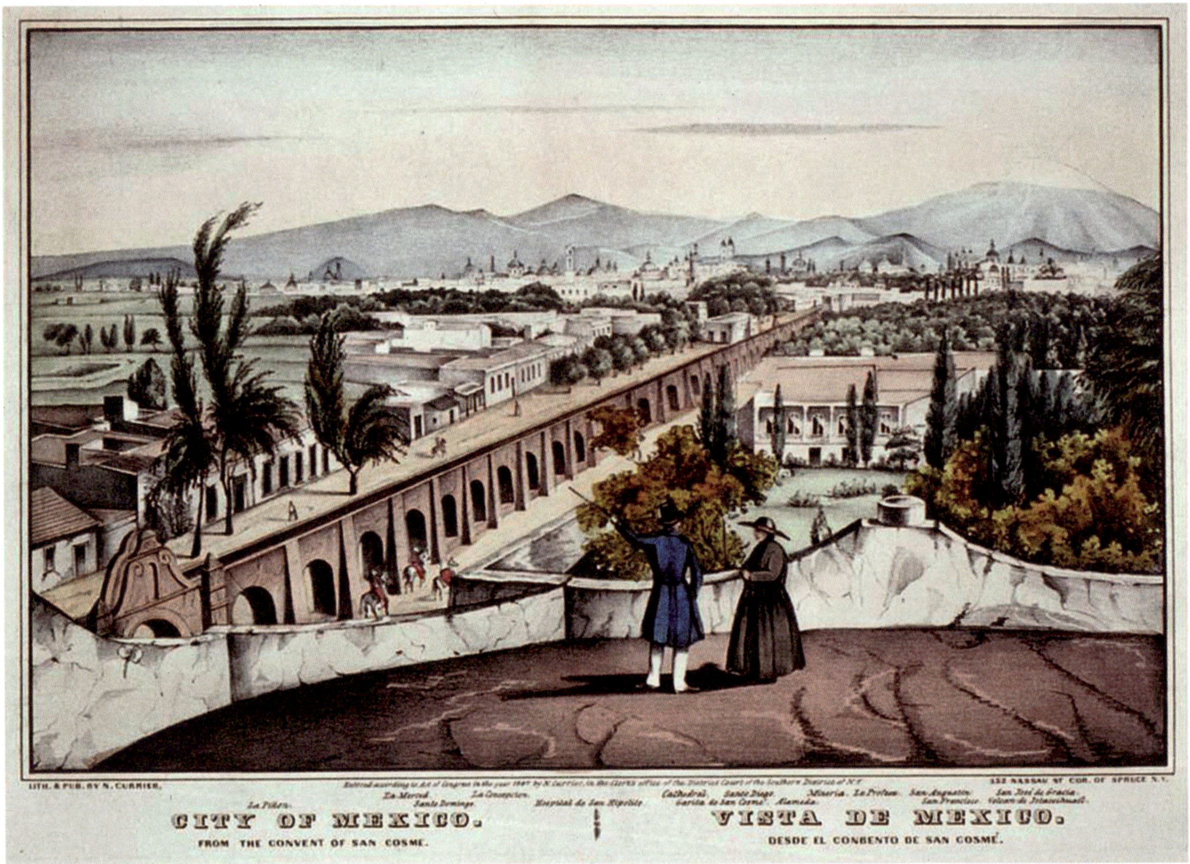
LITH. & PUB. BY N. CURRIER.
152 NASSAU ST. COR. OF SPRUCE N.Y.
CITY OF MEXICO.
FROM THE CONVENT OF SAN COSME.
VISTA DE MEXICO.
DESDE EL CONBENTO DE SAN COSMÉ.

Anzahl Reihen
1650
1700
1750
1800
1850

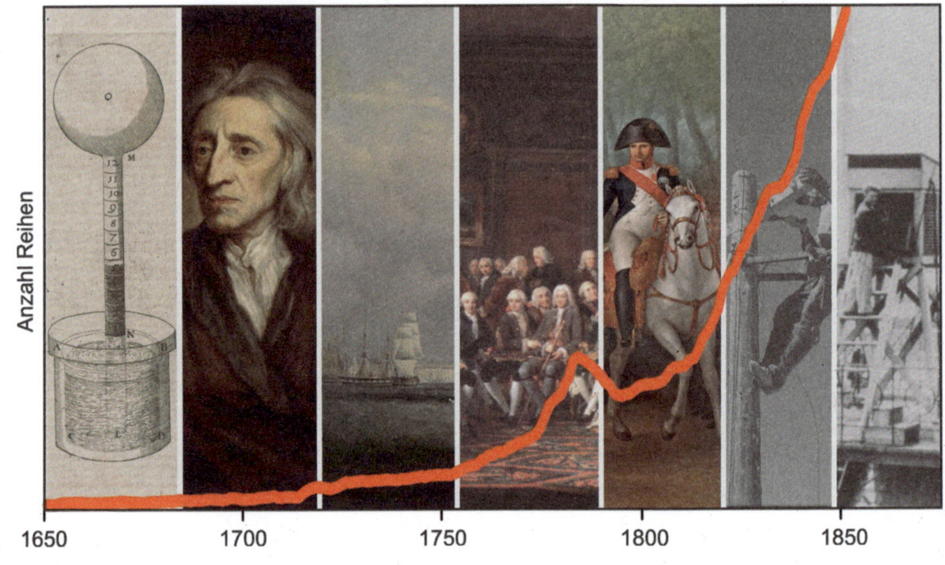

Abbildung 2 • Mexiko-Stadt vom Kloster San Cosme aus gesehen.

die beiden unternahmen auch gemeinsame Forschungsreisen (so in Salzburg 1797, vgl. Kapitel «Der Weg zur dritten Dimension»). Das Blatt enthält eine Tabelle mit Monatsmittelwerten der Temperatur in Mexiko-Stadt (Abb. 2) von April bis Dezember 1769. Beobachter war José Antonio de Alzate y Ramirez, ein Priester und Wissenschaftler aus Mexiko, der von 1737 bis 1799 lebte.[17] Humboldt, der erst 1802 Mexiko bereiste, kann ihn also dort nicht getroffen haben. José Antonio de Alzate war eine bekannte Persönlichkeit, nicht nur, weil er mit der in Mexiko berühmten Dichterin Juana Inés de la Cruz verwandt war. Er machte sich als Wissenschaftler einen Namen und war korrespondierendes Mitglied der Französischen und Spanischen Akademien der Wissenschaften. Als Astronom verfolgte er den Venustransit 1769, eines der wissenschaftlichen Mega-Ereignisse des 18. Jahrhunderts. Bekannt wurde er auch durch ebendiese meteorologischen Beobachtungen. Außer der Lufttemperatur, die Humboldt vor allem interessierte, maß de Alzate auch den Luftdruck, beides viermal täglich: um 7 Uhr morgens, am Mittag, um 3 Uhr nachmittags und um 7 Uhr abends. Alzate führte also ein komplettes, sorgfältiges Messprogramm durch.

Anfänge der Messungen

Die Geschichte der meteorologischen Messungen beginnt aber eigentlich nochmals gut 100 Jahre früher. Die ersten meteorologischen Messinstrumente, welche sich auch für Messreihen eigneten, wurden um die Mitte des 17. Jahrhunderts in Europa entwickelt. Damals war es ein kleiner Kreis von frühaufklärerischen Wissenschaftlern, welche Messungen durchführten. In Italien war insbesondere die Familie Medici in Florenz aktiv. Prinz Leopold de' Medici gründete 1654 ein erstes europäisches Messnetz mit elf Stationen (sieben in Italien) ausgerüstet mit Thermometern und Beobachtungsinstruktionen. Aus dieser Aktivität erwuchs 1657 die Academia del Cimento, eine Akademie für experimentelle Physik und gleichzeitig eine der ersten wissenschaftlichen Gesellschaften.[19] In England waren Figuren wie John Locke und Robert Boyle engagiert, in Deutschland maß Gottfried Wilhelm Leibniz die Temperatur, in der Schweiz gehen die ersten Messungen auf Johann Jakob Scheuchzer zurück; es ist ein «Who's Who» der Frühaufklärung. Oft wurden die Messungen an astronomischen Observatorien durchgeführt, so in Paris oder Berlin. Die wenigen Messungen wurden einzig miteinander verglichen (vgl. Kapitel «Das Klima wird global»), und es war klar, dass mehr Beobachtungen vonnöten wären, um das Klima genauer zu erfassen.

Abbildung 3 • Entwicklung der Anzahl der Messungen weltweit zur Zeit Humboldts.[18]

So stieg die Zahl der Klimamessreihen langsam an. Überhaupt lassen sich aus der Zahl der

Klimareihen zu einem bestimmten Zeitpunkt interessante Aspekte der Wissenschaftsgeschichte beschreiben. In Abbildung 3 ist die Anzahl Reihen, von deren Existenz wir wissen (selbst wenn die Daten selbst nicht mehr greifbar sind), über die Zeit abgetragen. Bis ungefähr 1720 war die Zahl der Reihen äußerst gering. James Jurin, Sekretär der «Royal Society», verfasse 1723 einen Aufruf, meteorologische Messungen zu machen und einzusenden. In den folgenden zwei Jahrzehnten wurden Messungen aus Lund, St. Petersburg sowie zeitweise Berlin und anderen Stationen in den *Transactions*, der Zeitschrift der Gesellschaft, publiziert. Heute gehören diese Reihen zu den wichtigsten langen Reihen in der Klimatologie. Gleichzeitig sammelte der Breslauer Apotheker Johann Kanold Daten von verschiedenen Stationen in Europa, unter anderem von Nürnberg, Zürich, Breslau und einigen weiteren Orten. Er und sein Nachfolger publizierten diese Daten vierteljährlich zwischen 1718 und 1733. Jurins und Kanolds Anstrengungen führten zu einer sichtbaren Erhöhung der Anzahl an Messreihen, wie die Abbildung 3 zeigt.

Lange war die Temperaturmessung ein Sorgenkind. Der französische Physiker Philippe de la Hire mochte Anfang des 18. Jahrhunderts seine Messungen aus Paris nicht denjenigen Scheuchzers aus Zürich gegenüberstellen, obschon die beiden ähnliche Thermometer benutzten. Er hielt die Temperaturmessungen nicht für vergleichbar. Es gab noch keine einheitliche Temperaturskala (vgl. Kasten «Temperaturskalen»). Überhaupt war die Frage, was Wärme genau ist, ungeklärt. Das Thermometer von José Antonio d'Alzate in Mexiko maß mit der Christin-Skala, diese entspricht der heutigen Celsius-Skala. In Humboldts Tabelle ist Temperatur dagegen in Réaumur angegeben. Standards ändern sich und überlagern sich – noch im 21. Jahrhundert werden mit Fahrenheit und Celsius zwei Skalen verwendet, zumindest im Alltagsgebrauch. In der Wissenschaft hat sich das Internationale Einheitensystem längst durchgesetzt, mit Kelvin als Temperatureinheit und Grad Celsius als abgeleiteter Einheit.

Abbildung 4 • Quecksilberthermometer von Pierre Casati in einem hölzernen Gehäuse (die Papierskala reicht von −35 Grad bis +100 Grad nach der Christin Skala). Ein solches Thermometer könnte auch Alzate verwendet haben.

Temperaturskalen

Anfang des 18. Jahrhunderts definierten verschiedene Wissenschaftler Temperaturskalen, um die Temperaturmessungen vergleichbar zu machen. Daniel Gabriel Fahrenheit (1714), René Antoine Réaumur (um 1730) und Anders Celsius (1741) legten Temperaturskalen jeweils anhand von zwei Fixpunkten fest. Während bereits vor ihm Ole Rømer Gefrierpunkt und Siedepunkt des Wassers als Fixpunkte verwendete, nahm Fahrenheit als Nullpunkt der Skala die kälteste in seiner Heimatstadt Danzig gemessene Temperatur – im Winter 1708/1709 sank das Thermometer dort auf −17,8 °C –, um negative Temperaturen zu vermeiden. Diese Temperatur konnte er im Labor aus einer Wasser-Eis-Salmiakmischung erzeugen. Als zweiten Fixpunkt verwendete er den Gefrierpunkt von Wasser, definiert als 32 °F. Dazu nahm er einen dritten Fixpunkt: die Körpertemperatur.

Sowohl Réaumur als auch Celsius verwendeten Gefrier- und Siedepunkt von Wasser als Fixpunkte. In der Réaumurskala entspricht dies 0 °Ré respektive 80 °Ré. In der originalen Celsius-Skala war der Gefrierpunkt als 100 Grad, der Siedepunkt als 0 Grad definiert. Jean-Pierre Christin drehte diese Skala dann aber um, sodass der Gefrierpunkt von Wasser bei 0 Grad, der Siedepunkt von Wasser bei 100 Grad liegt. Diese Skala war zunächst als Christin-Skala bekannt. Das Thermometer von José Antonio Alzate in Mexiko hatte eine Christin-Skala. Ein Thermometer dieser Art ist in Abbildung 4 gezeigt. Erst langsam setzte sich Christins Umkehrung der Skala durch.

Neben diesen noch heute bekannten Skalen gab es im 18. Jahrhundert viele weitere. Der Genfer Physiker und Revolutionär Jacques-Barthélemy Micheli du Crest definierte eine Temperaturskala, dessen Nullpunkt der Temperatur in einem Keller 26 m unter dem Pariser Observatorium entsprach, gewissermaßen einer universellen Erdtemperatur, während der Siedepunkt von Wasser als zweiter Fixpunkt (100 Grad Micheli du Crest) verwendet wurde. Diese Skala wurde vor allem in der Schweiz im 18. Jahrhundert häufig verwendet.

Neben der Skala gab es noch zahlreiche weitere Schwierigkeiten zu meistern. Da war einerseits die Frage der Messflüssigkeit: Quecksilber oder Weingeist? Alkohol hat zwar einen sehr großen Wärmeausdehnungskoeffizienten, aber die Ausdehnung ist nicht linear. Diese Nichtlinearität verstärkt sich noch, wenn der Alkohol verdünnt oder mit Farbe versetzt wird, welche sich mit der Zeit zersetzt. Quecksilber war allerdings teurer und (zumindest um die Mitte des 18. Jahrhunderts) nur schwer in der nötigen Reinheit herstellbar. José Antonio Alzate verwendete in Mexiko aber ein Quecksilberthermometer.

Später tauchte die Frage des Glases auf. Oft wurde beobachtet, dass sich Thermometerglas in den ersten ungefähr fünf Jahren nach der Herstellung leicht zusammenzieht – und damit das Messergebnis verfälscht. Dieser Effekt wurde Anfang des 19. Jahrhunderts gut untersucht. Er wurde behoben, indem die Zusammensetzung des Glases verändert wurde. All diese Dinge galt es aber zunächst zu lernen. Heute müssen wir, wenn wir Daten vor ungefähr 1820 vor uns haben, die Kontraktion des Glases korrigieren.

Noch fast schwerwiegender als Messflüssigkeit und Glas war aber, dass es keine einheitlichen Messvorschriften gab. Im 18. Jahrhundert wurde oft drinnen, in einem ungeheizten Raum, gemessen. Später wurde die Messung draußen an einem nordwärts ausgerichteten Fenster zum Standard. Der Einfluss der direkten Sonnenstrahlung auf das Thermometer war zu der Zeit zwar bekannt, trotzdem waren viele Messungen von direkter Strahlung betroffen. José Antonio Alzate richtete das Thermometer von der Sonne geschützt nach Norden aus, er war hier also auf der Höhe der Zeit. Erst im 19. Jahrhundert wurden verschiedene Gehäuse oder Wetterhütten konstruiert. In verschiedenen Ländern waren lange Zeit unterschiedliche Hütten in Gebrauch: Zinkblechgehäuse, einseitig offene Wetterhütten, geschlossene hölzerne Wetterhütten oder große, offene Unterstände.

Mit Fragen der Messvorschriften setzten sich die seit Mitte des 18. Jahrhunderts immer zahlreicher werdenden Gelehrtenzirkel, Sozietäten und gemeinnützigen Gesellschaften auseinander (vgl. Kasten «Das Messnetz der Ökonomischen und Gemeinnützigen Gesellschaft von Bern»). Die Erstellung eines meteorologischen Messnetzes war für sie oftmals ein Prestigeprojekt. Es erstaunt also nicht, dass ab ca. 1760 die Anzahl der Messreihen rasch zunahm (Abb. 3). Nicht alle Gesellschaften reüssierten, häufig blieb es bei Plänen. Und wenn Messnetze errichtet wurden, waren diese oft nur kurze Zeit in Betrieb. Häufig scheiterten die Projekte an der kostspieligen Publikation der umfangreichen gesammelten Daten.

Die Fachgesellschaften hatten auch ihre Außenstellen und Korrespondenten – José Antonio Alzate war Teil eines solchen Netzwerkes (vgl. zur Hochaufklärung auf Jamaica Kapitel «Das Klima wird global»). Er publizierte seine Messungen bereits 1770; die Titelseite dieser Publikation ist an das Blatt (Abb. 1, links) angeheftet. Heute ist diese Publikation online verfügbar.[20] Als korrespondierendes Mitglied der französischen Akademie der Wissenschaften sandte Alzate seine Messungen auch an Wissenschaftler in Europa. So findet sich bereits 1774 ein Artikel darüber im berühmten Werk von Louis Cotte *Traité de météorologie* und 1788 in den *Mémoires sur la météorologie* desselben Autors. Letztere Quelle ist auch auf dem Blatt vermerkt. José Antonio Alzate hatte also einen sehr direkten Zugang zum Wissenschaftsnetzwerk dieser Zeit, er konnte seine Daten prominent platzieren.

Das Messnetz der Ökonomischen und Gemeinnützigen Gesellschaft von Bern

Eines der ersten, mit einheitlichen Instrumenten ausgerüsteten Messnetze war dasjenige der «Ökonomischen und Gemeinnützigen Gesellschaft» in Bern. Die Gesellschaft wurde 1759 mit dem Ziel gegründet, die Landwirtschaft auf wissenschaftlicher Grundlage zu fördern. Bereits im Jahr darauf begannen meteorologische Messungen an zehn verschiedenen Standorten, die auch die Messung des Niederschlags beinhalteten.[21] Dazu wurde den Beobachtern eine Bauanleitung geliefert (vgl. Abb. 5). Für die Station in Bern war Franz Jacob von Tavel zuständig. Die Daten wurden in den Abhandlungen der Gesellschaft publiziert, zunächst tägliche Werte, später monatliche. Wie so vielen anderen Messnetzen war aber auch diesem Messnetz langfristig kein Erfolg beschieden.

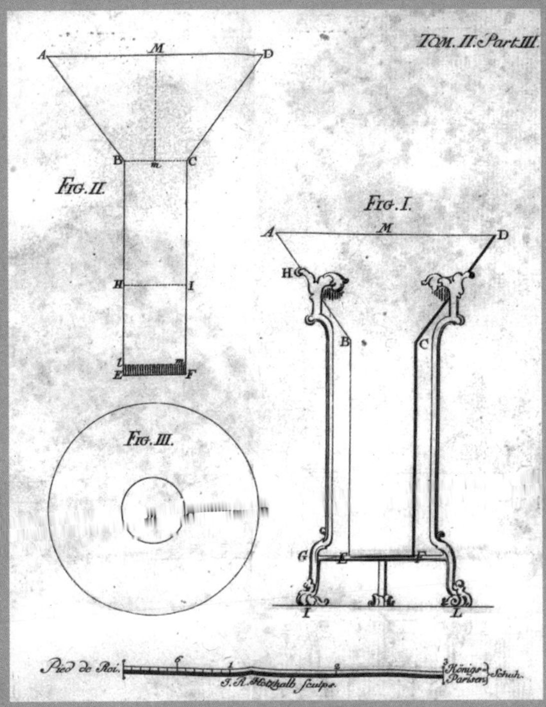

Abbildung 5 • Bauanleitung für den Regenmesser aus den Schriften der Ökonomischen Gesellschaft Bern.

Die Daten wurden von den Empfängern allerdings weiterbearbeitet. So stimmen die Werte auf Humboldts Blatt nicht mit den in Cotte publizierten überein. Das liegt möglicherweise daran, dass in der vorliegenden Notiz nur die Werte um 7 Uhr morgens und 3 Uhr nachmittags verwendet wurden. Diese Beobachtungszeiten, damals gewissermaßen der Standard, liegen nahe an den erwarteten Minima und Maxima der Temperatur. Das Mittel der beiden Terminbeobachtungen liegt besonders nahe am wahren Tagesmittel, wie bereits Réaumur festgestellt hatte. Allerdings stimmen die Zahlen auf dem Blatt auch dann nicht exakt mit denjenigen aus Alzates Originalpublikation überein. Was genau hier gerechnet wurde, wie fehlende Messwerte behandelt wurden oder ob noch Korrekturen angefügt wurden, bleibt verborgen. Alzates Originalmessungen sind in Abbildung 6 gezeigt, zusammen mit heutigen Messungen.

Der Höhepunkt der Messtätigkeit

Von Alzate sind keine späteren Messungen bekannt. Aber anderswo wurde weiter gemessen. In den 1770er-Jahren nahm die Zahl der Messreihen weiter steil zu (Abb. 3) und erreicht in den 1780er-Jahren einen Höhepunkt. Sinnbildlich für diesen Höhepunkt steht die «Societas Meteorologica Palatina» (vgl. Kapitel «Das Klima wird global» und «Der Weg zur dritten Dimension»), die 1780 vom pfälzischen Kurfürsten Karl Theodor in Mannheim gegründet wurde. Ihr Messnetz umfasste 37 Stationen, welche mit einheitlichen Messinstrumenten ausgerüstet wurden. Innovativ war vor allem die Vereinheitlichung der Messvorschriften und die vorgeschriebenen Messzeiten, die bald als «Mannheimer Stunden» bekannt wurden. Die Daten der «Societas Meteorologica Palatina» wurden größtenteils auch publiziert.[22] Auch die französische Ärztegesellschaft, das Kurfürstentum Bayern und der italienische Astronom Toaldo, um nur einige größere Projekte zu nennen, organisierten umfangreiche Beobachtungsnetze.

Humboldt betrat die Bühne der Wissenschaft genau am Ende dieser fruchtbaren Periode. Doch die Phase der zahlreichen meteorologischen Messreihen dauerte nicht lange. Der Geist der Aufklärung trug das Seine zur französischen Revolution bei. Die folgenden Jahrzehnte der politischen Wirren, die Koalitionskriege und die wirtschaftlichen und gesellschaftlichen Veränderungen ließen die Notwendigkeit meteorologischer Messreihen in den Hintergrund treten. Die Anzahl der Messreihen sank rapide (Abb. 3). So spiegelt sich in der Zahl der Messreihen Weltgeschichte.

Politische Umstände beeinflussen nicht nur, wo und wann gemessen wird, sondern sie betreffen die Wissenschaft auch ganz direkt: den Austausch,

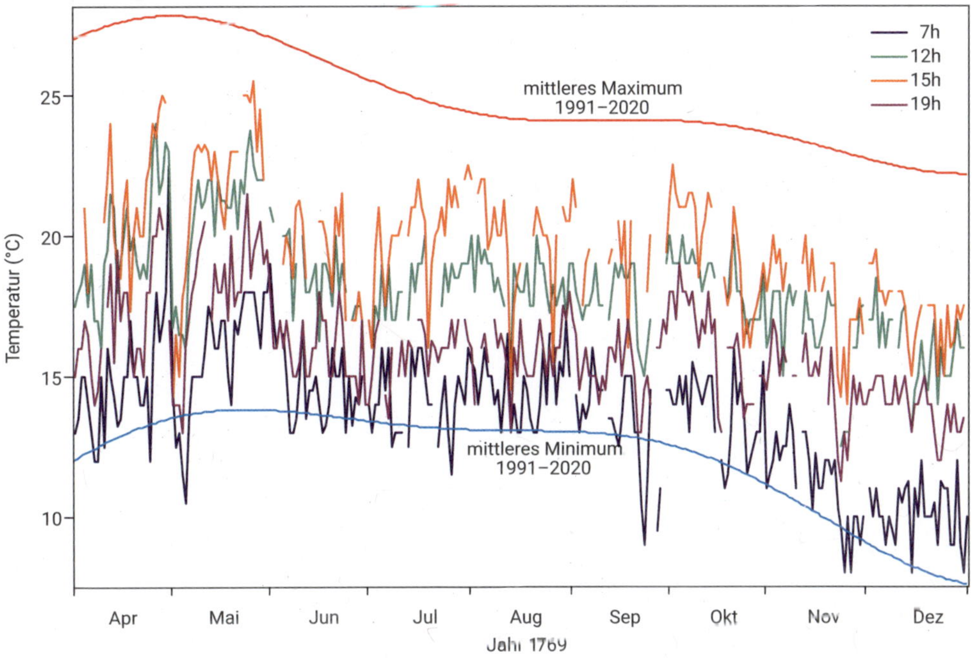

Abbildung 6 • Alzates Temperaturmessungen in Mexiko-Stadt, 1769, zu vier verschiedenen Tageszeiten[23] sowie mittleres Tagesmaximum und mittleres Tagesminimum der Temperaturen in Mexiko-Stadt[24] in der Zeit 1991–2020.

die Bewegungsmöglichkeiten, die akademische Freiheit. Für Humboldt waren politische Umstände manchmal Schranken, zuweilen erschienen sie aber auch als Wegbereiter seiner wissenschaftlichen Arbeit. Humboldt wusste dies und trennte Wissenschaft und Politik nicht. Akademische Freiheit war auch politisch zu verstehen und umgekehrt. Gleichzeitig verfügte er über genügend Fingerspitzengefühl im Umgang mit Macht und Mächtigen und über ein großes Gewicht, das er wenn nötig in die Waagschale werfen konnte.

Doch zurück zur Entwicklung der Messreihen. Die Anzahl Reihen erreichte um 1800 ein Minimum, dann stieg die Zahl wieder an. Denn auch in den neuen politischen Gebilden wurden wissenschaftliche Gesellschaften gegründet und auch diese initiierten Messnetze. Ein Beispiel dazu ist in der Schweiz die «Aargauische Naturforschende Gesellschaft», welche 1811 von Heinrich Zschokke und anderen gegründet wurde und Messungen förderte (Heinrich Zschokke selbst maß über viele Jahre, danach sein Sohn – oft wurden meteorologische Messungen eine Familientradition). Die Aargauer Gesellschaft versuchte auch den Aufbau eines europäischen Messnetzes, das allerdings nur sehr kurz in Betrieb war. Trotz dieser Anstrengungen erreichte die Anzahl der Messreihen das Niveau der 1780er-Jahre erst wieder um 18[illegible]0. Einen Eindruck der Anzahl Messstationen in der Schweiz liefert die Temperaturkarte vom 2. Februar 1830 (Abb. 7), während einer Kältewelle (vgl. Kapitel «Ein eisiger Winter»).

Dass die Zahl der Messreihen nach 1800 wieder zunahm, daran war Alexander von Humboldt mitbeteiligt. Er betonte, wo immer er konnte, die Wichtigkeit langfristiger Messungen. Diese Botschaft wurde auch gehört. Insbesondere seine Arbeit zu isothermen Linien (vgl. Kapitel «Klimawissen im Entwurf») erreichte eine große Verbreitung und diente als Inspiration. Als Marc-Auguste Pictet 1817, ein Jahr nach dem verheerenden «Jahr ohne Sommer» in der Schweiz (vgl. Kapitel «(K)ein Jahr ohne Sommer»), auf dem Großen St. Bernhard auf 2400 m Höhe eine Messtation errichtete (vgl. Kapitel «Der Weg zur dritten Dimension»), verwies er auf die kurz davor von Humboldt publizierte Arbeit über isotherme Linien. Gleichzeitig half Humboldt auch selbst, Messnetze zu initiieren. In Russland begannen systematische Messungen in den 1830er-Jahren auf seine Anregung hin. Ganz direkt beeinflusste er die Errichtung eines preußischen Messnetzes. Auf seinen Vorschlag hin schuf sein Freund Wilhelm Diterici, Direktor des statistischen Bureaus, das Preußische Meteorologische Institut und setzte als Direktor, ebenfalls auf Humboldts Vorschlag, Wilhelm Mahlmann ein. Dieser nahm 1847 seine Arbeit auf.

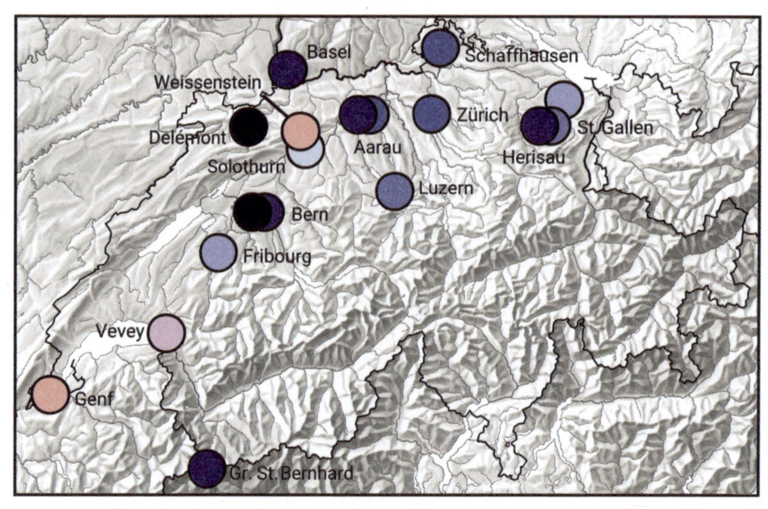

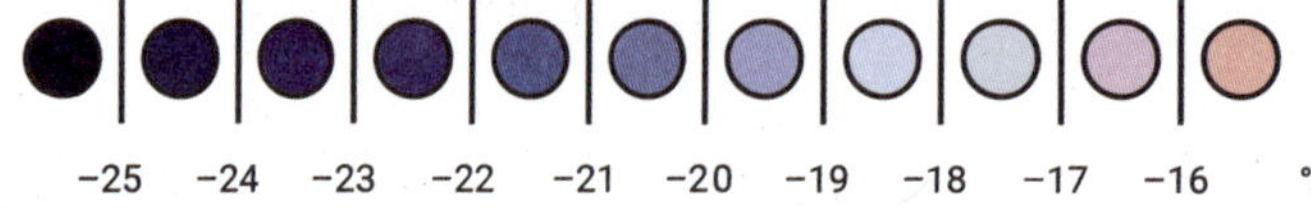

Abbildung 7 • Temperaturen am 2. Februar 1830 (tiefste, falls mehrere Messungen vorhanden) in der Schweiz.

Preussische Statistik

Damit kommen wir zur zweiten Quelle (Abb. 1 rechts), welche Messungen aus Berlin aus den Jahren 1855 und 1856 zeigt, getätigt von einem Dr. C. Schneider. Er beobachtete an der Lindenstraße, die Messtermine waren 6:00, 14:00 und 22:00 Uhr. Seine Messinstrumente umfassten ein Thermometer und ein Barometer, welche in seinem Besitz waren, sowie ein Barometer und einen Niederschlagsmesser, welche ihm das Preußische Meteorologische Institut zur Verfügung gestellt hatte. Schneider beobachtete von 1847 bis 1867. Aus dieser Zeit liegen nun schon sehr viele, dichte Messungen vor. In dieser Tabelle sind nicht die Rohdaten gezeigt, sondern monatliche Zusammenstellungen, etwa Minima und Maxima der Barometerstände, Luftfeuchtigkeit, Temperatur usw. Die Tabelle ist lang, zeigt ein umfangreiches Messprogramm und eine standardisierte Bearbeitung der Daten. Es war eine ganz andere Zeit als 1769, als Alzate seine Messungen durchführte. Quecksilberthermometer und Barometer waren in der Zwischenzeit zu präziseren Instrumenten geworden, die Probleme der Messaufstellung waren bekannt. Es gab bereits selbstregistrierende, «automatische» Messgeräte, welche die Werte der Temperatur, des Drucks oder des Windes kontinuierlich auf Papierstreifen übertrugen. Die Daten wurden in statistischer Form in den *Tabellen und amtliche[n] Nachrichten über den Preußischen Staat* zusammengetragen und veröffentlicht. Meteorologische Messungen waren professionalisiert und institutionalisiert worden. 17 Jahre nach Humboldts Tod wurde auf dem «ersten internationalen Meteorologen-Congress» in Wien die Gründung der Internationalen Meteorologischen Organisation, dem Vorläufer der heutigen Weltorganisation für Meteorologie, beschlossen. Damit beginnt gewissermaßen die Neuzeit der Meteorologie.

Die lange Berliner Messreihe

Die Berliner Messreihe ist die längste meteorologische Messreihe Deutschlands. Sie setzt sich aus vielen verschiedenen Segmenten unterschiedlicher Beobachterinnen und Beobachter zusammen. Der Beginn der Reihe geht auf die Familie Kirch zurück. Gottfried Kirch war Astronom, ebenso wie seine zweite Frau Maria Margaretha. Bereits Ende des 17. Jahrhunderts verwendeten die beiden ein «Wetterglas», ein Thermometer. 1700 zog Gottfried Kirch mit seiner Familie nach Berlin und wurde Direktor der neuen Sternwarte. Ab 1701 führten die beiden Temperaturmessungen durch. Nach seinem Tod 1710 führte seine Frau die Messungen weiter, später ihr Sohn Christfried, danach die Tochter Christiane. Die Tagebücher der Familie Kirch umfassen die Jahre 1677 bis 1774 und damit fast ein Jahrhundert. Aber es gab auch andere Beobachter wie Augustin Grischow (1725–1726), Carl August Brand (1760–1794), Johann Heinrich Lambert (1769–1777), Karl Ludwig Gronau (1775–1828) und Johann Heinrich Mädler (1829–1841) und danach die durch das Preußische Meteorologische Institut organisierten Messungen. Bisher waren nur die Temperaturmessungen verfügbar und auch diese nur in Form von Monatsmittelwerten und ab 1766 in Form von Tagesmittelwerten. Zurzeit arbeitet eine Forschungsgruppe am Geographischen Institut der Universität Bern an der Aufbereitung der Kirch-Daten sowie der anderen genannten Reihen, um daraus eine Reihe der Einzelwerte der Temperatur sowie des Luftdrucks zu erstellen.

Zwei wichtige Faktoren beschleunigten um die Mitte des 19. Jahrhunderts die Errichtung von Messnetzen. Einerseits entwickelte sich die Idee des Nationalstaats, eines Gebildes mit besonderen Aufgaben und Kompetenzen und auch mit besonderen Möglichkeiten. Denn auch die von wissenschaftlichen Gesellschaften im frühen 19. Jahrhundert initiierten Messnetze hatten keinen Bestand. Es zeigte sich, dass nur eine große, in der Regel staatliche Organisation in der Lage war, Messnetze langfristig zu betreiben. In der zweiten Quelle aus dem Preußischen Meteorologischen Institut zeigt sich diese staatliche Organisation. Staaten hatten Interesse an klimatologischer Grundlageninformation, an der Klimaeignung von landwirtschaftlichen Flächen, an der Sicherung der Handelswege, an strategisch wichtiger Information und später auch an Wetterwarnungen. Wetterdaten hatten damit neue, konkrete Anwendungen. Wie so oft kamen gleichzeitig mit politisch-organisatorischen Änderungen auch technologische Innovationen.[25] Für den Aufbau meteorologischer Messnetze wichtig war dabei der Telegraf. Echtzeit-Datenübermittlung wurde nun möglich. Wenn ein Sturm sich Cornwall näherte, konnte London gewarnt werden. Telegrafenlinien breiteten sich entlang der neuen Eisenbahnen aus, eine der Leitinnovationen der Zeit. Damit begann für die Meteorologie in der zweiten Hälfte des 19. Jahrhunderts ein neues Zeitalter. Langsam wurde die Zeit reif für das Projekt der meteorologischen Vorhersage – Humboldt erlebte dies allerdings gerade nicht mehr. Die erste «amtliche» Wettervorhersage durch Admiral FitzRoy (bekannt auch als Kapitän der «Beagle» auf Darwins Reise) erschien 1861, zwei Jahre nach Humboldts Tod. Und noch viele weitere Jahre kämpfte die meteorologische Wettervorhersage gegen den Ruf, keine Wissenschaft zu sein und sich auf die gleiche Stufe wie die Astrologie zu begeben. In Preußen äußerte sich Bismarck noch 1883 klar gegen amtliche «Wetterprophezeiungen».

Gleichzeitig mit dem Aufbau neuer Messnetze wurden auch die alten Daten zusammengetragen. Die Arbeit von Humboldt, Kämtz (Kapitel «Das Klima wird global») und anderen wurde nun durch Meteorologische Dienste weitergeführt. Am eindrücklichsten ist wohl die Zusammenstellung von Heinrich Wilhelm Dove, dem Nachfolger des früh verstorbenen Wilhelm Mahlmann als Leiter des Preußischen Meteorologischen Instituts (vgl. Kapitel «Das Klima wird global»). In den 1840er-Jahren fertigte er Temperaturkarten an, die auf weit über 1000 Reihen beruhten.

Doch wie stehen José Antonio Alzates Messungen zu diesen Entwicklungen? In diesem Fall gab es keine Kontinuität. Es dauerte fast 50 Jahre, bis in Mexiko-Stadt wieder für kurze Zeit meteorologische Messungen durchgeführt wurden – durch den von Humboldt geförderten Joseph Burkart. Danach wurden Messungen häufiger. Der mexikanische Wetterdienst wurde 1877 gegründet.

Heute wird allein Temperatur an mehreren 10000 Wetterstationen weltweit erfasst (nimmt man private Wetterstationen dazu, an mehreren 100000). Dazu kommen Niederschlagsstationen und weitere Messstationen. Deren Betrieb und langfristige Sicherung ist nach wie vor teuer, aber selbst im Satellitenzeitalter unentbehrlich. Die Stationsmessungen stellen die Referenz dar, nur sie erfassen das lokale Klima, die lokale Lufttemperatur mit der nötigen Genauigkeit und Langzeitstabilität. Die Bodenmessnetze bleiben das Rückgrat der Klimatologie.

Atmosph. Luft ihre Geschichte

Fuchs hat zuerst (vor Brongniart?) ausgesprochen daß Atm. ursprünglich reich an Kohlensäure war, die der Vegetation beförderlich, wie wir es an den Kohlenformation sehen. Er glaubt sogar der Sauerstoff hätte Atm. durch Entziehung der Kohlensäure gewonnen

Fuchs Bulletin der Akad. [illegible] München Jahrg. 1838 p. 26–30

3. Über vormalige Tropenwärme

Auch über die Geschichte der Atmosphäre und über das Klima der Urzeit machte sich Alexander von Humboldt Gedanken. Davon zeugen einige der 1000 Notizzettel in seinen Kollektaneen, auf denen er Literaturangaben oder Auszüge aus Büchern festhielt, die er gelesen hatte. Zwei dieser Zettel, die sich mit Paläoklimatologie und Paläobotanik befassen, stehen exemplarisch am Anfang dieses Kapitels.

Der erste der beiden Zettel (Abb. 1) liegt zusammen mit 94 anderen in einem mittelgroßen Briefumschlag mit dem Titel «Luftkreis[,] chemische Composition[,] Eudiometrie»[26] in Kasten 12 der Kollektaneen. Humboldt wertet auf dem Zettel den 1838 erschienenen Aufsatz *Ueber die Theorie der Erde*[27] des bayrischen Chemikers und Mineralogen Johann Nepomuk Fuchs aus und notiert: «Atmosp. Luft[.] Ihre Geschichte[:] Fuchs hat zuerst (vor [Adolphe Théodore] Brongniart?) ausgesprochen, dass [die] Atm.[osphäre] anfangs sehr reich an Kohlensäure war, die die Vegetation beförderte[,] wie wir es an den Kohlenformationen sehen[.] Er glaubt sogar der Sauerstoff sei in [die] Atm.[osphäre] durch Zersetzung der Kohlensäure gekommen[.]»[28] Fuchs wollte mit seiner Theorie der Erde eigentlich beweisen, dass alle Gesteine und Gebirge das Ergebnis chemischer Reaktionen und nachfolgender Ablagerungsprozesse seien. Wie Humboldt war Fuchs ein Schüler Abraham Gottlob Werners an dessen Bergakademie in Freiberg gewesen. Seiner Hypothesen zufolge hätten sich alle Gesteine durch Sedimentation in Urozeanen gebildet. Auch Humboldt neigte – wie die meisten deutschen Wissenschaftler dieser Zeit – zu Beginn seiner Laufbahn dieser sogenannten neptunistischen Theorie zu. Während seiner Reise in die südamerikanischen Anden beobachtete er jedoch ausgedehnte vulkanische und seismische Aktivität und er begann, sich von Werner zu emanzipieren. Unter anderem waren es die bahnbrechenden Forschungen und Expeditionen seines Freundes, des Geologen Leopold von Buch, die ihn vom Plutonismus überzeugte, also von der Ansicht, die Gestalt der Erde und ihre Gesteine seien das Ergebnis vulkanischer Aktivität. Der Höhepunkt der Neptunismus-Vulkanismus-Kontroverse, an der sich auch Goethe beteiligte, lag um 1800. Sie war längst

Abbildung 1 • Von der intensiven Beschäftigung mit den klimatischen Bedingungen der Urzeit und der Zusammensetzung der Uratmosphäre zeugen in den Kollektaneen viele Literaturnotizen. Solche Zettel waren für Humboldt ein wichtiges Instrument zur Organisation seines Wissens

vorbei, als Fuchs seinen Artikel schrieb. Mit seinen neo-neptunistischen Spekulationen konnte Humboldt folglich nicht viel anfangen. Was ihn an dem Text aber interessierte, war die These, dass die Uratmosphäre eine ganz andere chemische Zusammensetzung gehabt habe als die heutige, ihr erhöhter Kohlenstoffgehalt an den gegenwärtig noch vorhandenen Kohlevorkommen abgelesen werden könne und diese Zeugen eines ehemals überaus üppigen Pflanzenwachstums seien.

Mit diesem Thema, der Paläobotanik, befasst sich auch der zweite Zettel (Abb. 2). Er liegt, zusammen mit 69 weiteren Notizzetteln und zwei Publikationsfragmenten, die die Titel *Ueber den versteinerten Wald von Radowenz bei Adersbach* und *Über die Flora des Kupferschiefer-Gebirges oder der permischen Formation* tragen, im kleinen Kasten 14, in einem Umschlag mit der Aufschrift «Alte Flora und Fauna». Etwas kryptisch notiert Humboldt im oberen Teil des Zettels: «Pflanz.[en] Braunkohle im Niederrhein[ischen] Braunkohlengebiet nach Webers Cat[alog:] 3 Palmen, 11 Laurenien, 3 Melastomacea, *also Tropen*!»[29] Die Angaben, die Humboldt in Erstaunen versetzen, entnahm er der Tabellarischen Übersicht der fossilen Pflanzen, die der damals in Bonn lebende Chirurg und autodidaktische Paläobotaniker Carl Otto Weber 1851 in seiner Studie *Die Tertiärflora der niederrheinischen Braunkohlenformation*[30] veröffentlicht hatte. Dass Humboldt die Namen der Pflanzenfamilien Lauraceae (Lorbeergewächse) und Melastomataceae (Schwarzmundgewächse) in Kurzform notiert, tut nichts zur Sache. Von diesen Melastomataceae fand Humboldt auf seiner Reise in den Tropen so viele verschiedene Arten, dass er ihnen einen eigenen Band in der botanischen Abteilung seines vielbändigen Reisewerks widmete. Bei allen von Weber genannten Pflanzen handelt es sich um wärmeliebende Gewächse, die vornehmlich in den Tropen vorkommen – und nicht am Niederrhein. Das trifft auch für die meisten anderen

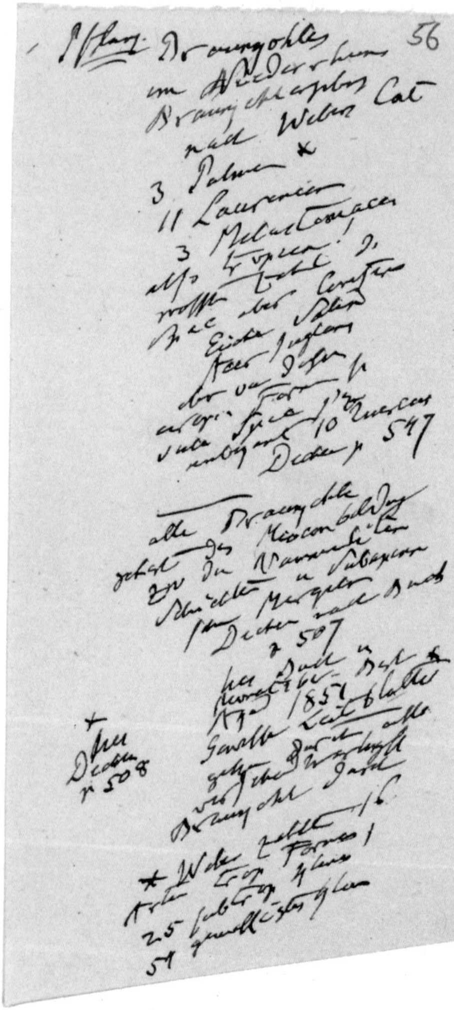

Abbildung 2 • Humboldt stellt erstaunt fest, dass die Pflanzenreste, die in den Braun- und Steinkohleablagerungen, den «Archiven der Erde» verborgen liegen, überwiegend tropische Gewächse sind.

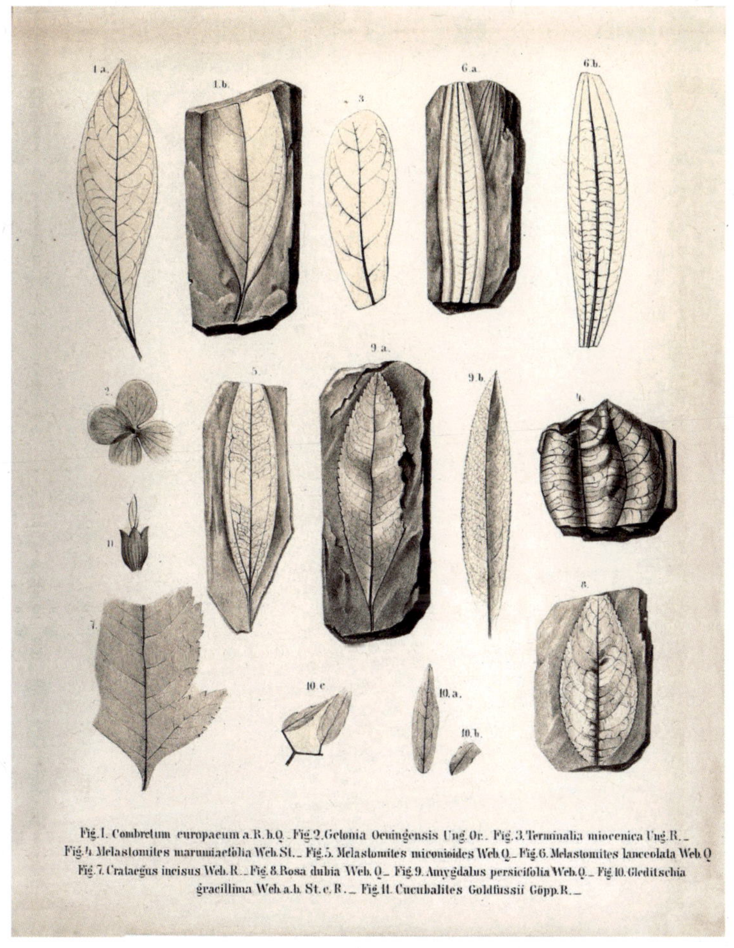

Abbildung 3 • Auf Tafel 24 zu seinem Artikel präsentiert Weber einige seiner Funde von tropischen Pflanzen der *Tertiärflora der niederrheinischen Braunkohlenformation*. Unter ihnen Blätter von Schwarzmundgewächsen (Melastomataceae).

Pflanzen zu, die Weber in seiner «Tabelle fossiler Pflanzen der niederrheinischen Braunkohlengebilde»[31] aufführt und die seiner Meinung nach «entschieden auf ein wärmeres Klima»[32] in der Vorzeit hinweisen (Abb. 3).

Wie aber konnte es sein, dass im Raum Köln–Bonn einst unter freiem Himmel tropische Pflanzen wuchsen? Nahm Humboldt einen Zusammenhang zwischen dem Kohlendioxidgehalt der Atmosphäre und der einst höheren Temperatur an – also einen Treibhauseffekt? Und wofür waren die Kohlen noch gut, außer zu paläoklimatischen Mutmaßungen anzuregen? Diesen Fragen widmete sich Humboldt über einen langen Zeitraum, wobei sich seine Ansichten über die Ursachen der einst größeren Wärme auf der Erde entscheidend wandelten.

Die Antworten auf den Zustand eines so flüchtigen Phänomens, wie es das vorweltliche Klima ist, lagen also unter der Erde. Humboldt und seine Zeitgenossen arbeiteten im Grunde bereits mit sogenannten Klimaproxys beziehungsweise Klimaanzeigern. Mit Objekten, die in den «Archiven der Erde» vergraben liegen und indirekt Aufschlüsse über die klimatischen Zustände ihrer Entstehungszeitpunkte liefern. Noch heute sind Proxydaten die einzigen Hinweise auf das vorgeschichtliche Klima. Allerdings gibt es heute viel mehr Quellen und die Datenmenge hat sich seit Humboldt massiv vergrößert. Neben fossilen Pflanzen kommen in der Paläoklimatologie heute Eisbohrkerne, Sedimente aus Seen und Meeren, die Dendrochronologie, Höhlensinter und so fort in Betracht. Die Datengrundlage, über die Humboldt, Fuchs, Weber und alle anderen am Paläoklima interessierten Forscher zu Beginn des 19. Jahrhunderts verfügten, war denkbar dünn und so war es schwierig, genaue Aussagen über die vorweltlichen Klimaverhältnisse zu machen. Alles deutete jedoch darauf hin, dass es einst heißer und feuchter gewesen war als heute.

Für Humboldt waren die Pflanzenfossilien indes nicht allein Klimaanzeiger. Mit ihrer Erforschung verband er auch die Hoffnung, die von ihm mitbegründete Disziplin der Pflanzengeographie zu historisieren. Seitdem er sich mit den Bedingungen der Verbreitung gegenwärtiger Pflanzen befasste, hatte sich Humboldt auch für die Geschichte ihrer Wanderungen interessiert. Sein Interesse bezog sich sowohl auf die Wildpflanzen als auch auf die Kulturpflanzen, bei denen sich die Menschheitsgeschichte mit der Geschichte der Pflanzen verschränkt. Dieses Interesse stand ganz unter dem Eindruck der um 1800 aufkommenden Verzeitlichung der Naturforschung.

Humboldt fehlte für so eine Geschichte aber schlicht das Material. In seinen Kosmos-Vorlesungen, die er im Wintersemester 1827–1828 an der Berliner Universität und aus Platzgründen in der benachbarten Sing-Akademie hielt, und die schon unter seinen Zeitgenossen Berühmtheit erlangten, stellte er fest: «Über die Geschichte der Pflanzen haben wir fast nur Hypothesen».[33]

Mit Erscheinen des ersten Bandes des *Kosmos*, im Jahr 1845, hatte sich das Bild gewandelt. Humboldt konnte hier bereits «fast 400» Arten der «Flor der Steinkohlengebilde»[34] unterscheiden und sprach ganz selbstverständlich von einer «dermalige[n] Pflanzengeographie» und einer «Pflanzengeschichte».[35] Die Arbeit von Weber, auf die der Zettel im kleinen Kasten 14 hinweist, hatte er zu dem Zeitpunkt noch gar nicht ausgewertet. Der Artikel erschien erst sechs Jahre nach dem ersten Band des *Kosmos*. Mit dem Kasten 14 hatte es allerdings eine besondere Bewandtnis, denn er gehörte ursprünglich gar nicht zu den Kollektaneen. Es handelte sich bei ihm vielmehr um einen Kasten, den Humboldt auf seinem Schreibtisch stehen hatte. In ihn sortierte er die Zettel, Briefe und Manuskripte ein, mit denen er das jeweils nächste Stück des Textes schrieb, an dem er eben arbeitete. Die Papiere, die noch heute im kleinen Kasten 14 liegen, waren für die Fortsetzung des fünften Bands des *Kosmos* gedacht. Humboldt wollte darin erneut auf die Paläobotanik und Paläoklimatologie zu sprechen kommen und die neuesten wissenschaftlichen Ergebnisse hierzu präsentieren. Dazu kam es nicht mehr. Als er am 6. Mai 1859 verstarb, stand der Kasten, in dem sich der Zettel mit dem Hinweis auf Webers *Tertiärflora der Niederrheinischen Braunkohlenformation* befand, noch auf seinem Schreibtisch. Zu diesem Zeitpunkt hatte Humboldt sich über mehr als zwei Drittel seines Lebens mit dem Klima der Urzeit befasst.

Geochemie und Tropenwärme

Eine seiner frühesten Äußerungen zum Paläoklima stammt noch aus der Zeit vor seiner Amerikareise ab 1799. Sie befindet sich in dem 1797 von dem Astronomen Johann Elert Bode herausgegebenen *Astronomischen Jahrbuch für das Jahr 1800*. Bode veröffentlichte darin den von ihm selbst verfassten Artikel *Ueber vermuthete Verrückungen der Erdpole und Veränderungen der Neigung der Erdaxe*.[36] Der Anlass zu diesem Artikel war, dass die Veränderung der Neigung der Erdachse, die die Schiefe der Ekliptik bedingt,[37] lange Zeit als eine der Ursachen für die einst wärmere Temperatur in nördlichen Breiten diskutiert wurde. In seinem Aufsatz stellt Bode die Frage, «ob sich Spuren auf der Erdoberfläche zeigen, dass einstens, plötzlich oder nach und nach, die Neigung der Erdachse sich verändert»[38] habe. Auf den ersten Blick, so Bode, scheint dies der Fall zu sein und die Existenz «von südlichen Pflanzen, Land- und Wasserthieren»[39] in nördlichen Ländern zu erklären. Doch dann legt Bode dar, dass diese Annahme, die von den Geologen immer wieder vorgebracht wird, von einem astronomischen Standpunkt aus nicht haltbar sei. Eine so starke Neigung der Erdachse, die nötig gewesen wäre, um in nördlichen Breiten tropische Temperaturen hervorzubringen, könne es nicht gegeben haben. Für das wärmere Klima der Vorzeit müssen folglich andere Ursachen verantwortlich gewesen sein. Welche das sind, weiß Bode nicht, doch spekuliert er darüber, dass es sich um chemische Prozesse in der Erdrinde, um «Gärungen, Auflösungen und Zersetzungen»[40] handle, die ein lokal begrenztes Tropenklima hervorgebracht hätten. Genau an dieser Stelle führt er nun den «Herrn Ober-Bergrath von Humboldt» als Gewährsmann an, der als «ein eifriger und geschickter Naturforscher» bekannt sei und zitiert aus einem Brief, den er von ihm am 2. Februar 1775 erhalten hatte. Darin schrieb der damals gerade einmal 26-jährige Humboldt:

> Ich glaube nun selbst nicht mehr an die so enorm veränderte Schiefe der Ecliptik […]. Ich bin jetzt fest davon überzeugt, daß das merkwürdige Phänomen südlicher Vegetation im Norden chemische und nicht astronomische Ursachen hat: Als nemlich das feste Land sich aus der Flüssigkeit abschied oder erhärtete, so wurde eine große Menge Wärmestoff urplötzlich entbunden. Dieser häufte sich bey uns auf der Nordl.[ichen] Hemisphär hauptsächlich an, weil dort das meiste feste Land entstand. Jeder Niederschlag der Flötzschicht theilte der darüber stehenden Flüssigkeit neue Wärme mit. Diese verdampfte nun immer schneller […] und so entstand über der neuen Veste eine Tropenwärme, welche Pflanzen und Thiere hervorlockte. Dieser geile Pflanzenwuchs dauerte indeß nicht lange. Der in der Nordl.[ichen] Hemisphär angehäufte Wärmestoff theilte sich, nach Gleichgewicht strebend, bald dem übrigen Luftkreise mit, oder wurde zu neuen Auflösungen gebunden. So hörte nach und nach die heiße Temperatur wieder auf und die Atmosphäre erhielt ihre eigene Quantität Wärmestoff. Diese neue Erklärungsart […] ist nicht hypothetisch.[41]

Humboldt folgte damals noch ganz der Neptunismus-Theorie seines Lehrers Werner und ging zudem noch von einer stofflichen Natur der Wärme aus. Diese Ansichten waren für ihn indes eine Neuerung, denn in einem (erst 1853 publizierten) Brief an den Mathematiker Johann Friedrich Pfaff vom 12. November 1794 ist noch zu lesen: «Unter den vielen möglichen Gründen, welche eine Tropenwärme unter 69–70° N.[ördlicher] Br.[reite] hervorbringen können, studiere ich den besonders über die veränderte Schiefe der Ekliptik.»[42] Seine Literaturrecherchen dazu hatten ihn aber «so verwirrt gemacht»,[43] dass er von Pfaff Aufklärung über diesen Gegenstand erbat. Vielleicht hatte Pfaff Humboldt von der astronomischen Erklärung abgebracht. Allerdings ist kein Antwortbrief von ihm an Humboldt überliefert. Die Suche nach den Ursachen des einst heißeren Klimas ließen Humboldt von da an aber nicht mehr los. Erst recht nicht, als er sich von der Neptunismus-Hypothese verabschiedete und dem Plutonismus zuwandte.

Geologische Träume

Humboldts nächste öffentliche Auseinandersetzung mit dem Thema fällt mitten in die Konsolidierungsphase der damals noch neuen Wissenschaft der Meteorologie. 1823 veröffentlichte der Erlanger Professor für Chemie und Physik, Karl Wilhelm Gottlob Kastner, den ersten Band seines bis 1830 in drei Bänden erschienenen *Handbuch der Meteorologie*.[44] Es handelt sich bei ihm um eines der frühen meteorologischen Lehrbücher, wie solche auch von dem Ingolstädter Mathematiker und Physiker Gabriel Knogler und dem Hallenser Physikprofessor Ludwig Friedrich Kämtz herausgegeben wurden. In seinem Handbuch versuchte Kastner den «Meteorismus», wie er seine Auffassung des Wetters nannte, naturphilosophisch zu begründen. Er fasste den Gegenstand entsprechend weit: Für ihn waren die meteorologischen Erscheinungen eine «fortdauernd sich erneuernde Gesamtthätigkeit», ein «cosmischer Lebensprozess»[45] auf den nicht allein alle irdischen Phänomene, wie beispielsweise der Vulkanismus, sondern auch kosmische Erscheinungen, wie die Stellung der Gestirne, Meteore und dergleichen mehr Einfluss hätten.

Als der erste Band von Kastners Handbuch erschien, lebte Humboldt noch dauerhaft in Paris. Seit Dezember 1807 war dort sein Wirkungskreis, in dem er sich im Austausch mit einigen der damals bedeutendsten Wissenschaftler und Künstler der Auswertung seiner Aufzeichnungen der amerikanischen Reise und der Herausgabe seines, je nach Zählung 29 oder 34 Bände umfassenden Reisewerks widmete. Zu Beginn des Jahres 1823 war er für einige Monate in Berlin gewesen, wo er in seinem Elternhaus, in Schloss Tegel, bei seinem Bruder wohnte. Am 24. Januar hielt er in der Berliner Akademie der Wissenschaften den Vortrag *Ueber den Bau und die Wirkungsart der Vulkane in verschiedenen Erdstrichen*. Ein Auszug der Vorlesung erschien noch im selben Jahr. Die ganze Abhandlung ließ Humboldt dann im folgenden Jahr im *Mineralogischen Taschenbuch* von Karl Cäsar Ritter von Leonhard drucken[46] und schließlich fand der Text Eingang in die 1826 gedruckte zweite Ausgabe seiner *Ansichten der Natur*[47]. Mit diesem Vortrag war Humboldt endgültig zum Plutonismus konvertiert. Am Abend der Vorlesung gab die Akademie ein Diner zu Humboldts Ehren. Im Februar reist er zurück nach Paris und berichtet seinem Bruder am 19. des Monats von der Ankunft. Die Reise verlief demnach gut und die Temperatur sei wie im Frühling gewesen. Doch in Paris regne es in Strömen und es sei so dunkel, dass man versucht sei, mit Laternen zu gehen, schreibt Humboldt.[48] Irgendwann im weiteren Verlauf des Jahres 1823 bekam Humboldt dann Kastners *Handbuch der Meteorologie* in die Hand, las es und schrieb ihm einen Brief, in dem er auf dessen paläoklimatologische Überlegungen zu sprechen kommt. Einen Ausschnitt des Briefs beförderte Kastner unter dem Titel *Ueber vormalige Tropenwärme in nördlichen Breiten, isothermische Linien etc.* umgehend zum Druck. Darin ist zu lesen:

> Was Sie an mehreren Stellen Ihrer Meteorologie (S. 25, 47, 145) über die Ursachen der vormaligen Tropenwärme in nördlichen Breiten (Farnkräuter und Rhinoceros in Sibirien etc.) sagen, hat meinen Freund Gay-Lussac und mich besonders interessiert, indem Ihre Erklärung unabhängig von der häufig beliebten Annahme einer gewaltsamen Veränderung der Neigung der Erdaxe zu seyn scheint. Sie schreiben «die hohe Temperatur z. B. des alten Meeres, dem großen Luftdrucke, der Dichtigkeit des vormaligen Luftkreises und der großen Strahlenbrechung zu.» Da aber die Verdichtung und Verdünnung der Luft,

> während des Acts der Druckveränderung nur eine vorübergehende Temperaturveränderung hervorbringt, und da in der verdichteten Luft auch die Intensität jenes Lichts, welches die Wärme der alten Erde hervorbringen soll, abnimmt, so ist uns die eigentliche Ursache der alten nordischen Tropenwärme (an der ich sonst keinesweges zweifle) nicht ganz klar geworden. Es würde uns freuen, wenn Sie einige Augenblicke der Muße, einer ausführlicheren Erläuterung Ihrer Ansicht widmen wollten; der Gegenstand ist in der That von unendlicher Wichtigkeit etc.[49]

Humboldt war sichtlich nur zum Teil zufrieden mit Kastners Ausführungen. Auf der einen Seite lobte er den Umstand, dass Kastner keine schwer zu belegende, astronomische Ursache für die vormalige Tropenwärme suchte, sondern terrestrische Ursachen annahm. Auf der anderen Seite wies Humboldt auf die Schwächen der Spekulationen Kastners hin, indem er anführt, diese würden nur für eine vorübergehende Temperaturerhöhung sprechen. Was er nicht sagt, aber wohl denkt, ist, dass es für die Entwicklung der großen Mengen an Kohlen aber eine langanhaltende Phase tropischer Wärme gegeben haben musste. Kastner protestierte in seiner *Nachschrift*, die er zusammen mit dem Brief Humboldts publizierte, dass er durchaus länger wirkende Faktoren in seinem Handbuch benannt habe. Beispielsweise die «Wärmedehnung des Erdkerns», die «periodisch-veränderte Wärmeverbreitung innerhalb der Erdrinde», den «Erdgalvanismus» und den «Erdmagnetismus».[50] Unverkennbar neigt Kastner dem Plutonismus zu und selbstverständlich spielen bei den von ihm angeführten endogenen klimabildenden Prozessen Vulkane eine entscheidende Rolle. Humboldt konnte eine solche Meinung eigentlich nur begrüßen. Doch der naturphilosophisch-spekulative Grundcharakter von Kastners «Meteorismus» scheint ihm missfallen zu haben. Das lässt sich auch aus einer Randnotiz entnehmen, die er in einem Pflanzenkatalog zur Bearbeitung der nie erschienenen Neuauflage seiner *Ideen zu einer Geographie der Pflanzen* notierte und die sich heute in den Kollektaneen zum Kosmos befindet. Zu Kastners botanischen Überlegungen schreibt er dort, damals bereits über den zweiten Band des *Handbuchs der Meteorologie*: «Geolog[ische] Träume über Entstehung der Pflanzenarten». Spekulieren wollte Humboldt aber weder über den Ursprung der Pflanzen noch über die vormalige Tropenwärme. Die Frage, wo diese herkommen sollte, blieb also weiter offen. In den 1820er-Jahren wurde es für ihn aber immer gewisser, dass sie in der Erde zu suchen war.

Aus inneren Ursachen

Kurz nach seiner endgültigen Rückkehr aus der Weltstadt Paris in die preußische Hauptstadt Berlin am 3. Juli 1827 las Humboldt in der dortigen Akademie der Wissenschaften eine Abhandlung *Über die Hauptursachen der Temperatur-Verschiedenheit auf dem Erdkörper*[51]. Die Abhandlung ist ein Paradebeispiel für die Transdisziplinarität von Humboldts Klimatologie. Denn die Wärmeverteilung auf der Erde interessierte ihn nicht nur an sich, sondern auch in ihrer Verbindung «mit der räumlichen Verschiedenartigkeit der Producte, mit dem Ackerbau und dem Handelsverkehr der Völker, ja mit mehreren Seiten ihres ganzen moralischen und politischen Zustandes».[52] In seinem Vortrag ging Humboldt aber nicht nur auf solch gewichtige klimatologische Zusammenhänge seiner Gegenwart ein. Er äußerte sich in seinem Vortrag auch zu klimahistorischen Punkten und schließlich benannte er die Ursache, die er fortan für die einst höheren Temperaturen verantwortlich machte:

> Versuchen wir nun das Problem der Temperaturvertheilung in seiner ganzen Allgemeinheit zu fassen, so können wir uns planetarische Wärme entweder [...] als Folge der Stellung gegen einen Wärme erregenden Centralkörper denken; oder aber [...] als Folge von inneren Oxydationsprocessen, Niederschlägen, chemisch veränderten Capacitäten oder electro-magnetischen Ströhmungen. Mannigfaltige geognostische Phänomene [...] deuten auf eine solche Entwickelung innerer, von dem Planeten selbst erregter Wärme hin. Dazu hat der geistreiche Astronom und Physiker, Herr Arago, neuerlichst die Zweifel, welche man gegen die, den Bergwerken beider Welttheile eigenthümliche Wärme erhoben hat, durch neue Versuche über tief erbohrte Quellwasser, (sogenannte artesische Brunnen) auf das Vollkommenste widerlegt. Je größer die Tiefe ist, aus welcher die Wasser aufsteigen, desto wärmer sind sie befunden worden. [...] Diese denkwürdigen Beobachtungen lehren, wie, unabhängig von der Schiefe der Ekliptik im frühesten gleichsam jugendlichen Zustande der Planeten, Tropentemperatur und Tropenvegetation unter jeglicher Zone entstehen und so lange fortdauern konnten, bis durch Wärmestrahlung aus der erhärteten Erdrinde, und durch allmählige Ausfüllung der Gangklüfte mit heterogenen Gesteinmassen, sich ein Zustand bildete, in welchem (wie Fourier in einem tiefsinnigen mathematischen Werke gezeigt hat) die Wärme der Oberfläche und des Luftkreises nur von der Stellung des Planeten gegen einen Centralkörper, die Sonne, abhängt.[53]

Die Tropenwärme in nördlichen Breiten war folglich auf geochemische Prozesse und darauf zurückzuführen, dass die Erde einst ein glutheißer Ball war und sich seither fortwährend abkühlte. In früheren Perioden bestand zwischen dem Erdinneren, der Erdrinde und der Atmosphäre schlicht ein größerer Wärmeaustausch als heute. So einfach war die Erklärung der vormaligen Tropenwärme in nördlichen Breiten für Humboldt. Die Idee war nicht neu. Der aufklärerische Naturforscher Goerges-Louis Leclerc de Buffon hatte schon in seinen 1778 erschienenen *Époques de la Nature*[54] die Hypothese aufgestellt, dass sich die Erde seit einer anfänglichen Gluthitze fortwährend abgekühlt habe.

Humboldt aber stützte sich zwischenzeitlich nicht mehr auf Vermutungen. Er hatte einen empirischen Beweis: Die Brunnenbohrungen von Arago zeigten, dass die Temperatur der Erde im Inneren zunimmt, je tiefer man kommt. In den folgenden Jahren verdichteten sich die Hinweise darauf, dass die Erde im Inneren geschmolzen sei. Anfang der 1830er-Jahre wurden auf Anregung Humboldts im nahe Berlin gelegenen Rüdersdorf erste systematische geothermische Messungen zur genauen Bestimmung der Temperaturzunahme im Inneren der Erde durchgeführt. Mitte des 19. Jahrhunderts konnte durch solche Messungen dann die sogenannte geothermische Tiefenstufe festgestellt werden. Das ist die Tiefendifferenz, in der sich die Erdkruste um 1 °C erwärmt. Die Forscher kamen zu dem Ergebnis, dass dies ungefähr alle 30 Meter der Fall war. Selbst nach heutigen Maßstäben ist dieser Wert ziemlich genau. Im Durchschnitt findet alle 33 Metern eine Erwärmung um 1 °C statt. Damit konnte Humboldt berechnen, ab welcher Tiefe das Gestein geschmolzen sein musste. Im ersten Band des *Kosmos* gibt er an, dass eine «Granitschicht in der Tiefe von 5 2/10 geographischen Meilen [...] geschmolzen sein»[55] müsse, was ungefähr 40 Kilometern entspricht.

Für die vormalige Tropenwärme war bei Humboldt also nicht ein erhöhter Kohlendioxidgehalt der Atmosphäre verantwortlich (und auch nicht eine äquatornähere Lage Europas infolge der Kontinentaldrift, die Alfred Wegener erst 1915 postulierte[56]), sondern die Abwärme eines sich langsam abkühlenden Planeten. Aus heutiger Sicht war für die Bildung der Braunkohleflöze im Rheinischen Braunkohlerevier, die im Miozän entstanden, allerdings genau dieser erhöhte atmosphärische Kohlendioxidgehalt ausschlaggebend. Bedingt durch eine langanhaltende vulkanische Tätigkeit im heutigen Nordwesten der USA stieg er am Höhepunkt des Klimaoptimums des Miozäns vor 17 bis 15 Millionen Jahren auf 500–600 ppm (Parts per million), etwa 200 ppm höher als in der Gegenwart. Der dadurch hervorgerufene Treibhauseffekt führte zu einer globalen Erwärmung und zu jenen warmen bis subtropischen Temperaturen, die den «geilen Pflanzenwuchs» hervorriefen, dessen Spuren Humboldt dazu anregten, sich mit dem Paläoklima zu beschäftigen – zu einer Zeit, als im Zuge der beginnenden industriellen Revolution damit begonnen wurde, das in der Erde gespeicherte Kohlendioxid massenhaft wieder freizusetzen.

Abbildung 4 • Nach Humboldt wurden nicht nur Pflanzen, Meeresströmungen, Berge, ein Mondmeer und Schiffe benannt. Auch mehrere Braun- und Steinkohlegruben in Deutschland und Polen tragen seinen Namen. Hier der Tagebau Humboldt, in dem bis 1966 Braunkohle zur Herstellung von Humboldt-Briketts gefördert wurde.

Climate engineering um 1900

Humboldts Überlegungen und Ausführungen zum Thema Kohle berühren daher noch einen weiteren in seiner Gegenwart beginnenden und heute omnipräsenten Punkt: den des menschengemachten globalen Klimawandels. Von ihm konnte Humboldt schon daher nichts wissen, da er, wie eben geschildert, die Klimawirkung von Treibhausgasen nicht kannte. Gegen die massenhafte Verbrennung der Kohlen hatte er deshalb auch keine Bedenken. Für ihn lag in der Kohle im Gegenteil ein großes Versprechen: Ihre Nutzung würde das Gedeihen der Menschen und Nationen in der Zukunft maßgeblich befördern, mutmaßte Humboldt. Im ersten Band des *Kosmos* schrieb er darüber:

> In den immer warmen, immer feuchten, mit Kohlensäure überschwängerten Luftschichten müssen die Gewächse in solchem Grade Lebenserregung und Ueberfluß an Nahrungsstoff gefunden haben, daß sie das Material zu den Steinkohlen- und Ligniten-Schichten hergeben konnten, welche in schwer zu erschöpfenden Massen die physischen Kräfte und den Wohlstand der Völker begründen. Solche Massen sind vorzugsweise, und wie in Becken vertheilt, gewissen Punkten Europa's eigen. Sie sind angehäuft in den britischen Inseln, in Belgien, in Frankreich, am Niederrhein und in Oberschlesien.[57]

Die Kohlevorkommen, Humboldt spricht hier vor allem über die Steinkohlen, liegen räumlich mit den Zentren der beginnenden Industrialisierung zusammen. Für Humboldt und seine Zeitgenossen war die Steinkohle der Treibstoff zur Beschleunigung der ökonomischen und kulturellen Entwicklung des Menschen und zur Verbesserung des Lebens, kurzum: für den Zivilisationsfortschritt.

Bereits er selbst profitierte davon. Als wäre es ein Wink des Schicksals, erhielt James Watt im selben Jahr, in dem Humboldt geboren wurde, sein Patent für die Verbesserung der Newcomenschen Dampfmaschine. Watt's Innovation ermöglichte eine signifikante Einsparung an Brennstoff, weshalb Dampfmaschinen fortan auch fernab von Energiequellen betrieben werden und zum Antrieb von Dampfschiffen und Eisenbahnen genutzt werden konnten. Seit dem 19. September 1838, dem Eröffnungsdatum der Eisenbahn Berlin–Potsdam, kam Humboldt in den Genuss verkürzter Reisezeiten in die Residenz seines Königs. Eine wesentliche Erleichterung, da er als dessen Kammerherr ständig zwischen seiner Berliner Wohnung und den Potsdamer Schlössern pendeln musste.

Ein Jahr vorher, im Sommer 1837, hatte August Borsig vor dem Oranienburger Tor in Berlin den Grundstein zu seiner Maschinenbau-Anstalt gelegt (Abb. 5). Drei Jahre später verließ die erste eigene Lokomotive Borsigs Werk. In Berlin kommt der Wind für gewöhnlich aus Westen und Humboldt wohnte 1842 in der nahegelegenen Oranienburger Straße Nr. 67 östlich der Borsigwerke. Mit Sicherheit zog der Qualm der Schlote von Borsigs Fabrik auch in seine Wohnung. Tagtäglich kam er somit in Kontakt mit den Auswirkungen der Industrialisierung und dessen Universalbrennstoff, der Kohle. Wie gesagt, ohne diesen zu problematisieren.

Das Kohlendioxid geriet erst später in den Blick. In Humboldts Todesjahr begann John Tyndall mit Versuchen zum Wärmeabsorptionsverhalten verschiedener Gase und stellte fest, dass Kohlendioxid ein Treibhausgas ist. Die eigentliche Entdeckerin des Treibhauseffektes ist allerdings eine Frau: Eunice Foote fand die Treibhauswirkung von Kohlendioxid drei Jahre vor Tyndall (vgl. Kasten «Eunice Foote, die vergessene Entdeckerin des Treibhauseffekts»). Der erste Wissenschaftler, der dann den Kohlendioxidausstoß der Menschen mit dem Klimawandel in Verbindung brachte, war der schwedische Chemiker, Physiker und Nobelpreisträger Svante Arrhenius.[58] Um 1900 äußerte er bereits eine Vermutung darüber, um viel Grad sich die Erde bei einer Verdoppelung des Kohlendioxidgehaltes aufheizen würde. Er rechnete für diesen Fall mit einer Erwärmung um 4 °C.[59] Ein Problem sah aber auch er in der Freisetzung von Klimagasen nicht. Im Gegenteil, er fürchtete sogar, der Kohlenstoff könne aus der Atmosphäre verschwinden, und damit den Pflanzen (und mithin den Menschen) die Lebensgrundlage entzogen werden und sich das Klima stark abkühlen. Die Kohleverbrennung der Industrialisierung hatte für Arrhenius demnach eher eine schützende und das Klima bewahrende Funktion. Mehr

Abbildung 5 • Zum zehnjährigen Jubiläum der Maschinenbau-Anstalt von August Borsig im Jahr 1847 kann Karl Eduard Biermann tageslichtverhüllende Rauchschwaden noch als einen Ausweis des menschlichen Fortschritts präsentieren.

noch, auch er betrachtete die massenhafte Freisetzung von Kohlendioxid als Zivilisationsfortschritt:

> Durch Einwirkung des erhöhten Kohlensäuregehaltes der Luft hoffen wir uns allmählich Zeiten mit gleichmäßigeren und besseren klimatischen Verhältnissen zu nähern, besonders in den kälteren Teilen der Erde; Zeiten, da die Erde um das Vielfache erhöhte Ernten zu tragen vermag zum Nutzen des rasch anwachsenden Menschengeschlechtes.[60]

Im pompösen Duktus seiner Zeit brachte der Darwinist und Wissenschaftspopularisierer Wilhelm Bölsche diesen Fortschrittsoptimismus, den die Kohle noch einige Jahrzehnte befeuern sollte, 1906 in seinem an ein breites Publikum gerichteten Kosmos-Bändchen *Im Steinkohlenwald* auf den Punkt:

> Die Weltuhr tickte. Die Pflanzen, die Sonnenkinder von ehemals, sanken in einen schwarzen Sarg. Da blühte der Mensch selber in Vollkraft aus dem lange reisenden Keim zum Sonnenkinde dieser Erde auf. Sein Sonnengeist suchte nach Wärme, nach Licht. Und der Schwarze Sarg tat sich ihm auf, – am eingesargten Sonnenglanze der Urwelt entzündete er die hellste Fackel seiner Kultur, – am brennenden Stein.[61]

Die Klimaingenieure von heute bemühen sich bekanntlich darum, das Kohlendioxid wieder aus der Atmosphäre zu entfernen, um den Fortbestand des Menschen und seiner Kultur zu gewähren. Die Weltuhr tickt heute wieder. Mit umgekehrten Vorzeichen.

Eunice Foote, die vergessene Entdeckerin des Treibhauseffekts

Svante Arrhenius' Beschreibung des menschengemachten Klimawandels baute auf den Arbeiten des irischen Physikers und Bergsteigers John Tyndall auf. Ab 1859, dem Todesjahr Humboldts, führte Tyndall Experimente zur Wärmeaufnahme verschiedener Gase durch. Mit ihnen zeigte er, dass Gase wie Wasserdampf, Methan und Kohlendioxid Wärme in der Atmosphäre speichern können. Das Kohlendioxid identifizierte Tyndall dabei als ein besonders effektives Treibhausgas.

Inwiefern Tyndalls Arbeiten auf denjenigen der US-amerikanischen Frauenrechtsaktivistin, Erfinderin und Forscherin Eunice Foote aufbauen, ist umstritten. Foote entdeckte die Klimawirkung von Kohlendioxid und Wasserdampf allerdings drei Jahre vor Tyndall. Sie beschrieb sie in ihrem 1856 publizierten Aufsatz *Circumstances Affecting the Heat of the Sun's Rays*[62]. Darin schilderte sie eine Reihe von Experimenten, für die sie Glaskolben mit integrierten Thermometern mit verschiedenen Gasen befüllte, sie der Sonnenstrahlung aussetzte und die Temperaturzunahme in ihrem Inneren beobachtete. Foote stellte dabei fest, dass komprimierte und feuchte Luft sich stärker erwärmt als unkomprimierte und trockene. Sie zog daraus die Schlussfolgerung, dass die Luftfeuchte den Verlauf von isothermen Linien wesentlich beeinflussen würde. Die höchste Wärmezunahme stellte sie allerdings in einem mit Kohlendioxid befüllten Kolben fest. Dieser benötigte zudem länger, um sich im Schatten wieder abzukühlen. Aus dieser Beobachtung leitete Foote die These ab, dass ein höherer Kohlendioxidgehalt der Atmosphäre notwendigerweise auch zu einem wärmeren Klima führe und übertrug diese Annahme auch auf das Paläoklima:

> An atmosphere of that gas would give to our earth a high temperature; and if as some suppose, at one period of its history the air had mixed with it a larger proportion than as present, an increased temperature from its own action as well as from increased weight must have necessarily resulted.[63]

Footes wegweisender Beitrag zur Klimatologie blieb lange ungewürdigt. Dies begann damit, dass sie ihn auf der 10. Jahrestagung der «American Association for the Advancement of Science» im Jahr 1856 nicht selbst vortragen durfte. Frauen waren als Rednerinnen nicht zugelassen, weshalb ihre Forschungsergebnisse von dem Physiker und ersten Sekretär der «Smithsonian Institution», Joseph Henry, präsentiert wurden. Er erkannte die Tragweite der Entdeckung von Foote nicht und wies sie kurz darauf öffentlich zurück. Noch im selben Jahr erschienen Footes Forschungsergebnisse im *American Journal of Science and Arts* und weiteren Zeitschriften. Anfang 1857 war ein Auszug der Arbeit im *Jahresbericht über die Fortschritte der reinen, pharmazeutischen und technischen Chemie, Physik, Mineralogie und Geologie*

Art. XXXI.—*Circumstances affecting the Heat of the Sun's Rays;* by Eunice Foote.

(Read before the American Association, August 23d, 1856.)

My investigations have had for their object to determine the different circumstances that affect the thermal action of the rays of light that proceed from the sun.

Several results have been obtained.

First. The action increases with the density of the air, and is diminished as it becomes more rarified.

The experiments were made with an air-pump and two cylindrical receivers of the same size, about four inches in diameter and thirty in length. In each were placed two thermometers, and the air was exhausted from one and condensed in the other. After both had acquired the same temperature they were placed in the sun, side by side, and while the action of the sun's rays rose to 110° in the condensed tube, it attained only 88° in the other. I had no means at hand of measuring the degree of condensation or rarefaction.

The observations taken once in two or three minutes, were as follows:

Exhausted Tube		Condensed Tube.	
In shade.	In sun.	In shade.	In sun.
75	80	75	80
76	82	78	95
80	82	80	100
83	86	82	105
84	88	85	110

This circumstance must affect the power of the sun's rays in different places, and contribute to produce their feeble action on the summits of lofty mountains.

Secondly. The action of the sun's rays was found to be greater in moist than in dry air.

In one of the receivers the air was saturated with moisture—in the other it was dried by the use of chlorid of calcium.

Both were placed in the sun as before and the result was as follows:

Dry Air.		Damp Air.	
In shade.	In sun.	In shade.	In sun.
75	75	75	75
78	88	78	90
82	102	82	106
82	104	82	110
82	105	82	114
88	108	92	120

The high temperature of moist air has frequently been observed. Who has not experienced the burning heat of the sun that precedes a summer's shower? The isothermal lines will, I think, be found to be much affected by the different degrees of moisture in different places.

Thirdly. The highest effect of the sun's rays I have found to be in carbonic acid gas.

One of the receivers was filled with it, the other with common air, and the result was as follows:

In Common Air.		In Carbonic Acid Gas.	
In shade.	In sun.	In shade.	In sun.
80	90	80	90
81	94	84	100
80	99	84	110
81	100	85	120

The receiver containing the gas became itself much heated—very sensibly more so than the other—and on being removed, it was many times as long in cooling.

An atmosphere of that gas would give to our earth a high temperature; and if as some suppose, at one period of its history the air had mixed with it a larger proportion than at present, an increased temperature from its own action as well as from increased weight must have necessarily resulted.

On comparing the sun's heat in different gases, I found it to be in hydrogen gas, 104°; in common air, 106°; in oxygen gas, 108°; and in carbonic acid gas, 125°.

Art. XXXII.—*Review of a portion of the Geological Map of the United States and British Provinces by Jules Marcou;** by William P. Blake.

Geological maps of the United States published in Europe and widely circulated among European geologists, are necessarily regarded by us with no small degree of attention and curiosity. This is more especially true, when such maps embrace regions of which the geography has only recently been made known and the geology has never before been laid down on a map with any approach to accuracy.

The recent geological map and profile by M. J. Marcou, which has appeared in the Annales des Mines and in the Bulletin of

* Carte Géologique des Etats-Unis et des Provinces Anglaises de l'Amérique du Nord par Jules Marcou. *Annales des Mines,* 5e Série, T. vii, p. 329. Published also with the following:

Résumé explicatif d'une carte géologique des Etats-Unis et des provinces anglaises de l'Amérique du Nord, avec un profil géologique allant de la vallée du Mississippi aux côtes du Pacifique, et une planche de fossiles, par M. Jules Marcou *Bulletin de la Société Géologique de France.* Mai, 1855, p. 813.

Abbildung 6 • Zwei Seiten genügten Eunice Foote, um den Treibhauseffekt zu beschreiben. Als Frau wurde sie aus der männlich dominierten Wissenschaft ausgegrenzt und ihre Arbeit erst im 21. Jahrhundert wiederentdeckt und anerkannt.

unter der Rubrik «Wärmelehre»[64] in deutscher Übersetzung zu lesen. Ihre Schlussfolgerungen über die Klimawirkung von Kohlendioxid wurden in dieser Zusammenfassung allerdings ausgelassen. Erst 2010 wurde Footes Arbeit wiederentdeckt und ihre Beschreibung der Klimawirkung von Kohlendioxid entsprechend gewürdigt.

167

Uracan en la Havana en la tarde y noche del 27 al 28 de Agosto de 1794, que hizo grande estrago en la bahia, donde se perdieron algunas embarcaciones, bararon quasi todas las demas &c; y tambien en los campos arrancando árboles, arrasando cañaverales &c.

La temperatura media en el dia 25. fué de 85,8 de Farenheit.

La del dia 26. á mediodia, de 88.
La del dia 27. . . . id . . . . de 81.
La del mismo dia á las $10\frac{1}{2}$ de la noche . . . . . de 83,5

Movimiento del barómetro

dia 25. á las	4.h de la mañ.	30,04. pulg. ing.
	8	,03
	12 (mediodia)	,02
	4. de la tarde	,02
	8	,01
	12 (noche)	,01
dia 26. á	4.h (mañ.)	,00
	8	,00
	12 (med. dia)	,00
	4. tarde	29,99
	8	,98.
	12. (noche)	,96
dia 27 . . á	4.h (mañ.)	,95
	6	,94
	8	,90
	10	,89
	12 (med. dia)	,86
	2. (tarde)	,84
	4	,82
	6	,80
	7. (noche)	,80

Observaciones del Capitan de navio D.n Tomas de Ugarte.

10:9.4 74 oo / 94 / 29600 / 66600 / 6956 / 160

4. Tropische Wirbelstürme

Die Wucht des Sturms muss unglaublich gewesen sein. Der Hurrikan traf am 27. August 1794 auf Havanna, wo er eine Spur der Zerstörung hinterließ, und gleichentags auf die Florida Keys. Von dort zog er vermutlich weiter über den Golf von Mexiko und traf am 31. August in der Nähe von New Orleans auf Land, wo er ebenfalls zu großen Verheerungen führte. Havanna aber war besonders stark betroffen, 64 Schiffe seien dort gestrandet. Es wird auch berichtet, dass am Tag nach dem Hurrikan 100 Leichen im Hafen von Havanna gefunden worden seien.

Abbildung 1 • Tabelle mit Thermometer- und Barometerständen für den Hurrikan von Havanna vom 27.–28. August 1794 von Tomás José de Ugarte y Liaño.

Mitten in diesem Sturm war Kapitän Tomás José de Ugarte y Liaño (1754–1804). Er war Geschwaderkommandant der königlichen spanischen Flotte und ist Urheber der Reihe von Druck- und Temperaturmessungen, welche in der abgebildeten Quelle (Abb. 1) tabelliert sind. Das Blatt enthält eine kurze Einführung zum Hurrikan vom 27.–28. August 1794 und Mittagstemperaturen vom 25.–27. August. Die anschließende Tabelle zeigt Barometermessungen vom 25.–27. August, anfänglich alle vier Stunden, am 27. August alle zwei Stunden. Der Druck ist in englischen Zoll angegeben, die Temperatur in Fahrenheit. García-Herrera und seine Ko-Autoren[65] haben die Daten von Ugarte digitalisiert. Die Darstellung ihrer Aufzeichnungen (Abb. 2) zeigt das Vorüberziehen des Sturms sehr eindrücklich. Vor dem Durchziehen des Sturms blies der Wind aus Norden, mit zunehmender Windgeschwindigkeit. Mit dem starken Druckabfall am 28. August drehte der Wind auf Ost, danach stieg der Druck wieder und der Wind drehte auf Süd und schwächte sich danach ab. Gleichzeitig nahm die Temperatur leicht ab. Umgerechnet in heutige Einheiten betrug der Luftdruck zunächst gut 1015 hPa, bis am 27. August abends nahm er auf 1002 hPa ab, danach sank er rasch weiter, auf vielleicht 998 hPa. Das ist allerdings nicht sehr tief für einen Hurrikan. Eine Erklärung dafür wäre, dass das Zentrum des Sturms 50–150 km entfernt lag, dann wären die gemessenen Druckwerte und die beobachteten Windstärken und Schäden plausibel.

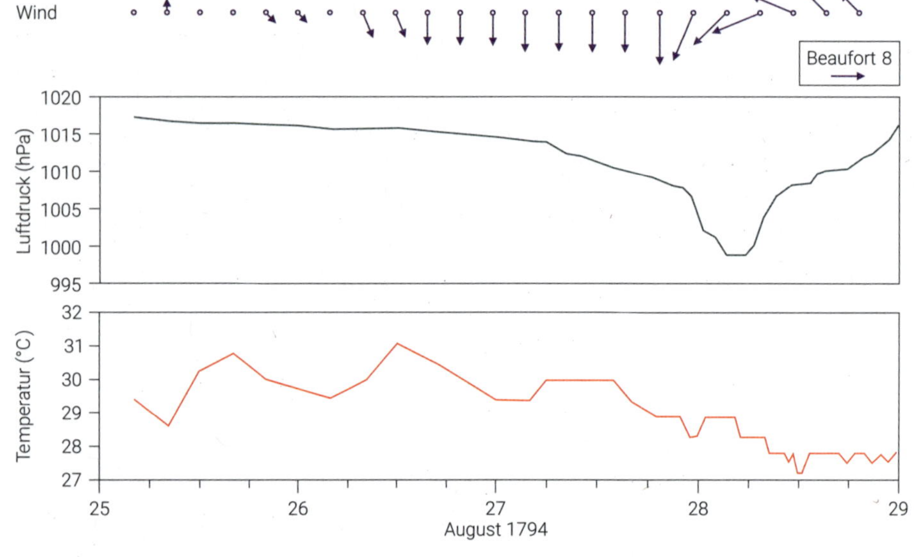

Abbildung 2 • Wind, Temperatur und Druck in Havanna vom 25.–28. August 1794, aufgezeichnet von Tomás José de Ugarte y Liaño.

Neue und alte Sturmkarten

Als Humboldt am 19. Dezember 1800 Havanna besuchte, lag der Durchzug des Sturms sechs Jahre zurück. Aber selbst auf einer oft von Hurrikanen heimgesuchten Insel erinnert man sich lange an ein Ereignis dieser Stärke. Offenbar interessierte auch Humboldt das Ereignis immer noch, und auch noch Jahre später – ansonsten wäre diese Tabelle wohl nicht in seinen Kollektaneen gelandet. Dieser Beitrag beleuchtet das Wissen über Hurrikane zu Humboldts Zeit aus heutiger Sicht, dem Zeitalter der Risikogesellschaft und des Klimawandels.

Auch heute noch sind Hurrikane eine der größten Bedrohungen der Karibik und des Südostens der USA. Betroffen sind einerseits verletzliche Gesellschaften und Staaten auf den Karibikinseln, andererseits auch immense Vermögenswerte im Südosten der USA. In der Karibik sterben jährlich oft mehrere Hundert Menschen im Zusammenhang mit Hurrikanen. Mit Schäden von oft mehreren Dutzend Milliarden Dollar sind Hurrikane die teuersten Naturkatastrophen. Entsprechend wichtig ist es, Hurrikane besser zu verstehen und vorherzusagen, um Änderungen in Häufigkeit, Stärke oder Zugbahn der Hurrikane in einem zukünftigen Klima abschätzen zu können.

Im Lichte des heutigen Wissens ist der hier betrachtete Hurrikan typisch. Havanna liegt genau im Korridor der Hurrikane. Ein starker Hurrikan in Havanna ereignete sich beispielsweise auch 2017. Der Sturm «Irma» forderte

damals allein in Havanna 7 Menschenleben, insgesamt sogar 134. Die Schäden summierten sich auf geschätzte 60 Milliarden US-Dollar. Abbildung 3 zeigt den Hurrikan am 10. September 2017 etwas nördlich von Havanna (das Bild zeigt auch bereits den herannahenden nächsten Sturm der extrem aktiven Hurrikansaison 2017).

Für die betroffenen Inseln ist es zunächst wichtig, die Auftretenshäufigkeit und die typischen Zugbahnen von Hurrikanen zu kennen. Wie viele Stürme von welcher Stärke sind zu erwarten? Ein erster Schritt ist es, die Zugbahnen möglichst vieler vergangener Ereignisse zusammenzutragen. So können Gefahrenkarten erstellt werden. Darauf aufbauend können Einflussfaktoren wie beispielsweise El Niño untersucht werden (vgl. Kasten «Hurrikane und Klima»). Nur so ist es möglich, auch die zukünftige Entwicklung der Häufigkeit und Stärke und die Zugbahnen von Hurrikanen abschätzen zu können. Im Zusammenhang mit diesen Fragen sind historische Stürme wie derjenige von 1794 relevant, denn starke Stürme sind selten und statistisch nur schwer untersuchbar.

Abbildung 3 • Hurrikan Irma über Havanna, 10. Sept. 2017.

Hurrikane und Klima

Welche Faktoren beeinflussen die Entstehung, das Wachstum und die Zugbahnen von Hurrikanen? Hurrikane entstehen über dem nördlichen tropischen Atlantik. In den Ostwinden des Passats bilden sich oft kleinere Störungen, welche westwärts über den Atlantik ziehen. Liegen dann die Meeresoberflächentemperaturen über etwa 28 °C, so können sich die Störungen zu tropischen Stürmen entwickeln. Anders als außertropische Stürme, deren Energie aus dem Temperaturunterschied zwischen einer warmen und einer kalten Luftmasse herrührt, beziehen tropische Stürme ihre Energie aus dem warmen Meer und insbesondere der Kondensationswärme der riesigen Wasserdampfmengen. Wenn der tropische Atlantik wärmer ist, können daher mehr Hurrikane entstehen.

Damit aus einem tropischen Sturm ein Hurrikan heranwachsen kann, muss die Windscherung (die Änderung des Windes mit der Höhe) bis in große Höhen eher gering sein. So können sich Hurrikane 10–15 km hoch auftürmen. Während El Niño-Ereignissen, wenn sich also der östliche tropische Pazifik vor der Küste Südamerikas stark erwärmt, entstehen über dem tropischen Atlantik in der Höhe starke Westwinde. Der Gegensatz zu den Ostwinden am Boden verhindert das Anwachsen der Hurrikane. Dagegen sind Hurrikane häufiger bei La Niña (dem Gegenteil von El Niño: einem besonders kalten östlichen tropischen Pazifik). Tatsächlich war 1794 wie auch 2017 wohl ein La Niña-Jahr und auch der Nordatlantik war wohl eher warm.

Die Hurrikane biegen über der Karibik meist nach Norden ab. Manche überqueren den Golf von Mexiko und treffen auf die amerikanische Küste, andere ziehen entlang der US-Ostküste nach Norden. Die Zugbahn der Hurrikane wird wesentlich durch Lage und Stärke des Azorenhochs beeinflusst. Je weiter sich dieses nach Westen verschiebt, desto weiter westlich verläuft auch die Zugbahn der Hurrikane. Trifft der Hurrikan auf Land, entfaltet er die große Zerstörungskraft. Gleichzeitig ist er über Land von seiner Energiequelle, dem warmen, verdunstenden Meerwasser, abgeschnitten und schwächt sich ab.

Abbildung 4 • Einflussfaktoren auf Entstehung, Entwicklung und Zugbahnen von Hurrikanen.

Hurrikane, welche entlang der Küste nach Norden ziehen, können sich dort in einen außertropischen Sturm umwandeln und erreichen in dieser Form zuweilen sogar Europa.

Mit dem Klimawandel erhöhen sich die Meeresoberflächentemperaturen und die Luftfeuchtigkeit. Die Bedingungen für die Entstehung von Hurrikanen werden also günstiger. Gleichzeitig verändern sich aber auch die Windsysteme. Die Windscherung über dem tropischen Atlantik wird vermutlich eher zunehmen und somit ungünstiger für die Entstehung von Hurrikanen werden. Als Folge davon könnten Hurrikane zwar seltener werden, weil die Bedingungen oft nicht günstig sind. Aber wenn sich Hurrikane einmal bilden, werden sie in einem veränderten Klima aufgrund der wärmeren Meere und höherer Luftfeuchtigkeit zu größerer Intensität heranwachsen. Hurrikane der Stärke von 1794 oder 2017 werden daher wohl zunehmen.

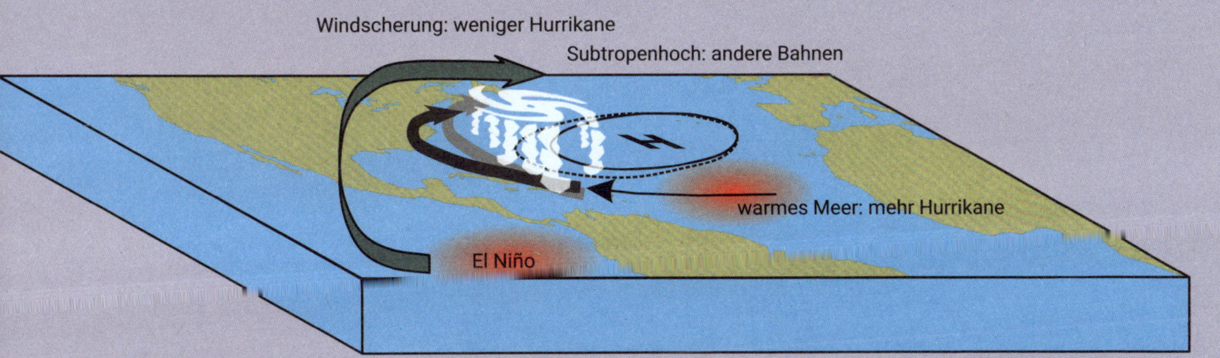

Michael Chenoweth hat sehr viele Informationen zu Stürmen in der Karibik und Nordamerika minutiös zusammengetragen. Daraus ist eine Liste von Hunderten von tropischen Stürmen und Hurrikanen im 18. und 19. Jahrhundert geworden, die aus Wetterbeobachtungen, Zeitungsartikeln und Schiffs-Logbüchern zusammengestellt wurde.[66] Auch für andere Regionen wurden Sturmkataloge erstellt. Neben historischen Berichten können auch weitere Informationen beigezogen werden, beispielsweise Sedimente aus küstennahen Seen, wo sich Hurrikane in einer Lage gröberer Korngröße äußern. Allerdings ist es schwierig, aus solchen Daten Langzeittrends zu schätzen. Die aus unterschiedlichen Quellen erstellten Zeitreihen stimmen bisher nicht gut miteinander überein.

Viele Sturmkataloge gehen auf Arbeiten aus der zweiten Hälfte des 19. Jahrhunderts zurück. Bereits damals war natürlich Wissen um die Häufigkeit und die Zugbahnen von Hurrikanen relevant. Noch älter ist eine Karte aus dem *Berghaus-Atlas*, der Humboldts *Kosmos* begleitete und zwischen 1838 und 1848 erschien (aus wessen Hand die Karte stammt, bleibt unklar; Humboldt ließ Berghaus freie Hand bei der Gestaltung des Atlas, sodass auch die Zugbahnen möglicherweise von Berghaus stammen).[67] Abbildung 5 links zeigt eine Zusammenstellung der Zugbahnen von zwei Dutzend Stürmen aus dem *Berghaus-Atlas*. Unter anderem anhand von Schiffslogbüchern der Preußischen Handelsflotte wurden hier die Zugbahnen von atlantischen Stürmen von Hand rekonstruiert. Diese außergewöhnliche Karte nimmt heutige Hurrikanklimatologien vorweg, wie die auf der rechten Seite dargestellte Zusammenstellung des US-Wetterdienstes zeigt (Abb. 5 rechts). Tatsächlich zeigen die in den 1830er-Jahren von Hand rekonstruierten Zugbahnen dieser Stürme ein sehr ähnliches Muster wie die etwa 180 Jahre später entstandene Karte. Interessant an der Karte im *Berghaus-Atlas* ist auch, dass der Sturm von 1794 nicht verzeichnet ist. Vermutlich lagen für den Sturm zu wenige Daten vor, als dass sich eine verlässliche Zugbahn hätte zeichnen lassen. Umgekehrt sind in den existierenden Katalogen zwar mehrere 100 Stürme vor 1850 verzeichnet, aber der *Berghaus-Atlas* zeigt auch zwei darin nicht vorkommende oder nicht klar identifizierbare Stürme. Interessant ist weiter, dass der Verfasser hier wirklich Zugbahnen zeichnet (wenn auch nur aufgrund von sehr wenigen Daten), und nicht nur die Orte des Landfalls, des Auf-Land-Treffens, wie die meisten anderen Kataloge. Nur für wenige historische Hurrikane wurden bisher Zugbahnen detailliert rekonstruiert. Daher könnte der *Berghaus-Atlas* diese Kataloge möglicherweise erweitern.

Der interessanteste Aspekt an der Karte im *Berghaus-Atlas* ist aber vielleicht, dass sie in den USA offenbar nicht wahrgenommen wurde. Die vielen, etwas später entstandenen Sturmkataloge oder Hurrikan-Rekonstruktionen zitieren den Atlas nicht. Daher ist der Vergleich besonders aufschlussreich. Im Kasten «Hurrikane im Berghaus-Atlas» werden die Zugbahnen aus dem *Berghaus-Atlas* mit solchen aus neueren Rekonstruktionen verglichen.

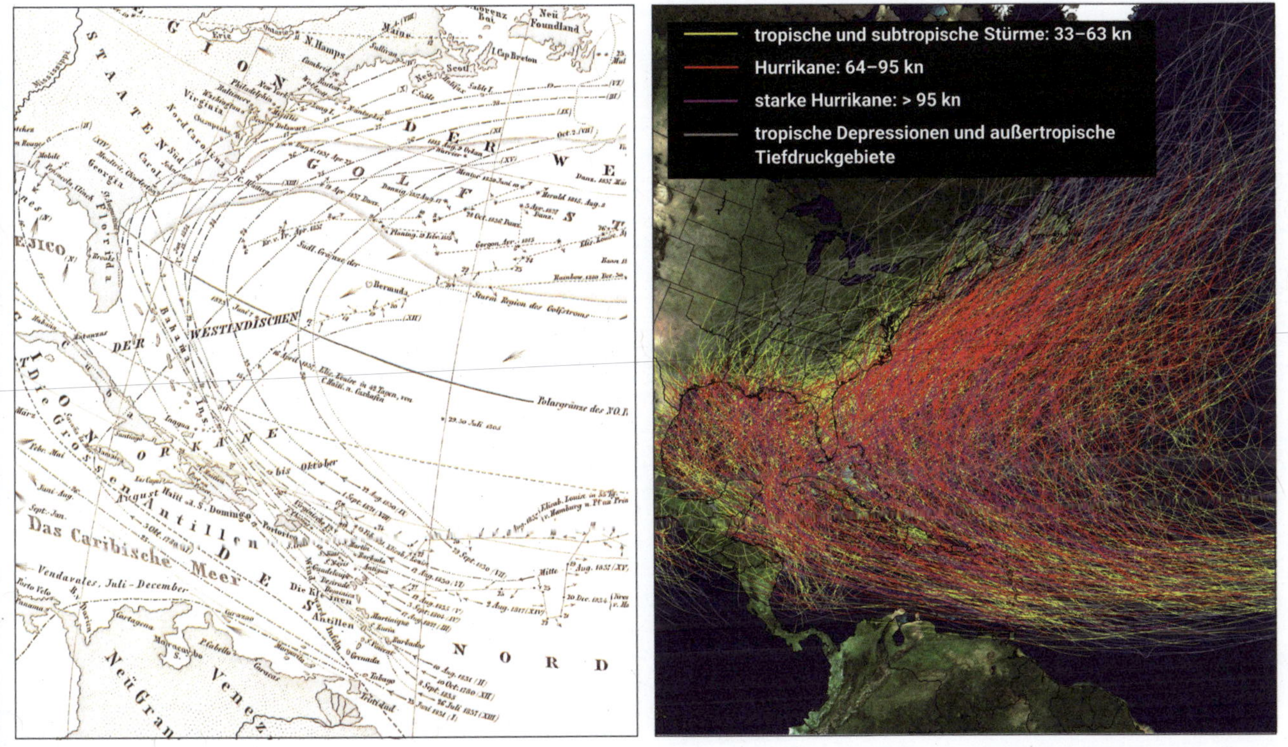

Abbildung 5 • Links: Zugbahnen tropischer Stürme aus dem *Berghaus-Atlas*. Rechts: Zugbahnen tropischer Stürme und Hurrikane aus einer Darstellung der amerikanischen Wetterbehörde NOAA.[68]

Hurrikane im Berghaus-Atlas

Wie gut stimmen die Sturmzugbahnen im Berghaus-Atlas mit späteren oder heutigen Rekonstruktionen überein? Für zehn Hurrikane sind Vergleiche in Abb. 6 gezeigt.[69] Die ältesten beiden Hurrikane gehen auf das Jahr 1780 zurück: Der «Savanna-la-Mar Hurrikan» vom 3.–7. Oktober und der «Große Hurrikan» vom 10.–18. Oktober. Die Berghaus-Rekonstruktion des ersteren ist fast identisch mit späteren Rekonstruktionen, auch der letztere stimmt recht gut mit anderen Rekonstruktionen überein. Dieser Sturm ist einer der bestuntersuchten historischen Hurrikane. Mit ca. 22 000 Todesopfern gilt er als einer der tödlichsten Stürme der Geschichte.

Manche Hurrikane bewegen sich über die Karibischen Inseln, drehen kurz vor Florida nach Norden und bewegen sich entlang der US-Ostküste nach Nordosten, wo sie überall großen Schaden anrichten können. Der Hurrikan vom 3. September 1804 folgte dieser klassischen Zugbahn. Er führte auf Jamaica zu Schäden (obschon sein Zentrum weiter nordöstlich lag) und drehte dann nach Nordosten. Im Hafen von Boston sanken einige Schiffe. Auch bei diesem Sturm ist die Zugbahn im *Berghaus-Atlas* ähnlich wie in späteren Rekonstruktionen, die allerdings nur einen Teil der Zugbahn abbilden. Der «Long Island Hurrikan» vom 1.–3. September 1821 (ebenso wie der «New England Hurrikan» von 1938 und Hurrikan «Sandy» 2012) traf in der Nähe von New York auf Land. Auch hier stimmt die Zugbahn von Berghaus gut mit späteren Rekonstruktionen überein. Das gleiche gilt für den «North Carolina Hurrikan» vom 20.–27. August 1827. Er zog über die Kleinen Antillen und Puerto Rico und führte schließlich in North Carolina zu Schäden.

Im August 1830 zogen in kurzer Folge zwei Hurrikane über die Kleinen Antillen, Puerto Rico und die Bahamas, der erste vom 11.–17. August und der zweite vom 17.–26. August. Während in späteren Rekonstruktionen die Zugbahnen der beiden Hurrikane fast identisch sind, ist im *Berghaus-Atlas* die zweite der beiden Zugbahnen deutlich weiter östlich eingetragen.

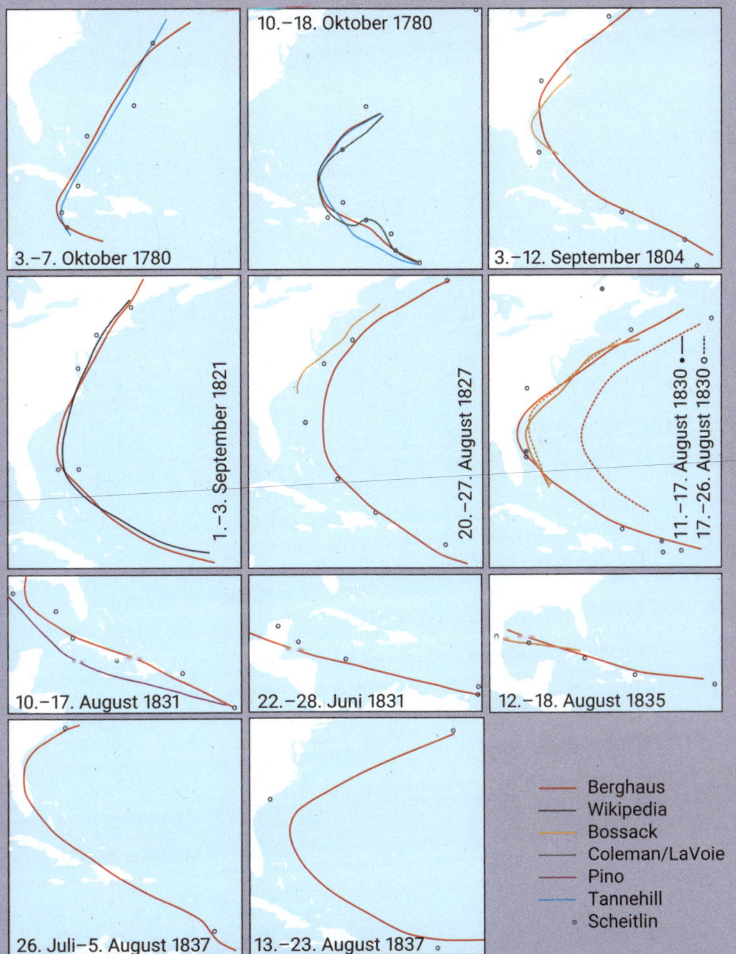

Abbildung 6 • Zugbahnen von zwölf Hurrikanen aus dem *Berghaus-Atlas* verglichen mit anderen Rekonstruktionen (Wikipedia,[70] Bossack (2003), Coleman and LaVoie (2012), Pino et al. (2016), Tannehill (1939) und Scheitlin et al. (2010)).

Drei Hurrikane 1831 und 1835 zeigen schließlich eine weitere typische Zugbahn, die mehr oder weniger geradlinig von den Kleinen Antillen zum Golf von Mexiko führt. Alle drei Stürme sind – mit gewissen Abstrichen – in guter Übereinstimmung mit späteren Rekonstruktionen. Zwei Stürme im Juli und August 1837 sind in heutigen Datenbanken nicht als Zugbahnen erfasst, sondern nur als Punkte. Berghaus' Zugbahn stimmt damit aber gut überein und ist plausibel.

Dieser Vergleich zeigt, dass die im Berghaus-Atlas enthaltenen, von Hand gezeichneten Sturmzugbahnen sehr gut mit neueren Rekonstruktionen übereinstimmen. Zwar sind die Zugbahnen lediglich Interpretationen, dennoch ist der Vergleich mit anderen Katalogen interessant, da der Atlas in den USA nicht rezipiert wurde. Die quasi-unabhängige Entwicklung hat also zu sehr ähnlichen Ergebnissen geführt. Die Karte im *Berghaus-Atlas* bleibt die möglicherweise erste Gefahrenkarte für atlantische Hurrikane.

Der Sturm von 1794 ist im *Berghaus-Atlas* nicht verzeichnet. Anhand der Daten von Ugarte können wir aber versuchen, auch für diesen Sturm von Hand eine Zugbahn zu zeichnen. Da die Windrichtung in Havanna von Nord über Ost auf Süd rotierte, muss die Zugbahn südlich von Havanna von Ost nach West geführt haben. Um danach New Orleans zu erreichen (falls es sich um denselben Sturm gehandelt hat), muss der Hurrikan dann nach Norden abgedreht haben. Dieser Pfad und auch die dafür benötigte Zeit sind plausibel. Interessant ist auch, dass auf Jamaica kein Hurrikan beobachtet wurde. Der Hurrikan zog vermutlich zu weit nördlich von Jamaica über Kuba hinweg. Die Zugbahn des 1794er-Sturms würde sich damit stark von derjenigen des Hurrikans «Irma» unterscheiden, der von Havanna aus entlang der Westküste Floridas nach Norden zog.

Der 1794er-Hurrikan war einer von Hunderten, der in den letzten 250 Jahren über Kuba und die Antillen zogen. Viele davon führten zu unsäglichem Leid. Mehr Wissen über tropische Stürme und letztlich bessere Vorhersagen können helfen, dieses Leid zu vermindern. Humboldt und Berghaus wussten das – und wir können heute wieder aus der Rekonstruktion alter Stürme lernen.

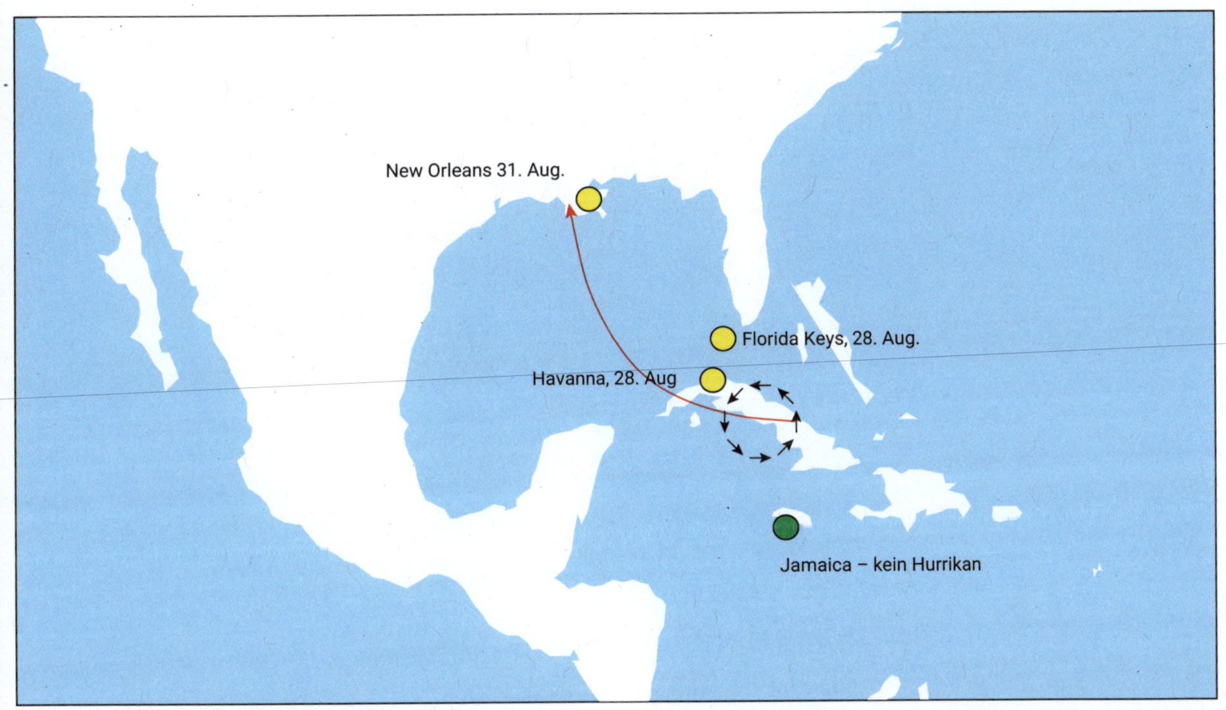

Abbildung 7 • Mögliche Zugbahn des Hurrikans von 1794.

Veracruz 19° lat

	1791	1792	1793	1794	1795	1796	1797	1798	1799	1800	1801	1802	1803	1804	Terme moy.
Janvier	.	22,6 centigr	21,8	21,7	21,8	21,4	21,2	24,0	26,0	22,1	24,4	23,9	22,8	23,9	22,87 (21,7)
Février	.	22,5	20,5	20,9	22,1	22,4	22,6	24,3	26,1	23,5	26,7	20,2	22,7	.	23,62 (20,6)
Mars	.	24,9	20,9	23,7	23,6	23,0	24,3	24,3	27,9	22,8	26,4	25,6	25,5	.	24,47 (20,3)
Avril	26,7	25,0	27,2	26,4	25,1	27,6	26,1	27,8	27,8	26,9	27,5	28,0	26,9	.	26,87 25,7
May	28,3	28,4	28,1	26,4	27,3	28,8	28,5	29,4	29,9	31,0	29,4	29,3	30,3	.	28,85 27,7
Juin	28,7	29,6	28,9	28,6	28,3	29,4	27,4	30,5	28,0	27,8	28,3	28,7	30,0	.	28,79 27,6
Juillet	29,2	28,6	28,0	28,9	28,7	28,6	27,9	30,4	27,7	28,2	26,4	30,3	28,9	.	28,60 27,5
Aout	28,6	29,4	29,2	29,4	28,9	28,6	28,3	28,7	29,3	28,9	28,3	28,0	28,0	.	28,74 27,6
Septembre	28,7	28,6	29,3	28,2	27,2	29,0	27,4	28,7	30,0	28,6	.	27,9	29,4	.	28,58 27,7
Octobre	26,9	27,5	26,6	27,1	26,1	26,1	27,8	27,9	28,9	26,5	.	27,2	29,2	.	27,32 26,2
Novbre	24,9	25,8	25,6	24,2	25,4	24,2	25,8	26,8	25,3	24,4	25,3	24,7	26,3	.	25,44 24,3
Decembre	21,7	23,0	23,2	22,8	23,0	21,7	24,2	24,4	21,4	23,0	24,4	23,0	26,4	.	23,24 22,1
Temps moy.	27,08 25,9	26,35 25,2	26,27 25,2	25,94 24,8	25,62 24,5	25,90 24,8	25,96 24,8	27,27 26,1	27,36 26,2	26,14 25,0	26,71 25,6	26,65 25,5	27,18 26,0		
	a	b	c	d	e	f	g	h	i	k	l	m	n		

Le 16. le ☉ passe au Zenith

Le 24e Passage du ☉ au Zenith de Veracruz

Terme moyen de a .... n } 26,49 Ctgr (25,4) = 21,19 R. = 79,7 F. complete Jahre b.c.d.e.f.g.h.i.k.m.n geben 26,42 Ctgr = 79,6

Terme moyen ... 45 ...

5. Macht das Klima krank? Eine Klimareihe aus Veracruz

Abbildung 1 • Tabelle mit monatlichen Temperaturmessungen aus Veracruz, 1791–1803.

Die ersten Symptome sind plötzliches, hohes Fieber, begleitet von Schüttelfrost, Muskel- und Gliederschmerzen. Nach einigen Tagen verschwinden die Symptome manchmal wieder, aber bei einigen Betroffenen beginnt danach ein schwerer Verlauf. Dann beginnt die Leber zu schwellen, Haut und Augen verfärben sich gelb. Es kommt zu Blutungen im Magen-Darm-Trakt und zu blutigem Erbrechen, wobei sich das Blut durch den Kontakt mit der Magensäure schwarz färbt. Spanisch wurde die Krankheit daher «Vomito negro», schwarzes Erbrechen, genannt. Heute kennen wir sie unter dem Namen Gelbfieber. Sie kostet jährlich 60 000 Menschenleben, die Sterblichkeit beim schweren Verlauf liegt teils über 50 %.

Alexander von Humboldt war auf seiner Amerikareise mehrmals mit Gelbfieber konfrontiert. Bereits auf der Hinfahrt erkrankten einige Personen auf seinem Schiff an Gelbfieber. Eingehender beschäftigte er sich später in Mexiko mit Vomito Negro. Denn diese Krankheit wütete in Veracruz genau zu jener Zeit, als Humboldt in diese Hafenstadt reisen und von dort den Rückweg nach Europa antreten wollte. Deshalb verbrachte er längere Zeit im Landesinneren, bevor er nach Veracruz reiste. Die in Abbildung 1 gezeigte Tabelle mit Temperaturdaten aus Veracruz steht mit dem Vomito Negro in Zusammenhang. Dieses Kapitel beleuchtet den Bezug zwischen Klima und Gesundheit, zwischen Klimamessung und Tropenmedizin.

Die handschriftliche Tabelle aus Humboldts Kollektaneen zeigt Monatsmittelwerte der Temperatur in Veracruz, Mexico, von 1791 bis 1804. Es ist somit ein Kondensat von Klimainformation in einer kurzen Tabelle. Laut Humboldt reicht das Beobachtungsmaterial bis 1788 zurück, die Reihe wäre also länger. Humboldt berichtet von 21 000 meteorologischen Beobachtungen,[71] es muss sich also um sehr umfangreiches Material handeln, während die Tabelle selbst nur ein paar Dutzend Werte zeigt. Auch fehlen Angaben zum Luftdruck, der meist auch gemessen wurde und besonders wertvolle Informationen liefern könnte.

Angestellt wurden die Messungen durch den Hafenmeister Don Bernardo de Orta. Veracruz war damals ein wichtiger Ausfuhrhafen Neuspaniens (Abb. 2). In besagter Zeit legten jedes Jahr 80–200 Schiffe im Hafen von Veracruz an.[72] Hafenmeister war zweifelsohne ein wichtiges Amt und die Beobachtung des Wetters war in der nautischen Welt naheliegend. Es erstaunt also kaum, dass solche Messungen existieren und dass Humboldt, obwohl sein Aufenthalt dort nur gut zwei Wochen dauerte (er weilte vom 19. Februar bis 7. März 1804 in Veracruz und segelte von dort via Kuba und Nordamerika zurück nach Europa), diese Daten zusammenstellte und mit ihnen arbeitete. Aus de Ortas Feder stammt auch eine Karte des Hafens von Veracruz, die Humboldt später in seinem Atlas von Neuspanien publizierte (Abb. 2).[73]

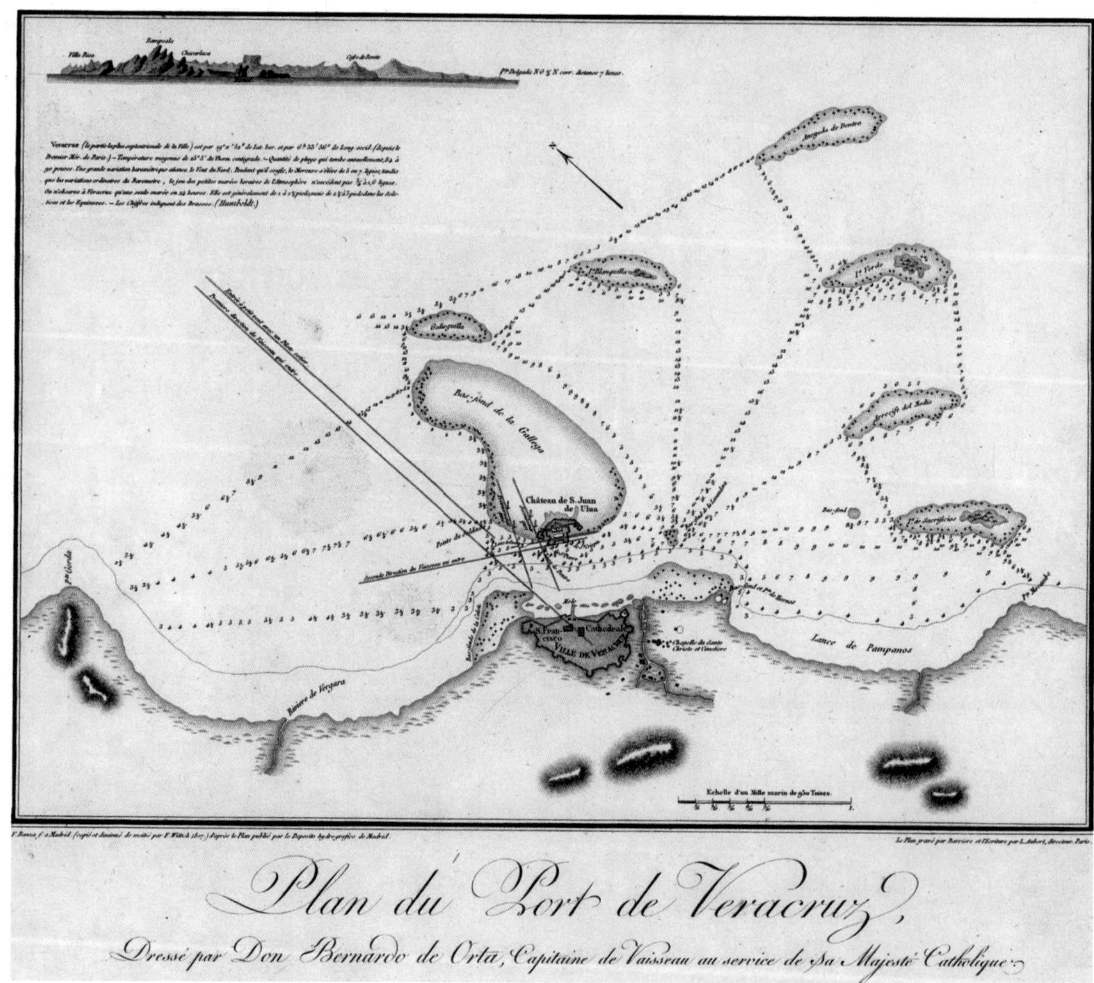

Vomito Negro und die Temperatur

Humboldt verwendet die Temperaturreihe von Veracruz mehrfach. So erschien sie auch in seiner Arbeit zu isothermen Linien (vgl. Kapitel «Klimawissen im Entwurf»). Ganz direkt verwendete Humboldt sie aber in Arbeiten über Vomito Negro.[74] Er fragte sich, wieso es in Veracruz vor 1794 kaum Vomito Negro gab, danach aber fast jedes Jahr. Zu Humboldts Zeit und noch weit ins 19. Jahrhundert hinein galten sogenannte Miasmen als Krankheitsauslöser, da andere Ansteckungswege wie Bakterien und Viren nicht bekannt waren (vgl. Kapitel «Ein Jahrhundertsommer in Rom»). Miasmen waren übelriechende, aus Fäulnisprozessen stammende Dünste. Humboldt konnte sich darauf aber keinen Reim machen:

> Je mehr ich über diesen Gegenstand nachdenke, desto räthselhafter erscheint mir alles, was auf die gasförmigen Effluvien Bezug hat, die man mit einem so vielsagenden Wort ‹Keime der Ansteckung› nennt, und die sich in verdorbener Luft entwickeln, die durch die Kälte zerstört werden, sich durch Kleider verschleppen und an den Wänden der Häuser haften sollen.[75]

Humboldt ging die Frage wissenschaftlich an. Er wusste, dass Vomito Negro nur in Küstennähe und im Tiefland vorkam, nicht aber im Hochland. Er untersuchte die Spitaleinlieferungen und Todesfälle und fand, dass Vomito Negro in der heißen Jahreszeit auftrat und dem Jahresverlauf der Temperatur mit ungefähr zweimonatiger Verzögerung folgte. Auch vermutete er einen Zusammenhang mit den vor der Stadt liegenden Sümpfen. Weitere Faktoren waren in seinen Augen die hohe Bevölkerungsdichte und die geringe Luftzirkulation. In der Literatur wurde diese Krankheit – wie viele andere auch – mit dem regen Verkehr der Hafenstadt in Beziehung gebracht. Wie aber die Erkrankung genau funktionierte, blieb offen. Für Humboldt war klar: «Es ist ausser Zweifel, dass das schwarze Erbrechen in Vera Cruz nicht ansteckend ist.»[76] Tatsächlich ist eine Mensch-zu-Mensch-Ansteckung von Gelbfieber nicht möglich. Auch erkannte Humboldt klar, dass das Überstehen des Gelbfiebers zu einer lebenslangen Immunität führt.

Wieso nun aber gerade 1794 das Gelbfieber derart wütete (wie auch in den Jahren danach), aber nicht in den Jahren davor, war damit nicht beantwortet. Anhand von de Ortas Messungen fand Humboldt, dass es nicht an der Temperatur gelegen haben konnte, denn 1794 war kein besonders warmes Jahr. Überhaupt gebe es zwei Arten, wie Temperatur und Feuchte auf den Krankheitsausbruch wirken könnten: Sie könnten die Entstehung der Miasmen fördern oder die Menschen schwächen. Letzteres ist auch als Akklimatisationstheorie bekannt: Die sommerliche Hitze führt zu einer Überbelastung des nicht akklimatisierten Körpers.

Heute wissen wir längst, dass Gelbfieber durch ein Virus ausgelöst wird, das wiederum

Abbildung 2 • Karte des Hafens von Veracruz um 1800, von Bernardo de Orta.

durch die Gelbfiebermücke *Aedes aegypti* übertragen wird. Um 1800 war die Ursache der Krankheit noch ein Rätsel. Weder waren Viren bekannt, noch die Übertragung durch die Gelbfiebermücke. Tatsächlich brachte Humboldt als Erster Gelbfieber mit dem Stich der weiblichen Mücke *Aedes aegypti* in Zusammenhang, allerdings nicht als Weg der Übertragung, sondern, weil er dachte, dass viele dieser Stiche eine Person anfälliger für Vomito Negro machen würden. Die Mücken als Überträger von Krankheiten wurden erst 1881 entdeckt. Diese Entdeckung und die rigorose Bekämpfung von Mückenbrutstätten ermöglichten erst den Bau das Panama-Kanals Anfang des 20. Jahrhunderts, nachdem eine französische Unternehmung zwanzig Jahre vorher scheiterte und 22 000 Arbeiter durch Krankheiten, vor allem Gelbfieber, ihr Leben verloren hatten.

Die Medizin und meteorologische Messungen

Das Klima als Krankheitsfaktor zu untersuchen, war zu Humboldts Zeit aber noch naheliegend. Tropenkrankheiten wurden mit dem tropischen Klima in Verbindung gebracht. Dies war für die Kolonialmächte entscheidend. Der Nutzen einer Kolonie und deren Beherrschbarkeit hingen davon ab, ob der europäische Körper dem tropischen Klima gewachsen sei oder nicht. Zu viele europäische Kolonialverwalter erlagen tropischen Krankheiten. Es ist daher kein Zufall, dass viele der meteorologischen Messungen in den Tropen durch medizinisches Personal oder medizinische Institutionen durchgeführt wurden. Einige der frühen Beobachter, wie John Lindsay in Jamaica (vgl. Kapitel «Das Klima wird global»), waren Ärzte. Sie stellten die Gesundheit der Bevölkerung und den Ausbruch von Krankheiten in einen Zusammenhang mit dem Klima. Gemessen wurde auch in (Militär-)Spitälern (Abb. 3), so etwa in den französischen Kolonien.

Auch ein zweiter Grund für die Häufigkeit von Ärzten als meteorologische Beobachter liegt auf der Hand: Ärzte verfügten über eine gute wissenschaftliche Ausbildung. Sie verfügten über ein Netzwerk, waren vielleicht in Gelehrtenzirkel eingebunden, hatten Zugang zu Fachliteratur (und Lateinkentnisse) und waren den Umgang mit Instrumenten gewohnt. Kurz: Sie waren wichtige Träger der Aufklärung. Nicht nur in den Tropen, auch in Europa wurden meteorologische Beobachtungen oft von Ärzten durchgeführt. Als Beispiel für die Schweiz könnte der Zürcher Stadtarzt Hans Caspar Hirzel genannt werden, der von 1759 bis 1802 regelmäßige meteorologische Messungen durchführte. Die französische Ärztegesellschaft, die «Société Royale de Médecine», hatte ein Netz von Korrespondenten, welche 1776–1792 meteorologische Beobachtungen einsandten (vgl. Kap. 2). Eine riesige Menge an meteorologischem Datenmaterial beruht allein auf diesem Netz.

Abbildung 3 • Nosy-Bé, Madagaskar, auf einer alten Postkarte. Hier wurden in einem Militärspital von 1879 bis 1881 erste meteorologische Messungen durchgeführt.

Mit der Entdeckung von Bakterien und Viren als Krankheitserreger geriet das Klima für einige Zeit aus dem Fokus der Forschung zur Entstehung von Krankheiten. Das gesunde Klima von Luftkurorten half zwar bei der Behandlung von Krankheiten wie Tuberkulose (und wurde entsprechend erforscht), aber die Ursachen lagen woanders. In den letzten Jahren ist der Einfluss des Klimas bei der Verbreitung von Krankheiten aber wieder zu einem wichtigen Thema geworden. So stellte sich bei der COVID-Pandemie 2020 schnell die Frage, inwiefern Temperatur und Luftfeuchtigkeit die Übertragung beeinflussen und wie wichtig Aerosole sind. Aber der Bezug zwischen Infektionskrankheiten und Klima taucht insbesondere im Zusammenhang mit dem Klimawandel auf. Denn das Klima beeinflusst das Brutgebiet der Mücken. Die Frage, ob die übertragenden Mücken in einem wärmeren Klima also ihren Lebensraum verändern, betrifft sofort Hunderte Millionen Menschen. Dabei geht es nicht nur um die Verbreitung von Malaria – ein Beispiel, das immer wieder zitiert wird – sondern auch um Gelbfieber und weitere Krankheiten. *Aedes aegypti* könnte laut einer Studie von Ryan und Koautoren[77] in nördlichere Gegenden vordringen. Die Ausbreitung in Abhängigkeit von Temperatur und Feuchte spielt nicht nur beim Klimawandel eine Rolle, auch natürliche, starke Klimaschwankungen in den Tropen und Subtropen wie El Niño können einen Einfluss haben. Eine Studie von Henry Diaz und Gregory McCabe[78] vermutet, dass die letzte Gelbfieber-Epidemie im Südosten der USA 1878 durch den starken El Niño von 1877/1878 ausgelöst wurde. Dann wäre Alexander von Humboldt also doch auf der richtigen Spur gewesen – nur hat er keinen derartigen Effekt gefunden.

Stadthitze

Heute ist es das Klima ganz direkt, das krank macht. Hitze, oft gepaart mit Luftverschmutzung, erhöht Herz-Kreislaufbeschwerden. Vor allem für ältere Menschen ist Hitze gefährlich; besonders dann, wenn über mehrere Tage die Temperatur nie unter 20 °C sinkt (und es demnach zu sogenannten Tropennächten kommt). Dann kann sich der Körper nur erschwert erholen. Der Klimawandel hat die Sommertemperaturen in der Schweiz allein in den letzten 30 Jahren um 1,7 °C erhöht. Die 20-Grad-Schwelle der nächtlichen Minimumtemperatur, welche früher kaum jemals erreicht wurde, wird nun regelmäßig überschritten. Dazu addiert sich in den Städten der sogenannte Wärmeinseleffekt. Städte sind in Sommernächten oft 2–6 °C wärmer als die ländliche Umgebung. Ursachen des Wärmeinseleffekts sind einerseits die starke Versiegelung, die dazu führt, dass die eintreffende Strahlung zu einem größeren Teil in Wärme statt in Verdunstung von Wasser umgewandelt wird, andererseits die Gebäude, welche Wärme speichern, die Abstrahlung erschweren und den Kaltluftzufluss blockieren.[79] Abbildung 4 zeigt die Anzahl der Tropennächte im heißen Sommer 2022 in Bern.[80] Deutlich sticht die Innenstadt mit teils über 10 Tropennächten hervor, während im Umland nur eine oder gar keine Tropennacht beobachtet wurde.

In der Zukunft werden wir jeden Sommer viele Tropennächte erleben. Die Städte rüsten sich und versuchen, mit Anpassungsmaßnahmen wie Entsiegelungen, Begrünungen oder dem Freilegen von Gewässern den Stadtkörper zu kühlen. Wichtig sind auch die gesundheitliche Vorsorge, Warnungen und Nachbarschaftshilfe. Um die Bevölkerung nachhaltig zu schützen, müssen die Treibhausgasemissionen auf netto null reduziert werden. Aber städtebauliche Anpassungsmaßnahmen sind ebenfalls nötig.

Abbildung 4 • Anzahl der Tropennächte in Bern, 2022.

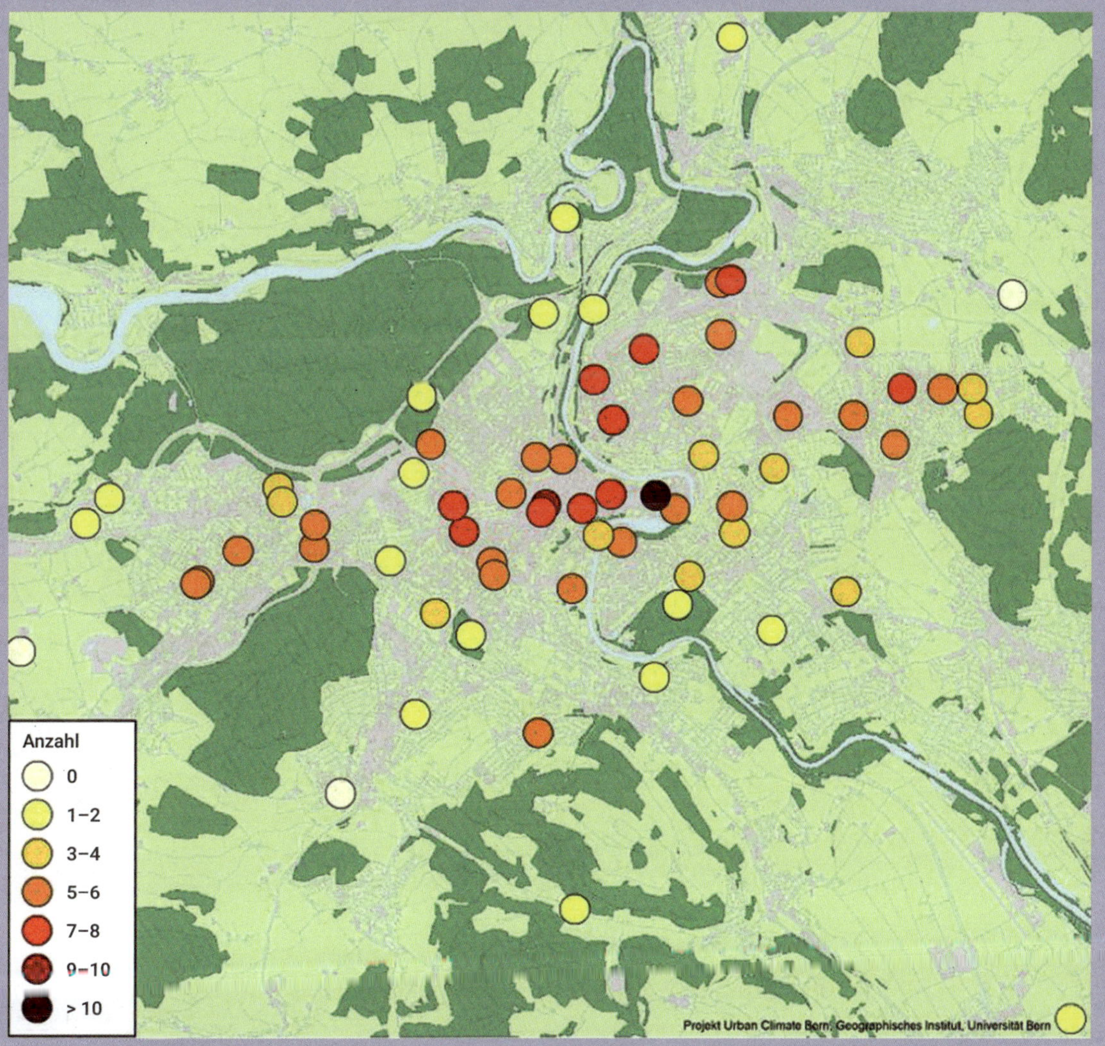
Anzahl
0
1–2
3–4
5–6
7–8
9–10
> 10
Projekt Urban Climate Bern, Geographisches Institut, Universität Bern

Ein Fund

Historische Klimamessreihen können uns helfen, die großräumige Klimavariabilität besser zu rekonstruieren und mit den Folgen von Klimaschwankungen und -änderungen zu vergleichen. Dabei sind neben den Langzeitveränderungen auch Schwankungen von Jahr zu Jahr und von Jahrzehnt zu Jahrzehnt von Interesse, weil die dahinterliegenden Vorgänge erst ungenügend bekannt sind. Aus diesem Grund erleben historische Daten heute wieder eine Renaissance. Die Daten werden erfasst und digitalisiert und für die Klimaforschung nutzbar gemacht. Können wir dabei auf Daten Alexander von Humboldts zurückgreifen?

Aus heutiger Sicht ist Humboldts Sammelleistung bemerkenswert und kaum hoch genug zu würdigen. Er verfügte über einen ansehnlichen Teil der Klimadaten seiner Zeit. Der überwiegende Teil dieser Daten ist allerdings bekannt und liegt längst digitalisiert vor. Doch bieten seine Kollektaneen auch ein paar neue Reihen. Eine davon ist die unscheinbare 14-jährige Temperaturmessreihe aus Veracruz, Mexiko. Humboldt erwähnte diese Daten zwar mehrfach, publizierte selbst aber nur ganz wenige Mittelwerte. Die Daten fanden auch auf andere Weise nicht den Weg in die Wissenschaft. Heinrich Wilhelm Dove, der in den 1830er- bis 1850er-Jahren die umfangreichste Sammlung weltweiter Klimadaten zusammentrug, publizierte nur die langjährigen Mittel von Humboldt. Er schrieb dazu 1841 in seinem *Repertorium*: «Dieser Schatz von Beob[achtungen] ist vielleicht verloren gegangen.»[81] Auch in allen anderen berühmten Sammlungen von Klimadaten fehlen die Veracruz-Daten. Kurz: Die Daten galten seit Humboldts Zeit als verschollen und sind heute nahezu unbekannt. Sie in Humboldts Kollektaneen zu finden, ist für einen historischen Klimatologen eine kleine Entdeckung.

Abbildung 5 • Temperatur (Farben) und geopotenzielle Höhe der 500 hPa Fläche (ca. Druckverteilung auf ca. 5 km Höhe, Linien, in geopotenziellen Metern)[82] (links) sowie (rechts) Niederschlag in einer Klimarekonstruktion für die Jahre 1790–1794, dargestellt als Abweichung der vorangehenden 30 Jahre. Unten Mitte: Die Daten aus Humboldts Tabelle, dargestellt als Abweichungen der Periode 1791–1797. Hell unterlegt: El Niño-Ereignis.

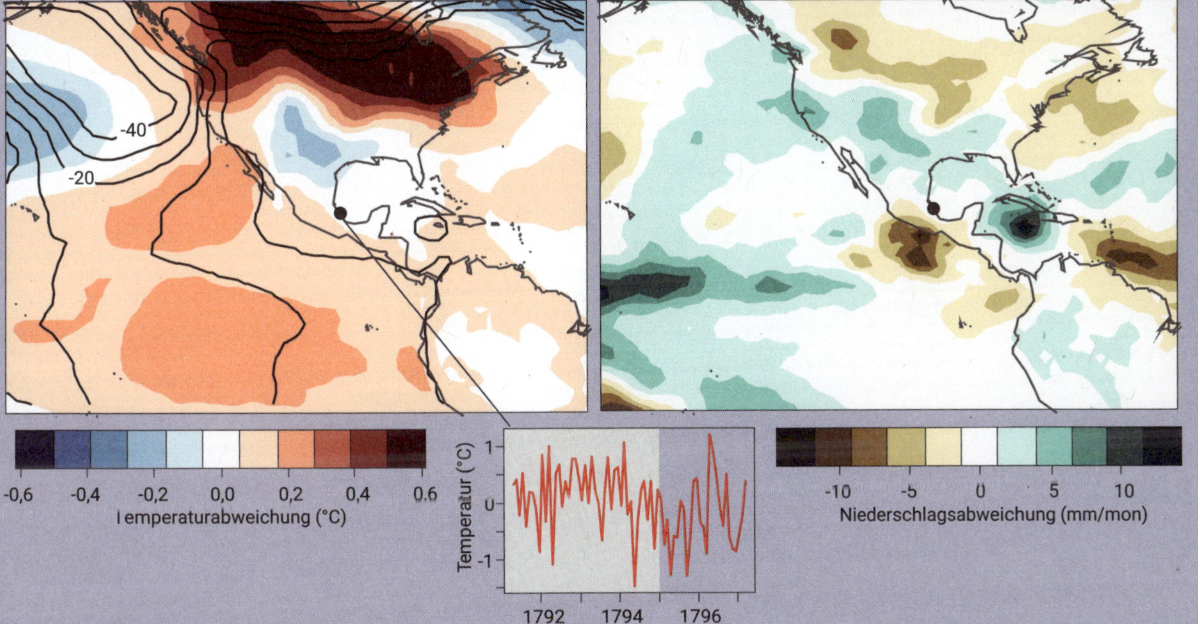

Humboldts Zusammenstellung der Veracruz-Daten beginnt mit einem El Niño-Ereignis, das manchmal als «The Great El Niño 1789–1793» bezeichnet wird. Veracruz ist normalerweise nicht sehr stark von El Niño betroffen. Ortas Temperaturen zeigen 1793 höhere Werte als in den nachfolgenden Jahren (Abb. 5). Allerdings erschwert ein Bruch in der Reihe im Jahr 1798 die Analyse. Obwohl die 21 000 Originalmessungen nicht mehr verfügbar und nur ein paar Dutzend Werte überliefert sind, können die Daten für die Wissenschaft heute hilfreich sein. Sie ergänzen andere, ebenfalls kurze Messreihen in der Region, so von Kuba und diversen Karibik-Inseln (vgl. Kapitel «Das Klima wird global»). Zusammengenommen entsteht dadurch ein immer kompletter werdendes Bild über die Klimaschwankungen in diesem Teil der Erde.

Observations du Thermometre dans l'anneé 1807 —
a St. Pierre R.

		Maximum		Minimum	R	Medium
Janvier.	1.	+ 9. 2	18	− 2. 0	*(6,2)	+ 3. 6
Fevrier.	28	+ 13. 0	20	− 1. 0.	(5,°8)	+ 6. 0
Mars.	22.	+ 12. 8.	26	0. 0.	−(8,°~~2~~)	+ 6. 4
Avril.	26	+ 16. 0.	19.	+ 0. 4	(10,°9)	+ 8. 2
Mai.	18	+ 22. 6	3	+ 5. 6	(15,°6)	+ 14. 1.
Juin.	18	+ 24. 8.	8	+ 11. 8.	(17,°9)	+ 18. 3
Juillet.	14.	+ 29. 6.	5.	+ 15. 8.	(19,°8)	+ 22. 7.
Aout.	28.	+ 27. 0.	26.	+ 16. 5.	(19,°7)	+ 21. 7½
Septembre.	1	+ 25. 0.	27.	+ 14. 2.	(17,°5)	+ 19. 6.
Octobre.	2.	+ 21. 0.	31.	+ 8. 5.	(13,4)	+ 14. 7½
Novembre.	21.	+ 16. 8.	2.	+ 6. 3.	(9,°4)	+ 11: 5½
Decembre.	1.	+ 15. 0. 8	31	+ 1. 9	(6,°7. / ~~[illegible]~~)	+ 8. 4½
					12,°5 m de 6 années	

*R moy. Calandrelli moy. de 6 années [illegible] Dez[illegible] 1739. 7 28

Dans l'Annee. 14 Juillet + 29. 6. 18 Janv. − 2. 0.

En prenant le medium entre les 2 extremes ———————— + 13. 8

mais additionant les Observations, et les dividant par le numero des Obs. on a pour Medium" ———— + 12. 95.

Calandrelli.

R moy
hiver Dec. 1. Fevr. 6,°2 R = 7.7 C.
pr. ... 11,4. 14.2
eté ... 19.1 23,8
aut ... ~~[illegible]~~ 16,7
13,4 ~~[illegible]~~
12,°5 R = 15,°6. C.

6. Ein Jahrhundertsommer in Rom

Die Temperaturtabellen in den Kollektaneen sind ein Klimaarchiv – aber nicht nur das. Sie zeigen auch, wie Humboldt arbeitete, wie er ‹mit dem Stift in der Hand›, der in diesem Fall eine in Eisengallustinte getauchte Gänsefeder war, Temperaturtabellen bearbeitete und sie für seine Publikationen zur Klimatologie aufbereitete. Dabei enthalten die Kollektaneen aber nicht nur Dokumente mit aktuellen Klimadaten für neue Publikationen, die Humboldt noch nicht für seine Werke ausgewertet hatte. Sie sind zudem ein von ihm verwaltetes und gepflegtes Archiv seiner persönlichen Beziehungen und der Begebenheiten seines Lebens. Einige der Papiere in den Kollektaneen hob Humboldt nicht in erster Linie aus wissenschaftlichem, sondern vor allem aus biografischem Interesse auf.

Abbildung 1 • Das ganze Jahr 1807 misst der ehemalige Jesuitenpater Giuseppe Calandrelli in der Nähe des Petersdomes in Rom die Temperatur der Luft und sendet die Ergebnisse später an Alexander von Humboldt.

Zwei Temperaturtabellen, in denen die genannten Punkte vereinigt sind, hinterlegte er im großen Kasten 1 seiner Kollektaneen in einem Umschlag, der die Aufschrift «Lignes isoth. [ermes:] Italie»[83] trägt. Beide Tabellen verzeichnen Temperaturdaten aus Rom für das Jahr 1807. Sie stammen von einem ehemaligen Jesuitenpater, Giuseppe Calandrelli (Abb. 1), und, was eine Besonderheit ist, von seinem Bruder, Wilhelm von Humboldt (Abb. 2).

Nachdem er sie erhalten hatte, klebte Humboldt die beiden Tabellen zusammen. Dies muss im Jahr 1808 gewesen sein, als er bereits dauerhaft in Paris lebte, um dort sein Reisewerk herauszugeben. Das Zusammenkleben hatte einen Grund: Er wertete beide Tabellen gemeinsam für seinen 1817 publizierten Aufsatz *Des lignes isothermes et de la distribution de la chaleur sur le globe*[84] aus, mit dem er die bis heute gebräuchlichen isothermen Linien erstmals der Öffentlichkeit präsentierte (vgl. Kapitel «Klimawissen im Entwurf»). Die Daten, die er den Tabellen Giuseppe Calandrellis und Wilhelm von Humboldts entnahm, finden sich in der ausfaltbaren Tabelle der *Bandes isothermes et distribution de*

1807.	Température moyenne. Degrés.	Maximum. Jours.	Matin. Heures.	Après-midi Heures.	Degrés.	Réaum. Minimum. Jours.	Matin. Heures.	Après midi. Heures.	Degrés.
Janvier.	4 1/2	14.	—	3.	10,	7.	8.	—	– 2
Février.	7 1/4	25.	—	3 1/4.	14 1/4	20.	8.	—	1 1/4
Mars.	8 3/4	22.	—	3.	14 1/2	24.	—	11.	1 1/2
Avril.	10 1/4	26.	—	2 1/2.	18 1/2	6.	—	11 1/4.	4 3/4
Mai.	15 1/2	18.	—	2.	24	3.	7 1/4.	—	8 1/4
Juin.	18	26.	—	3.	26	9.	—	9 1/2.	10 1/2
Juillet.	21	15.	—	2.	30	6.	6.	—	15
Août.	21	7. 14. 29.	—	2.	28	18.	6.	—	15
Septembre.	18 1/4	1. 7.	—	2.	25	30.	7.	—	11
Octobre.	14 1/4	1. 10. 12.	—	2.	20	21.	7.	—	8
Novembre.	11	9. 20.	— —	3. 2 1/4	16	26.	8 1/2.	—	5 1/4
Décembre.	6 3/4	1.	—	3.	14 3/4	31.	8 1/4.	—	3/4
l'année entière.	13	15. Juillet.	—	2.	30	7. Janvier.	8	—	– 2

Les Observations ont été faites à la Trinité du Mont (Monte Pincio) trois fois par jour, le matin, l'après-midi & le soir avec un thermomètre placé de manière qu'il n'est jamais exposé au soleil.

Guillaume de Humboldt. à Rome, le 31. Décembre, 1807.

Abbildung 2 • Auf nur eine Messreihe aus Rom will Alexander von Humboldt sich aber nicht verlassen und beauftragt im selben Jahr seinen Bruder Wilhelm von Humboldt, der nur einen Steinwurf von Calandrelli entfernt wohnt, ebenfalls Temperaturdaten zu sammeln.

Abbildung 3 • Ausschnitt der Temperaturdaten für Rom aus der Tabelle *Bandes isothermes et distribution de la chaleur sur le globe*, des ersten Isothermenaufsatzes Humboldts von 1817.

Rome. ⊙......	41.53	10.7 E.	o	15,8	7,7	14,3	24,0	17,1	25,0	5,7	Guillaume de Humboldt (Calandrelli 15°,6). Le ther. descend quelquefois à — 2°,5, et monte à 37°,5. Naples 19°,5; Toaldo (je pense au plus 17°,5). Florence 16°,4; Tartini (trop fort); Lucques 15°,8; Gênes 15°,7; Bologne 13°,5; Vérone 13°,2; Venise 13°,6; Padoue 13°,5. (Kirwan regarde comme très-sûr qu'en Europe, la températ. moy. par lat. 40° est de 16°, 6; par latitude 50°; de 11°,4.)

la chaleur sur le globe, die er in der Mitte des Aufsatzes einfügen ließ und die auf Tausenden weiteren Temperaturmessungen beruht.

Interessant ist die Reihenfolge, in der Humboldt die beiden Beiträge für die Durchschnittstemperatur für Rom nennt: Zuerst den seines Bruders Wilhelm von Humboldt und dahinter in Klammern gesetzt den Calandrellis, im Übrigen, ohne dessen Vornamen zu nennen (Abb. 3). Auf diese Reihenfolge wird nochmals zurückzukommen sein. Doch zunächst soll es um die Temperaturen im Sommer des Jahres 1807 gehen.

Der erste Jahrhundertsommer

Den Tabellen nach zu urteilen war der Sommer 1807 ein sehr warmer Sommer, ein echter Jahrhundertsommer. Eine solche Kennzeichnung zu Beginn eines Jahrhunderts war (und ist) natürlich schwierig und 1807 hat dies auch niemand so gesagt. Der Begriff existierte noch nicht. Gleichwohl war der Sommer 1807 außerordentlich heiß, nicht nur in Rom, sondern in ganz Europa. An der Wetterwarte in Karlsruhe, wo seit 1779 kontinuierlich Messungen durchgeführt wurden, war der August 1807 der wärmste bis dahin gemessene Monat – ein Rekord, der erst im Juli 1983 übertroffen wurde. Alexander von Humboldt und seine Zeitgenossen registrierten die hohen Temperaturen aber auch ohne Messungen. Die Hitze ist Thema in zahlreichen überlieferten Briefen und Berichten. Um nur einige Beispiele anzuführen, resümiert der Fuldaer Physikprofessor Thomas Egidius Heller, der in seiner Wohnung in der Alten Universität seit 1798 zweimal am Tag Messungen der Temperatur und des Luftdrucks aufzeichnete, im September 1807: «Von Juli bis zum Ende des August war eine drückende Hitze, nicht sowohl deswegen, weil das Thermometer sehr hohe Grade zeigte (25,7 °[Ré (= 32,1 °C)]) sondern weil sie so sehr lange anhielt. Die Heuernte war frühzeitig und reichlich, die Grummeternte aber fiel wegen der lang anhaltenden Dürre schlecht aus, so auch die Gemüse, der Flachs und die Kartoffeln».[85] Neben Temperaturmessungen und der Beobachtung der Folgen des Dürresommers wurde auch Ursachenanalyse betrieben. Die *Miscellen für die Neueste Weltkunde* berichteten, dass der neapolitanische Astronom Giuseppe Casetti die außerordentliche «Hitze des Sommers 1807 […] der ungewöhnlichen Reinheit der Sonnenscheibe» zuschreibe, «die er in den Monaten Juli und August gänzlich frei von den gewöhnlichen Sonnenflecken beobachtete.»[86] Am 5. August schreibt der Astronom Heinrich Wilhelm Matthias Olbers an Carl Friedrich Gauß nach Göttingen: «Auch hier haben wir fortdauernd unerträgliche Hitze mit vielen Gewittern. Der höchste Stand des Thermometers am 23. August war 22,8 °[Ré (=28,5 °C)]. Das Hauptquartier des Generals Dumonceau ist schon gestern hier wieder angekommen und morgen rückt das 9. holländische Infanterieregiment zur Besatzung hier ein. Auch ich werde wieder mit Einquartierung

Abbildung 4 • Wurde Caspar David Friedrich von den überdurchschnittlich hohen Temperaturen zu dem im Jahr 1807 gemalten Bild *Der Sommer (Landschaft mit Liebespaar)* angeregt?

belästigt werden.»[87] Während des vierten Koalitionskriegs war der Sommer 1807 nicht nur witterungsbedingt, sondern auch politisch heiß. Neben allen anderen klagte auch der damals in Berlin sitzende Altphilologe Friedrich August Wolf gegenüber seinem Kollegen Immanuel Bekker in Halle: «Ich verbrate hier in meinem Zimmer, wo mich den ganzen Tag die Sonne incommodiert, wie einen denn seit 14 Tagen die Hitze überall nicht zur Besinnung kommen läßt. Möchte ich nur 3 Stunden auf meinem Hallischen Saale sitzen können! Nicht einmal der Thiergarten und Charlottenburg können aushelfen. Humboldt erklärt die Hitze für fast ägyptisch.»[88]

Humboldt, dem wie von Friedrich August Wolf erwähnt, die ungewöhnliche, subtropische Hitze ebenfalls auffiel, war währenddessen unermüdlich tätig. Vor drei Jahren aus Amerika zurückgekehrt, hielt er in diesem Sommer an der Berliner Akademie der Wissenschaften die Vorträge *Über die Wüsten*[89] und *Über die großen Katarakte des Orinoko*.[90] Er veröffentlichte seinen weltberühmten Aufsatz über *Jagd und Kampf der electrischen Aale mit Pferden*,[91] schrieb an seinem populärsten und vielleicht schönsten Buch, den *Ansichten der Natur*,[92] und wurde in einer selbstbewussten, fast dandyhaften Pose vom Consellier d'Etat der französischen Besatzungstruppen, Frédéric-Christophe d'Houdetot, porträtiert (Abb. 5). Im November reiste er in diplomatischem Auftrag gemeinsam mit dem Offizier Karl Christian Erdmann von Le Coq über Homburg vor der Höhe und Frankfurt am Main nach Paris, um die Mission des Prinzen Friedrich Wilhelm Karl von Preußen vorzubereiten, mit der bei Napoleon eine Minderung der auferlegten Zahlungsverpflichtungen erwirkt werden sollte. Wie getrieben war er tätig, doch in «melancholischer Stimmung», die «aus der fürchterlichen Lage» seines «Vaterlandes»[93] resultiere, wie er seinem Verleger Johann Friedrich Cotta schrieb.

Abbildung 5 • Überaus selbstbewusst wird der damals 38 Jahre alte Alexander von Humboldt im Jahrhundertsommer 1807 von dem Verwaltungsbeamten der französischen Besatzungstruppen Frédéric d'Houdetot in Berlin porträtiert.

Ein gefährliches Klima

Im fernen Rom wurden unterdessen Temperaturdaten für Humboldt gemessen. In der Nähe des Petersdoms von Guiseppe Calandrelli sowie am oberen Ende der Spanischen Treppe, bei der Kirche Santa Trinità dei Monti, von seinem Bruder Wilhelm von Humboldt. Seit 1802 war er preußischer Gesandter am Heiligen Stuhl. Der Posten war nicht sehr bedeutend, bot ihm aber die Möglichkeit, sein Studium der Antike zu intensivieren und deren Überreste mit eigenen Augen zu sehen. Nachdem er und seine Familie kurze Zeit die Villa Malta auf dem Monte Pincio bewohnt hatten, bezogen sie 1803 eine repräsentative Wohnung im Palazzo Tomati unweit der Stelle, an der vier Jahre später die Temperaturen für Humboldt gemessen wurden. Das Haus der Humboldts entwickelte sich zu einem gesellschaftlichen Mittelpunkt der Stadt: Zahlreiche Maler, Gelehrte und Wissenschaftler gingen hier ein und aus. Es knüpften sich Kontakte, die bis zum Lebensende von Caroline und Wilhelm von Humboldt Bestand haben würden. Doch neben der beruflichen Tätigkeit, den Studien und der Geselligkeit wurde ihr Leben in Rom von Anfang an noch durch einen weiteren Faktor bestimmt: dem Klima.

Schon im ersten Sommer von 1803 macht sich dies auf unerfreuliche Weise bemerkbar. Die Humboldts verbrachten diesen Sommer nicht nur in Rom, sondern auch in einer Sommerwohnung in Ariccia in den nahe gelegenen Albaner Bergen. Bereits seit der Antike war dieser etwa 26 Kilometer südöstlich von Rom gelegene Rest eines ehemaligen vulkanischen Ringgebirges eines der bevorzugten Sommerrefugien der römischen Nobilität, um der drückenden Hitze der Stadt zu entfliehen. Das Verlassen der Metropole hatte aber noch einen weiteren, weitaus gewichtigeren Grund: In den Sommermonaten breitete sich in den Pontinischen Sümpfen die Anopheles-Mücke aus, die Überträgerin der Malaria (Abb. 6).

Schon in der Antike wurde Rom regelmäßig von schweren Malaria-Epidemien heimgesucht. Damals, genau so wie zu Humboldts Zeiten, hatten die Menschen keine Vorstellung davon, dass die Krankheit von einer kleinen Stechmücke übertragen wird. Sie gingen hingegen davon aus, dass die Ursache in einer saisonalen atmosphärischen Erscheinung zu suchen sei. Durch die anhaltende Hitze, so die Annahme, bildeten sich in stagnierenden Gewässern faulige, üble Ausdünstungen, die die Epidemien auslösen würden (vgl. Kapitel «Macht das Klima krank? Eine Klimareihe aus Veracruz»). Der italienische Name der Krankheit leitet sich direkt aus dieser Annahme ab: Mal'aria bedeutet so viel wie «schlechte Luft». Als Herd der Epidemien wurden die Pontinischen Sümpfe ausgemacht, die in vorchristlicher Zeit unter anderem durch den Kahlschlag der dortigen Wälder entstanden. Obwohl die Vermutungen über den Ursprung der Malaria falsch waren, waren die Maßnahmen, die zu ihrer Eindämmung ergriffen wurden, richtig. Es wurde der Versuch unternommen, die Sümpfe trocken zu legen, was lange Zeit ohne Erfolg blieb. Erst unter der faschistischen Diktatur Benito Mussolinis gelang dies in den 1930er-Jahren. Als Wilhelm von

Abbildung 6 • Die Pontinischen Sümpfe entstanden bereits in der Antike durch Raubbau des Menschen, woraufhin sich dort die Anopheles-Mücke massiv verbreitete. August Kopisch malte sie melodramatisch bei Sonnenuntergang im Jahr 1848.

Humboldt in Rom war, galt besonders die Zeit von Mitte Juni bis Ende Oktober als gefährlich. Es wurde angenommen, dass sich die Gefahr einer Ansteckung an der frischen Luft und mit zunehmender Höhe eines Ortes verringere. Daher galten die nahegelegenen Albaner Berge als ein idealer und vor allem gesunder Aufenthaltsort für den Sommer.

Und so verließ die Familie von Humboldt im Juli 1803 Rom in Richtung Ariccia; «[f]ür drei oder vier Monate»,[94] wie Caroline von Humboldt an ihren Vater schrieb. Ziemlich genau die empfohlene Zeitspanne, in der die Malaria in Rom besonders stark wütete. Es schien, als würden die Humboldts einen entspannten und idyllischen Sommer auf dem Land verbringen. Doch es sollte anders kommen, die Sommerfrische stand unter keinem guten Stern. Anfang August erkrankte Wilhelm, der älteste Sohn der Familie, und kurze Zeit später auch sein Bruder Theodor. Mitte des Monats verschlechterte sich Wilhelms Zustand und in der Nacht auf den 15. August verstarb er mit nur neun Jahren, höchstwahrscheinlich an der Malaria. Zwei Tage später wurde der Junge auf dem protestantischen Friedhof bei der Pyramide des Caius Cestius begraben, «an einer einsamen Stelle unter Bäumen».[95] Sein Bruder Theodor überlebte, blieb aber sein Leben lang von der Erkrankung gezeichnet. Im folgenden Frühjahr reiste Caroline von Humboldt auf Empfehlung der Ärzte mit Theodor aus Rom ab, um dem «verderblichen Klima»[96] zu entgehen. Wilhelm von Humboldt zog für Sommer und Herbst mit seinen beiden Töchtern Adelheid und Gabriele nach Marino in den Albaner Bergen. Im Januar 1805 kehrte Caroline von Humboldt zurück. Die Sorge um das verderbliche Sommerklima aber blieb. Ihrem Vater schrieb sie am 16. Februar: «Gott helfe uns nur weiter, wenn der Sommer kommt.»[97] Dennoch verbrachten sie die Sommermonate der folgenden beiden Jahre in der Stadt, glücklicherweise ohne weitere Malariaerkrankungen. Im Sommer 1807, als Wilhelm von Humboldt für seinen Bruder die Temperaturen maß, befand sich die Familie allerdings ab Mai wieder «à la campagne» [«auf dem Land»].[98] Im November desselben Jahres starb, noch vor seinem zweiten Geburtstag, der in Rom geborene Sohn Gustav. Auch er wurde an der Cestius-Pyramide beerdigt. Sein Tod wurde aber nicht mit dem Klima in Verbindung gebracht. Ein Jahr später verließ Wilhelm von Humboldt Rom für immer. Caroline von Humboldt folgte ihm 1810 nach.

Kometen und Temperaturen

Weit weniger bekannt als Wilhelm und Caroline von Humboldt ist der Beobachter der zweiten römischen Temperaturtabelle, Giuseppe Calandrelli. Ursprünglich Philosoph, wurde er 1768 zum Priester geweiht und war später Professor der Mathematik und Physik am Collegium Romanum sowie Gründer und erster Direktor des dortigen Observatoriums. Calandrelli trat vor allem mit Publikationen zur Astronomie in Erscheinung. Im speziellen zur Parallaxe von Sternen, zu Merkurpassagen und zu Kometen. Anhand von Geschwindigkeitsschätzungen versuchte er 1807 die Masse des Großen Kometen C/1807R1 zu schätzen, der am 9. September des Jahres zum ersten Mal gesichtet wurde. Calandrelli war daneben als Meteorologe tätig. Er war Mitglied der 1780 gegründeten Mannheimer «Societas Meteorologica Palatina» und zeichnete für sie die Temperaturen für Rom auf. Rom war eine der vier italienischen Messstationen des 37 Stationen umfassenden Messnetzes (vgl. Kapitel «Klimareihen als Spiegel von Geschichte und Geschichten»). Die von Calandrelli gelieferten Temperaturdaten fanden Eingang in die Ephemeriden der Gesellschaft. Innerhalb der Meteorologie Roms war Calandrelli damit *die* Autorität und für Humboldt – so sollte man zumindest meinen – ein dementsprechend interessanter Forscher. Allerdings wird Calandrelli von ihm auffallend wenig zitiert. Wir wissen auch nicht genau, wann und wie Humboldt mit ihm in Kontakt getreten ist, um zu veranlassen, ihm Temperaturen für Rom zu übermitteln. Doch sehr wahrscheinlich lernte er Calandrelli kennen, als er Wilhelm und Caroline von Humboldt im Frühling und Sommer 1805 zusammen mit dem Chemiker Joseph Louis Gay-Lussac und dem Ingenieur-Geographen Franz August O'Etzel in Rom besuchte, wo sie mit dem Geologen Leopold von Buch zusammentrafen. In Humboldts Tagebuch dieses Reiseabschnitts finden sich zwei Eintragungen zu Calandrelli.[99] Die erste behandelt ausschließlich astronomische Phänomene. Die zweite ist eine schlichte Liste, in der Calandrellis Name neben denen des Arztes und Chemikers Domenico Pino Morichini, des Mathematikers Gioacchino Pessuti und des Physikers Feliciano Scarpellini auftaucht. Weshalb Humboldt die Namen notierte, wissen wir nicht. Vielleicht, um sich daran zu erinnern, diese Personen in Rom zu besuchen?

Die beiden Tabellen von Calandrelli und Wilhelm von Humboldt lassen allerdings nicht nur Rückschlüsse auf Personen zu, denen Alexander von Humboldt in Rom begegnete. Sie zeigen auch, wie die Temperaturdaten erhoben wurden und wie Humboldt bei ihrer Bearbeitung für seine Publikationen vorging. Besonders deutlich zeigt sich dies an der Tabelle von Calandrelli (Abb. 1).

Er teilte in seiner Tabelle Humboldt die Maximum-, Minimum- und die daraus berechneten Mitteltemperaturen der Tage mit den jeweils höchsten und niedrigsten Temperaturen für die Monate Januar bis Dezember mit. In der untersten Zeile seiner Tabelle fügte er zudem eine Notiz zu der höchsten beziehungsweise niedrigsten während des ganzen Jahres gemessenen Temperatur ein. Der wärmste Tag des Jahres war bei ihm der 14. Juli mit 29,6 °Ré (37 °C); der kälteste der 18. Januar mit –2 °Ré (–2,5 °C). Die Tabellenrahmen zeichnete Calandrelli mit Bleistift. Humboldt scheint dies zu undeutlich gewesen zu sein, denn er zog die Linie zwischen den Maximal- und Minimaltemperaturen mit Tinte nach. Er hat aber noch grundlegender in die Tabelle eingegriffen, um sie für sein Anliegen, die genaue Mitteltemperatur von Rom herauszufinden, dienstbar zu machen. So reicherte er die Tabelle mit weiteren Mitteltemperaturen für Rom an, die er einer Publikation Calandrellis entnahm. Er notierte sie links neben dessen Angaben für die Mediumtemperaturen für das Jahr 1807 und umrandete sie, um sie als eine eigene Tabellenspalte zu markieren. An ihrem oberen Ende fügte er ein Sternchen an, das auf den linken Rand des Blattes verweist. Folgt man ihm, findet man die Quelle, aus der Humboldt die Angaben entnahm. Es handelt sich um die Seite 728 des 39. Bands des *Journal de physique, de chimie et d'histoire naturelle*, wo Temperaturmessungen Calandrellis für Rom aus insgesamt sechs Jahren zu finden sind. Durch diese Ergänzung Humboldts enthält die Tabelle damit Mittelwerte für Rom aus insgesamt sieben Messjahren.

Für seine Messungen benutzte Calandrelli ein Thermometer mit einer Réaumur-Skala. Die Temperaturangaben des 1817 in Frankreich erschienenen Isothermenaufsatzes gab Humboldt indes in der dort während der französischen Revolution per Dekret eingeführten Celsius-Skala an. Er rechnete die Daten von Calandrelli daher in Celsiuswerte um und berechnete noch auf der Tabelle die Jahresmitteltemperatur für Rom (Abb. 7).

Links unterhalb der Tabelle bildete er dazu zunächst aus den zwölf Monatsmittelwerten die Mittelwerte der vier Jahreszeiten, addierte diese und teilte sie dann durch vier. Als Ergebnis erhielt er den Wert von 15,6 °C, genau die Angabe, die er in der Tabelle der *Bandes isothermes et distribution de la chaleur sur le globe* seines Isothermenaufsatzes drucken ließ. Allerdings, wie eingangs erwähnt, in Klammern gesetzt, im Bemerkungsfeld der Tabelle, hinter dem Namen seines Bruders Wilhelm von Humboldt.

Auch dieser benutzte für seine Messungen ein Thermometer mit Réaumur-Skala und auch er gibt Maximum-, Minimum- und Mediumtemperaturen für die wärmsten beziehungsweise kältesten Tage der Monate Januar bis Dezember in seiner Tabelle an (Abb. 2). Anders als Calandrelli vermerkte Wilhelm von Humboldt zusätzlich noch den Zeitpunkt der Messungen. In der unter der Tabelle stehenden Bemerkung hielt er zudem fest, dass die Messungen dreimal am Tag durchgeführt wurden und das Thermometer dabei nie der Sonne ausgesetzt war. Angaben, die bei Calandrelli fehlen, für ihn allerdings Standard waren. Und noch in einem weiteren Detail weichen die beiden Tabellen voneinander ab. Denn Wilhelm von Humboldt maß die höchste Temperatur des Jahres erst am 15. Juli mit 30 °Ré (37,5 °C), einen Tag nach Calandrelli und um 0,4 °Ré höher als dieser.

Obwohl Wilhelm von Humboldt in seiner Tabelle mehr Informationen zu den Messungen notierte, enthält sie am Ende gleichwohl weniger Daten als die von Calandrelli, bedingt durch die eben beschriebene Ergänzung Humboldts. Doch auch ohne diese waren Calandrellis Daten vermutlich genauer. Immerhin hatte er jahrelange Erfahrung im Messen von Temperaturen. Demgegenüber stellt sich die Frage, ob Wilhelm von Humboldt die Messungen überhaupt selbst durchgeführt hat. So war er zumindest im Sommer aus den vorhin beschriebenen Gründen nicht ständig in Rom und konnte so auch nicht dreimal täglich das Thermometer abgelesen haben. Und selbst wenn er im Palazzo Tomati residierte, war sein Tag mit diplomatischen Aufgaben angefüllt, die am Ende viel mehr Zeit in Anspruch nahmen, als ihm das lieb war. Er hatte also nicht immer Zeit Temperaturen zu messen. Möglicherweise beauftragte er damit eine andere Person aus seinem Haushalt, aber genaues darüber wissen wir nicht. Wenn dem allerdings so wäre, dann wäre die Qualität seiner Daten erheblich infrage gestellt. Schließlich könnte er nicht als Augenzeuge für die Richtigkeit der Angaben bürgen. Alles in allem hatte der Wert, den Humboldt auf der Tabelle von Calandrelli errechnete (Abb. 7), demnach eine deutlich höhere Wahrscheinlichkeit, den korrekten Jahresmittelwert für Rom darzustellen. Es ist anzunehmen, dass Humboldt dies bewusst war. Doch warum gab er in seiner gedruckten Isothermentabelle von 1817 dann seinem Bruder den Vortritt und nennt ihn an erster Stelle, vor Calandrelli?

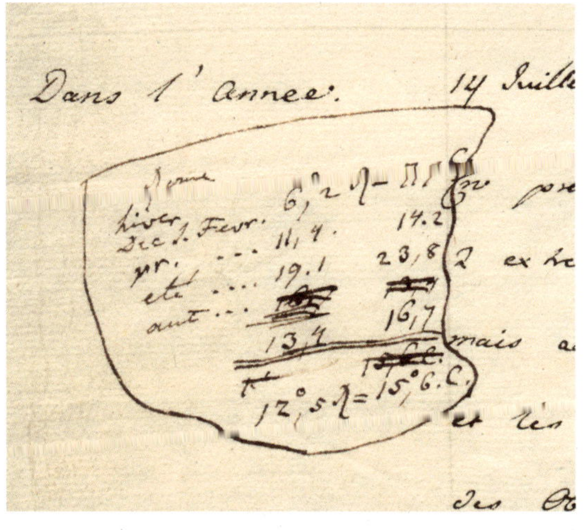

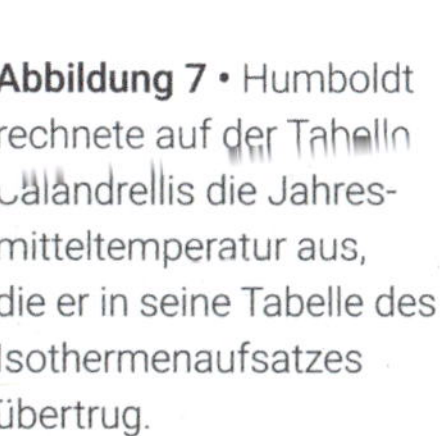
Abbildung 7 • Humboldt rechnete auf der Tabelle Calandrellis die Jahresmitteltemperatur aus, die er in seine Tabelle des Isothermenaufsatzes übertrug.

Blut ist offenbar doch dicker als Wasser

Mit seiner Isothermentabelle verband Humboldt den Anspruch, nur genau geprüfte, kritisch miteinander verglichene Daten zu publizieren. Aus ihnen sollte der Verlauf der isothermen Linien möglichst präzise abgeleitet werden können (vgl. Kapitel «Klimawissen im Entwurf»). Bei den Daten für Rom macht er hiervon offenbar eine Ausnahme. Denn er bevorzugte hier eine übersichtliche Datenmenge, die von einem wissenschaftlichen Laien erhoben wurde, gegenüber den Messungen eines im Umgang mit Messinstrumenten versierten Forschers, der seit Jahren kontinuierlich Temperaturen maß und der Öffentlichkeit zur Verfügung stellte. Unter Objektivitätskriterien betrachtet, wirft diese Bevorzugung Fragen auf. Vermutlich ist sie mit der familiären und emotionalen Bindung an seinen Bruder zu erklären. Somit enthalten Humboldts klimatologische Publikationen offenbar nicht nur rein wissenschaftliche Daten. Sie umfassen auch Bezüge auf seine eigene Biografie und auf Menschen, die ihm nahestanden. Belegen lässt sich so eine Vermutung nur schwer, allerdings gibt es einen Brief an Johann Franz Encke aus dem Jahr 1844, der diese Annahme unterstützt. Eigentlich bittet Humboldt Encke in dem Brief nur um den Gefallen, den astronomischen Teil des ersten Bands des *Kosmos* auf Fehler zu überprüfen. Doch dann schreibt er:

> Da es das letzte Buch ist, das ich schreibe, so habe ich in den Noten manches angebracht, was ich für nicht unwichtig halte und was sonst verloren ginge. Dass in der Wahl der Citate partheiische Vorliebe herrscht, darüber vertheidige ich mich nicht. Das Subjective mag vorwalten, man soll nach meinem Tode aus meinen Schriften einmal lesen, mit wem ich gelebt, wer auf mich eingewirkt hat. Darin liegt keine Schande.[100]

Das Verlorengehen im Strom der Geschichte war eine ganz eigene Furcht Humboldts. Er versuchte ihr zu begegnen, indem er den Menschen in seinen Schriften ein Denkmal setzte, die er besonders schätzte. Doch er tat dies nicht nur in seinen gedruckten Texten. Auch seine Kollektaneen sind ein solches Archiv der persönlichen Begegnungen und Begebenheiten seines Lebens. Humboldt hatte ein großes Interesse daran, dass seine wissenschaftlichen Papiere der Nachwelt überliefert und von ihr gelesen werden. Jeder sollte aus den Quellen nachvollziehen können, mit wem er gelebt hatte. Dass dies in den Kollektaneen in deren persönlichen Handschriften möglich ist, hat einen besonderen Reiz und vielleicht beabsichtigte Humboldt, mit den Kollektaneen sogar eine Autobiografie zu ersetzen, die er nie geschrieben hat? Die römische Temperaturtabelle seines am 8. April 1835 gestorbenen Bruders Wilhelm von Humboldt ist mit Sicherheit ein Zeugnis dieses ausgeprägten Nachlassbewusstseins: ein biografisches Denkmal aus Papier. Die Überlieferung der Tabelle Calandrellis hingegen geschah womöglich nur zufällig, weil sie mit der Tabelle Wilhelms zusammengeklebt war.

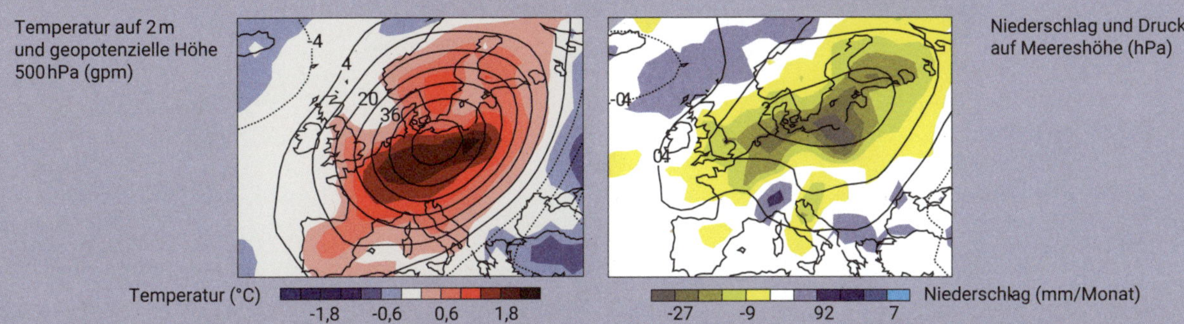

Hitzewellen über Europa

Hitzewellen über Mitteleuropa werden regelmäßig von sogenannten Omegalagen, die auch als Omegahoch bezeichnet werden, hervorgerufen. Es handelt sich dabei um eine Konstellation von Luftdruckgebilden in der mittleren und hohen Troposphäre, bei denen die Isobaren so gebeugt sind, dass sie dem griechischen Buchstaben Omega (Ω) gleichen. Bei einem Omegahoch wird ein sich rechtsdrehendes Hochdruckgebiet von zwei darunterliegenden linksdrehenden Höhentiefdruckgebieten flankiert, jeweils eines westlich und eines östlich des Hochdruckgebietes. Ankommende Tiefdruckgebiete werden dann in einem weiten Bogen nördlich oder südlich um Mitteleuropa herumgeführt. Hat sich eine Omega-Wetterlage erst einmal eingestellt, ist davon auszugehen, dass diese Tage bis Wochen anhält. Bei einem sommerlichen Omegahoch kann es dann zu anhaltender Hitze und Trockenheit kommen. Viele Hitzewellen der vergangenen Jahre lassen sich auf solche Omegalagen zurückführen, darunter der «Jahrhundertsommer» von 2003 sowie die Hitzesommer der Jahre 2018–2020. Wahrscheinlich wurde auch die ungewöhnlich lang anhaltende Hitze des Sommers von 1807 durch eine Omegalage hervorgerufen (Abb. 8).

Abbildung 8 • Der Hitzesommer 1807 im Vergleich zu den 30 vorangegangenen Jahren. Links: Temperatur und geopotenzielle Höhe auf 500 hPa (ca. Luftdruckverteilung auf 5 km Höhe). Rechts: Niederschlag und Luftdruck auf Meereshöhe.

Verglichen mit den anderen Regionen der nördlichen mittleren Breiten, weisen Hitzewellen in Europa einen besonders starken Aufwärtstrend auf. Zwischen 1979 und 2020 gab es bei der Zahl an Hitzetagen innerhalb eines Jahres einen drei- bis viermal stärkeren Anstieg als in vergleichbaren Regionen der Nordhemisphäre. Mittlerweile wird Europa als ein Hitzewellen-Hotspot identifiziert.

7. 1816 – (K)ein «Jahr ohne Sommer»

Zum Sommer 1816 sagt Humboldt ... nichts! Nichts zu den Temperaturen, die weit unter den Normalwerten lagen. Nichts zum Niederschlag, der kaum aufhören wollte. Nichts zu den schlechten Ernten, die in Teilen Europas zu einer Hungersnot führten.[101] Nichts zum Leiden, nichts zu Auswanderungen oder zu den politischen Folgen. Und nichts zu den Ursachen dieser Klimakatastrophe, nichts zum Erdsystem, das solche Ereignisse erzeugt.

Abbildung 1 • Ein leeres Blatt: Zum «Jahr ohne Sommer» gibt es von Humboldt keine Quelle.

Heute gilt das «Jahr ohne Sommer» 1816 als «Worst Case»-Klimaereignis schlechthin. Eine globale Klimarekonstruktion für Juni bis August 1816 ist in Abb. 2 dargestellt.[102] Besonders Mitteleuropa, aber auch der Osten Nordamerikas, waren von tiefen Temperaturen betroffen, in Mitteleuropa regnete es unablässig. Am Beispiel 1816 zeigt sich, wie schlecht ein Sommer sein kann, oder anders gesagt, welche externen Faktoren – in diesem Fall ein Vulkanausbruch – und welche internen Mechanismen zusammenspielen müssen, um den schlechtestmöglichen Sommer zu erzeugen. Hier zeigt sich auch, wie sich Klimaschwankungen unmittelbar auswirkten und – damals – zu einer Krise führten. Wie würde sich ein solches Ereignisses heute auswirken? Wäre ein solcher Sommer vorhersagbar? Was wären die Folgen für die Lebensmittelpreise? Wie stünde es um die globale Nahrungsmittelsicherheit? Müssten wir mit einer Zunahme der Migration rechnen? Unter anderem wegen solcher Fragen ist kaum ein Klimaereignis so gut untersucht worden wie das «Jahr ohne Sommer» von 1816. Doch den preußischen Gelehrten schien das nicht zu interessieren. Der Vordenker der Erdsystemwissenschaften verpasst das Beispiel, das heute geradezu paradigmatisch für Erdsystemdenken, ja Mensch-Erdsystemdenken, steht. Warum finden wir nichts darüber in Humboldts Werk? In diesem Artikel soll diese Lücke angesprochen und unser Wissen über das «Jahr ohne Sommer» von 1816 zusammengetragen werden.

Die Temperatur des Sommers 1816 war extrem. In Genf lag sie ca. 3–4 °C unterhalb des damals normalen Klimas. Insbesondere nach den Hitzesommern 1807 (vgl. Kapitel «Ein Jahrhundertsommer in Rom») und 1811 war die Abkühlung über die folgenden Jahre spürbar und wurde auch in Zeitungen kommentiert. 1816 erreichte die Abkühlung den absoluten Tiefpunkt. Die von

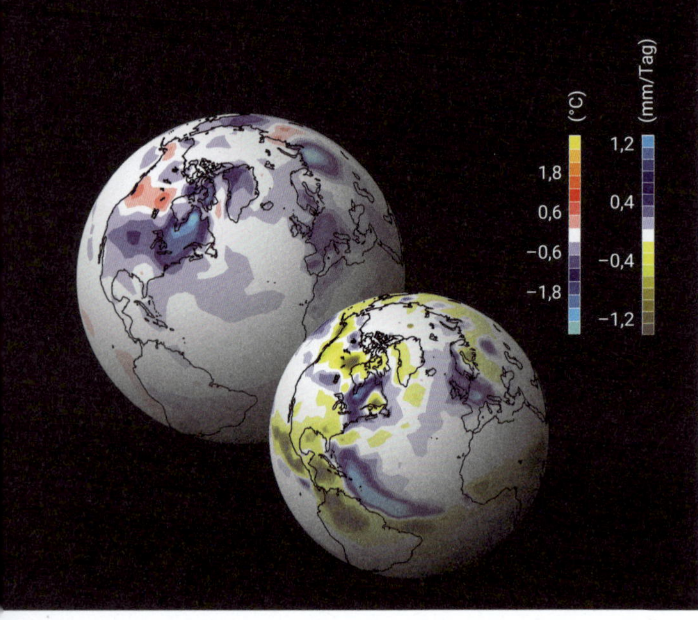

Mitte April bis Ende August niedrigen Temperaturen, vor allem aber das regnerische Wetter, führten in Mitteleuropa zu großen Ernteausfällen. Aber bereits lange vor der Erntezeit herrschte Weltuntergangsstimmung. Schon im Mai las man in Zeitungen apokalyptische Klagen über das Wetter.[103] Das schlechte Wetter traf mit einer ohnehin stark erhöhten gesellschaftlichen Verletzlichkeit zusammen. Nach den Koalitionskriegen und den politischen Wirren waren die Getreidespeicher leer. Die zurückkehrenden Soldaten fanden keine Arbeit und hatten Mühe, sich wieder in die Gesellschaft zu integrieren. Das Ende der Kontinentalsperre führte in der Schweiz zu einer tiefgreifenden Krise der Textilheimindustrie, welche dadurch ihre bisherige Nische verlor. Die Arbeitslosigkeit war groß, besonders in der Ostschweiz. Manche der neuen politischen Strukturen waren im Bewältigen von Krisen gänzlich unerfahren. Es fehlten die schnelle Reaktionsfähigkeit, die Beziehungsnetze, die Möglichkeit, sich Kapital zu verschaffen. All dies war nötig, um sich Importe frühzeitig zu sichern. Noch fehlten ausgebaute Straßen und es fehlte die Eisenbahn, und die Wasserwege waren wegen des hohen Wasserstandes nicht benutzbar, sodass Importe schwierig waren. Auch die innerschweizerische Solidarität spielte nicht mit. In dieser gefährlichen Situation wirkte sich das schlechte Wetter verheerend aus. Dies führte zur letzten großen Hungersnot in Kontinentaleuropa (die Kartoffel-Krise von 1847/1848 in Irland und Vulkanausbrüche auf Island führten dort auch später noch zu Hungersnöten). Die Menschen litten, starben oder wanderten aus.[104]

Das müsste Humboldt doch eigentlich interessiert haben. Gerade ihn, der immer den Menschen ins Zentrum stellte und der «Klima» als System begriff. Auch verfügte er über die Messdaten von Genf, das klimatisch gewissermaßen im Epizentrum des «Jahres ohne Sommer» 1816 lag. Trotzdem finden wir keinen Hinweis auf ein Forschungsinteresse. Andere Wissenschaftler interessierten sich dafür. Angesichts der nunmehr über eine Dekade andauernden Abkühlung stellte sich die Frage, ob dies Anzeichen einer allgemeinen, langfristigen Klimaverschlechterung wären (vgl. Kasten «Eine Preisfrage»).

Abbildung 2 • Rekonstruktion der Temperatur- und Niederschlagsabweichung im Juni–August 1816 relativ zur Periode 1799–1821.[105]

Eine Preisfrage

1815, also im Jahr vor dem «Jahr ohne Sommer», wurde die «Schweizerische Naturforschende Gesellschaft» gegründet. Bereits an der Gründungsversammlung diskutierten die Teilnehmer die Frage einer Preisausschreibung, eines damals üblichen Wissenschaftsförderungsinstruments dieser Gesellschaften. Diese Preisfrage sollte ein Thema behandeln, welches die einheimische Wissenschaft auszeichnen würde, aber gleichzeitig auch im Ausland Aufmerksamkeit und Teilnahme erregen würde – ein Thema, das durch neuere Ereignisse als besonders aktuell erscheinen würde. 1816 gingen 13 Vorschläge ein.[106] Man entschied sich für die Frage «Ist es wahr, dass das Klima der Alpen in den letzten Jahren rauer und kälter geworden ist?». 1817, ein Jahr nach dem «Jahr ohne Sommer», wurde die Preisfrage ausgeschrieben. Die Frage solle mit indirekter Klimainformation belegt werden, da keine genügend guten langjährigen Temperaturmessreihen vorhanden wären.

Tatsächlich erregte die Frage Aufmerksamkeit im In- und Ausland. Sogar Goethe, mit dem Humboldt in freundschaftlicher Beziehung stand, bat um Information und interessierte sich offenbar dafür, obschon er dann keinen Beitrag einreichte. Hatte Humboldt von der Preisfrage Kenntnis? Überlegte er sich, selbst beizutragen? Wir haben davon keine Information. Klar war: In dieser Zeit – und noch lange darüber hinaus – bearbeitete Humboldt das umfangreiche Material seiner Südamerikareise. Tag und Nacht war er damit beschäftigt – oder mit Besuchen in den Pariser Salons.

Es ging letztlich aber nur eine Preisarbeit ein, da die gesetzte Frist viel zu kurz war und eigentlich kaum Feldarbeit erlaubte. Diese war aber nötig, um Belege für die Klimaverschlechterung zu sammeln. Bei der eingereichten Arbeit handelt sich um eine Schrift des Försters Karl Kasthofer, welche vor allem auf die Rolle der Gebirgswälder und der Nutzung der Alpweiden einging. Allerdings erhielt diese Arbeit nur den zweiten Preis – der erste Preis wurde nicht vergeben, weil Kasthofer die Frage letztlich nicht beantworten konnte. Sie wurde daher nochmals ausgeschrieben. Die nun eingereichte Arbeit des Walliser Kantonsingenieurs Ignaz Venetz erhielt den ersten Preis. Er untersuchte unter anderem Spuren historischer Gletscherstände, schloss daraus, dass die jüngste Abkühlung wohl zu einem Ende gekommen sei. Er fand aber auch Spuren von viel größeren Gletscherständen in grauer Vorzeit. Venetz lieferte damit einen ersten Puzzlestein der Eiszeittheorie, der Humboldt lange kritisch gegenüberstand (vgl. Kapitel «(Keine) Eiszeit»).

Humboldts Interesse galt dem Verständnis des Gesamtsystems, dem Verständnis der Phänomene aufgrund der klimatischen Verhältnisse. Das mittlere Klima war für ihn der relevante Aspekt. Im «Jahr ohne Sommer», es ist fast eine Ironie des Schicksals, arbeitete Humboldt an einem bahnbrechenden Konzept der Mittelwertsklimatologie: 1817 erschien von ihm der berühmte Aufsatz zu den isothermen Linien, ein Entwurf einer globalen Klimatologie (vgl. Kapitel «Klimawissen im Entwurf»). Variabilität war für ihn noch kein Thema.

Überhaupt fehlte Temporalität auf eine eigentümliche Weise. Zwar waren erdgeschichtliche Klimaänderungen bekannt und von Humboldt auch erforscht worden (vgl. Kapitel «Über vormalige Tropenwärme»), und dass sich das Wetter täglich ändert, war natürlich klar. Die Forschung zum Einfluss von Landnutzungsänderungen auf Änderungen des Klimas hat Humboldt selbst geprägt. Aber die Vorstellung, dass es Schwankungen auf allen möglichen Zeitskalen geben konnte, war noch fremd, denn sie läuft dem Konzept des mittleren Klimas zuwider. Für die sammelnden und mittelnden Klimatologen waren Abweichungen an sich nicht interessant. Erst viel später, in den 1850er-Jahren, setzte sich Humboldt intensiver mit den Schwankungen auseinander. Seine Korrespondenz mit Jakob Philipp Wolfers (vgl. Kapitel «Ein eisiger Winter») zu kalten Wintern zeugt vom Interesse an klimatischen Abweichungen. Auch die Preisfrage der «Schweizer Naturforschenden Gesellschaft» war auf eine langfristige, aber immer noch historische Abkühlung ausgerichtet, nicht auf ein einzelnes Jahr. Trotzdem zeugt sie immerhin von einer Sichtweise, welche Änderungen in historischer Zeit als möglich annahm.

Eine mögliche Erklärung für das Zögern, sich auf Schwankungen des Klimasystems einzulassen, könnte daran liegen, dass die noch junge Wissenschaft der Meteorologie stets um ihren Ruf besorgt war. Wetterschwankungen lagen damals in der Domäne der Astrologie. Kein seriöser Wissenschaftler hätte sich erdreistet, Wettervorhersagen zu machen, und dies mag auch auf die Wetteranalyse abgefärbt haben. So wurde über die Ursachen des Wetters im Sommer 1816 in den Zeitungen wild spekuliert: Sonnenflecken, astronomische Ursachen, ein Komet oder die Blitzableiter seien schuld (vgl. Abb. 3). Die Wissenschaftler äußerten sich nicht – es blieb ihnen nichts anderes übrig (oder, wie es Paul Usteri, der Jahrespräsident der Naturforschenden Gesellschaft 1815, im Hinblick auf die Preisfrage treffend formulierte «[die Meteorologie] hat fürdauernd mit besonderen Schwierigkeiten zu kämpfen, und, wenn man nicht etwa eine Marktschreyerbude errichten will, muss man einstweilen noch darauf verzichten, ihr die Teilnahme eines größern Publikums zu gewinnen»[107]). Dabei erfolgte im gleichen Jahr ein Meilenstein im Bereich der Wetteranalyse. Heinrich Wilhelm Brandes zeichnete erstmals Wetterkarten, allerdings retrospektiv für das Jahr 1783.

Abbildung 3 • Ausschnitt der Neuen Zürcher Zeitung vom 21. Juni 1816.

Mittlerweile den armen Strahl-Ableitern vor etlichen Jahren die Herbeyziehung einer für menschliche Ungeduld allzulang dauernden trockenen Witterung beygemessen wurde, sollen sie jetzt, in mehrern Gegenden von **Deutschland** und der **Schweiz** die Schuld des anhaltenden nassen Wetters tragen. So viel ist indessen ihr fürdauerndes Verdienst, daß dieselben nicht bloß die Gebäude, worauf sie gepflanzt sind, sondern auch die nächste Nachbarschaft vor dem Einschlagen des Blitzes verwahren, da sie nämlich nach erprobten, keinerlei bloßem Wahn unterworfenen Gesetzen, nicht den Strahl herbeyzuziehen, sondern die Gewittermaterie, vor dem wirklich ausbrechenden Donnerwetter, allmälig abzuleiten, sicher geeignet sind, und eben daher auch den Ehrennamen von Strahl-Ableitern mit höchstem Rechte verdienen.

Ein Vulkanausbruch

Was aber wirklich zum «Jahr ohne Sommer» 1816 führte, konnten die Menschen damals noch nicht wissen. Zwar mischt sich unter die Meldungen des schlechten Wetters des Sommers von 1816 auch die Meldung über einen Vulkanausbruch in Indonesien. Mit einer Verzögerung von einem Jahr breitete sich die Neuigkeit in Europa aus. Aber ein Zusammenhang zwischen dem Klima in Europa und einem Vulkanausbruch im fernen Indonesien war undenkbar. Erst 1912 wurde diese Erklärung erstmals vorgebracht. Möglich gemacht wurde dies durch etwas anderes, schier Undenkbares: die Eiszeittheorie. Diese hatte sich zwar ab etwa 1850 durchgesetzt, die Evidenz war klar, aber die Erklärung fehlte. Gefragt war ein Klimafaktor, der in der Lage war, eine globale Abkühlung von 5 °C zu bewirken. Das war ein immenser Stimulus für die Wissenschaft, der zu vielen neuen, teils abenteuerlichen Theorien führte. Wie viele der damals geäußerten Theorien zur Entstehung der Eiszeiten war aber auch diese Erklärung, nämlich dass Vulkanausbrüche die Ursache seien, falsch und doch fruchtbar: Tatsächlich sind Vulkanausbrüche ein wichtiger Klimafaktor.

Bis heute wird der Tambora-Ausbruch immer wieder als «Experiment der Natur» herbeigezogen, um Klimaauswirkungen zu studieren. Beispiele dafür sind die Theorie, wonach das Massenaussterben (unter anderem der Dinosaurier) am Ende der Kreidezeit durch einen Asteroiden verursacht worden sei, oder kurz darauf das Konzept des «nuklearen Winters». Auch im Zusammenhang mit «Geoengineering», dem absichtlichen Einbringen von Schwefel in die Atmosphäre zur Abkühlung des Klimas, wurde der Tambora-Ausbruch neu untersucht. Immer wieder können wir durch das Studium dieses Ausbruchs neue Facetten des Erdsystems kennenlernen, die uns bei heutigen Fragestellungen helfen.

Ursachen des Jahres ohne Sommer

Schnee oder Regen.		
Nachts.	Vormittags.	Nachmittags.
—	—	Reg. 3
Regen	Regen	Regen
Regen	—	Regen
Regen	Regen	Regen
—	Regen	Regen
Regen	—	—
—	—	Reg. 3
Regen	Regen	—
—	—	Stbr. 7
—	Reg. 12	Regen
Regen	Reg 11	Regen
Regen	Regen	Regen
Regen	Regen	Regen
Regen	Regen	—
—	—	Reg. 4
—	—	Regen
Regen	Regen	Regen
Regen	Regen	—
Regen	—	—
—	—	—
—	—	—
Regen	—	Regen
—	—	—
Regen	Reg. 12	Regen
Regen	—	Reg. 6
—	—	Reg 1
Regen	—	—
—	—	Stbr. 7
Regen	Regen	Regen
Regen	Regen	Rg. Hl.
Regen	Regen	Regen

Der Sommer von 1816 traf die Schweiz besonders hart. Bereits im April war es kalt und nass, und so ging es weiter. Der Mai brachte wiederum viel Regen, die Vegetation war bereits 3–4 Wochen im Verzug. Der Juni war nicht viel besser. Abbildung 4 zeigt, dass es in Aarau im Juli 1816 nur an 3 Tagen nicht regnete. Der August war dann zwar besser und erreichte normale Werte, aber im September war es erneut kühl. In Zollikon begann die Weinlese erst am 18. Oktober, so spät wie nie in den bis ins 14. Jahrhundert zurückreichenden Aufzeichnungen. Dabei wurden die Trauben noch in unreifem Zustand geerntet

Was war los? Im April 1815 brach in Indonesien der Vulkan Tambora aus. Was in der Folge geschah, ist in Abb. 6 schematisch dargestellt. Große Mengen an Schwefelgas erreichten die Stratosphäre, wo sie innerhalb der nächsten Wochen zu Schwefelsäure oxidiert wurden. Schwefelaerosole streuen die kurzwellige Strahlung und führen an der Erdoberfläche zu einer Abkühlung. Innerhalb von ca. 2–3 Wochen umkreist ein Luftpaket den Globus. Daher verteilten sich das Schwefelgas und danach auch die Aerosole schnell um den Globus und bildeten einen Gürtel um die Tropen. Die Ausbreitung Richtung Nord und Süd ist sehr viel langsamer und verläuft von den Tropen aus nur in Richtung der Winterhemisphäre. Der Aerosolgürtel dehnte sich also zunächst vermutlich Richtung Süden aus, bevor im November die Ausbreitung Richtung Norden begann. Einige Monate später erreichten die Aerosole unsere Breitengrade und führten hier zu einer Abkühlung.

Die Abkühlung nach großen Vulkanausbrüchen, wie beispielsweise nach Pinatubo, beträgt global 0,2–0,5 °C. Die verminderte Strahlung führt auch zu verminderter Verdunstung und weniger Niederschlag. Warum regnete es dann im «Jahr ohne Sommer» viel mehr als sonst? Mit dem direkten Einfluss kann es nicht erklärt werden, aber es gibt auch indirekte Einflüsse. Sie sind in Abb. 5 schematisch dargestellt. So kühlen sich die Landmassen schneller und daher stärker ab

Abbildung 4 • Wetterbeobachtungen in Aarau, Juli 1816.[106]

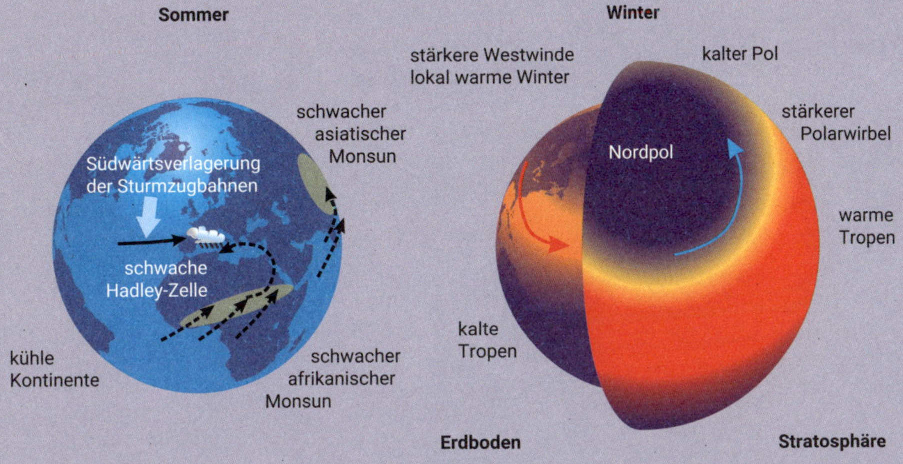

als die Meere. Der Temperaturunterschied zwischen den großen Landmassen und den Ozeanen ist aber der Antrieb der Monsunsysteme, und dieser wird nach Vulkanausbrüchen schwächer. Der indische Sommermonsun und auch der westafrikanische Monsun waren nach dem Tambora-Ausbruch denn auch tatsächlich schwächer (vgl. Kapitel «Das Klima wird global»). Die häufigeren Niederschläge in Mitteleuropa könnten ebenfalls damit zusammenhängen. Der westafrikanische Monsun ist Teil einer erdumspannenden Zirkulationszelle (die sogenannte Hadley-Zelle), zu der auch die Hochdruckgebiete der Subtropen gehören. Eine Abschwächung dieser Zelle kann dazu führen, dass die Tiefdruckgebiete auf einer weiter südlich gelegenen Zugbahn den Atlantik überqueren. Ein Wettersystem nach dem anderen zog über Frankreich und die Schweiz weiter nach Osten.

Indirekte Effekte von Vulkanausbrüchen sind auch im Winter dokumentiert und rühren von der Stratosphäre her (vgl. Kapitel «Ein eisiger Winter»). Vulkanaerosole heizen die Stratosphäre auf, besonders in den Tropen. Der Temperaturunterschied zwischen Tropen und Pol nimmt zu und verstärkt damit den stratosphärischen Polarwirbel, ein stabiles, erdumspannendes Westwindband im Winter über den Mittelbreiten. Diese Verstärkung kann sich nach unten, bis zum Erdboden, fortpflanzen und hier das Wetter verändern. Starke Westwinde können dann in Teilen Europas sogar zu milden Wintern führen.

Abbildung 5 • Indirekte Klimaeffekte von Vulkanausbrüchen.

Aber Vulkane sind nicht nur lehrreich in Bezug auf die Vorgänge im naturwissenschaftlichen Erdsystem, sondern auch in Bezug auf die gesellschaftliche Reaktion. Wie eingangs erwähnt, gilt dies für das «Jahr ohne Sommer» von 1816 ganz besonders. An diesem Beispiel kann die Funktionsweise des Mensch-Umwelt-Systems exemplarisch und detailliert studiert werden. So lernen wir auch im Jahr 2023 noch von einem über 200 Jahre zurückliegenden Ausbruch immer neue Aspekte.

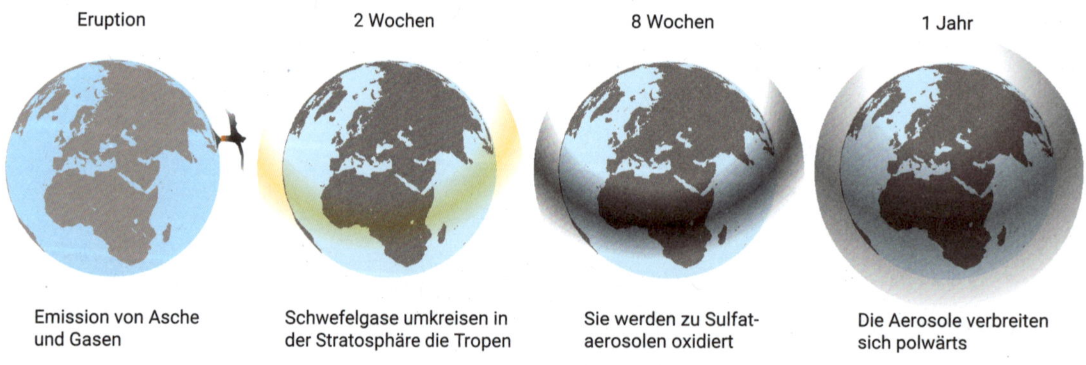

Abbildung 6 • Vom Vulkanausbruch zur globalen Aerosolwolke.

Vulkanausbrüche und Mensch-Umwelt-System

Menschen – Wissenschaftlerinnen und Wissenschaftler eingeschlossen – neigen zu einfachen Erklärungen und zu großen Erzählungen. Das «Jahr ohne Sommer» von 1816 und die darauf folgende Hungersnot aufgrund des Tambora-Ausbruchs ist eine davon. Dieses oft wiederholte Narrativ ist in dieser Einfachheit falsch. Vor allem aber ist es eine verpasste Chance, denn Vulkanausbrüche können tatsächlich helfen, das komplexe Mensch-Umwelt-System besser zu verstehen. Aber dazu müssen Verkürzungen hinterfragt und andere Faktoren einbezogen werden. Abbildung 7 zeigt den Versuch, anhand des Tambora-Ausbruchs und der Situation in der Schweiz 1816/1817 das Mensch-Umwelt-System besser zu begreifen.

Wir beginnen mit dem Ausbruch, links oben (Seite 95). Dieser führt zu einer regionalen bis globalen Abkühlung, die wir auch in Rekonstruktionen finden. Allerdings ist Tambora nicht der einzige Grund. Gleichzeitig war auch die Sonne weniger aktiv als vorher (wenngleich dies nur einen kleinen Effekt hatte), und ein starker Vulkanausbruch wenige Jahre vorher wirkte noch nach. Die enorme Abkühlung in der Schweiz war ebenfalls nicht nur eine Folge der globalen Abkühlung, sondern auch einer abweichenden atmosphärischen Zirkulation. Während ein Teil davon ebenfalls als «indirekter Effekt» des Vulkanausbruchs erklärt werden kann, war auch ganz einfach sehr viel Zufall mit im Spiel. Auch dass aus dem schlechten Wetter eine schlechte Ernte wurde, hat noch weitere Gründe. Hier spielt eine Rolle, was und wo angebaut wurde, aber auch das Vorhandensein von Schädlingen.

Die schlechten Ernten führten zu hohen Preisen, waren aber nicht der einzige Grund dafür. Dies zeigt schon ein Blick auf die räumliche Verteilung der Preissteigerung bis 1817. Diese war in der Ostschweiz viel größer (um 500 %) als beispielsweise in Genf (200 %). Hier spielen die bereits oben erwähnten politischen und wirtschaftlichen Faktoren eine Rolle. Genf als alte Republik war viel erfahrener im Umgang mit

Krisen als die neu geschaffenen Kantone in der Ostschweiz, griff früh in den Markt ein, organisierte Importe und so weiter. Eine von Daniel Krämer gezeichnete Karte der Mangelernährung[109] schließlich spiegelt einerseits die Preissteigerungen, aber auch die ungünstigen Vorbedingungen in den von massiver Arbeitslosigkeit betroffenen Textil-Regionen der Ostschweiz.

In das gleiche Schema lassen sich nun auch die gesellschaftlichen Reaktionen eintragen. Um die Mangelernährung zu bekämpfen, wurden Suppenküchen eingerichtet und Spenden gesammelt, andere suchten die Lösung in Migration. Auch gegen die Preissteigerung wurden Maßnahmen wie Exportverbote, Importe und Marktregulierungen ergriffen. Auch wurde versucht, die Resilienz zu stärken, sodass zukünftige Krisen besser bewältigt werden konnten. So wurde der Ausbau von Passstraßen vorangetrieben, um Import auf diesem Weg zu ermöglichen. Sparkassen wurden gegründet, um Zugang zu Kapital zu ermöglichen. Mit der Gründung mehrerer land- und forstwissenschaftlicher Schulen wurde in Bildung investiert. Diese zielten auch auf Anpassungsmaßnahmen auf der Ebene der Ernten, der Lagerung und des Transports von Getreide. Es gab sogar Maßnahmen, die auf eine Veränderung des Klimas selbst abzielten. Man könnte sie in der heutigen Terminologie als «Mitigation» verstehen. Dazu gehört das Abreißen der Blitzableiter wie oben erwähnt, aber auch Tanzverbote und die Aufforderung zum Beten.

Was lehrt uns dieses Beispiel? Dass die globale Nahrungsmittelversorgung durch einen Vulkanausbruch bedroht werden könnte? Ja, das auch. Aber es zeigt vor allem, dass monokausale Erklärungen zu kurz greifen. Zwar spielte der Vulkanausbruch eine Rolle, aber wir müssen das ganze System verstehen und wir müssen auch die Handlungsoptionen verstehen, und zwar auf jeder Stufe. Denn so wie damals die Schweiz sind auch heute manche Regionen und Länder in einer besonders verletzlichen Situation, sind durch Konflikte betroffen, befinden sich in einer wirtschaftlichen Krise oder in einem politischen Übergang. Ihre Handlungsoptionen sind begrenzt. Eine Klimaabweichung wird sie ungleich stärker treffen als andere. So kann das Studium des «Jahres ohne Sommer» von 1816 durchaus Lehren für die Zukunft bereithalten.

Abbildung 7 • Mensch-Umwelt-System, dargestellt am Beispiel des Tambora-Ausbruchs und der Auswirkungen des «Jahres ohne Sommer» von 1816 auf die Schweiz.[110]

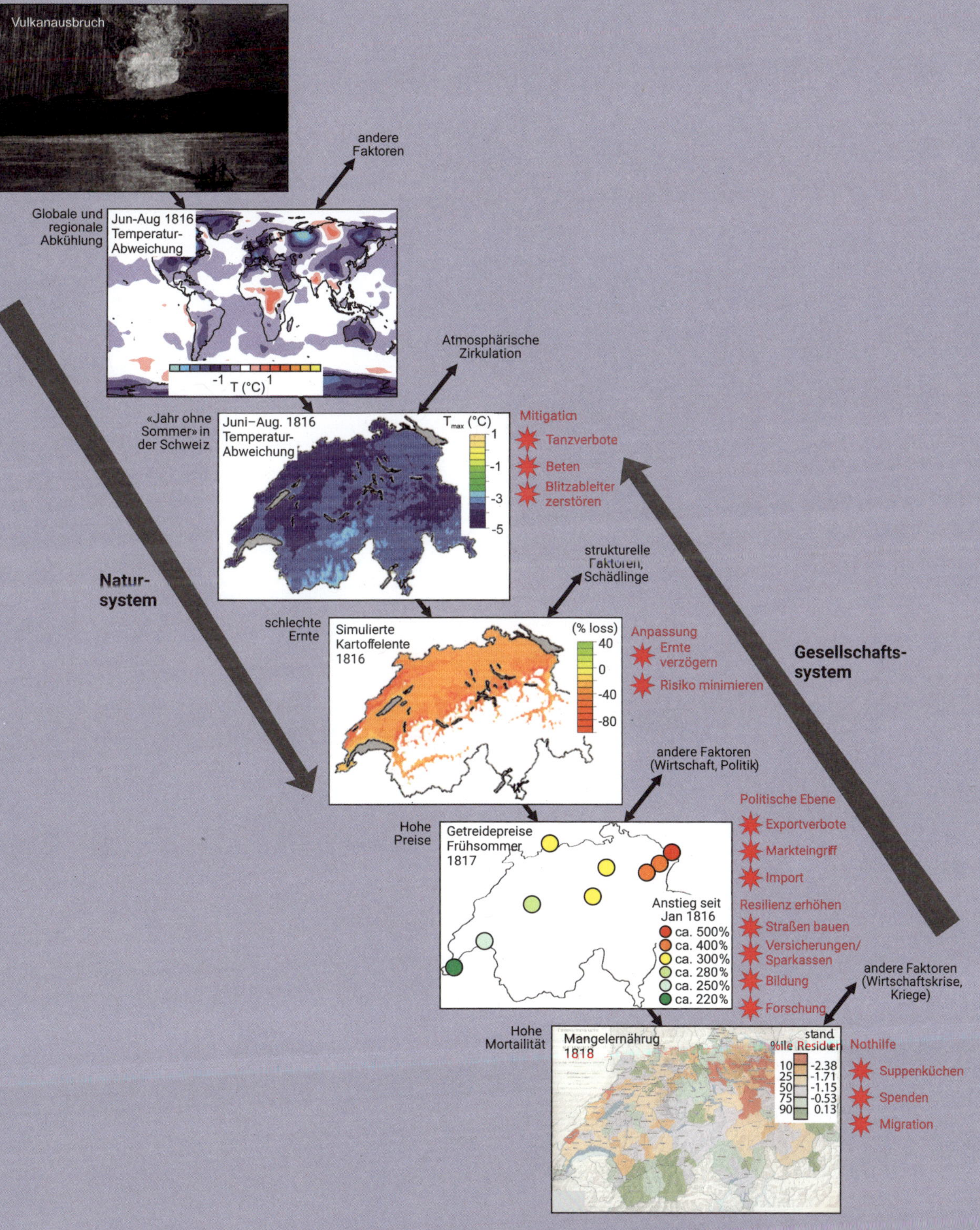

Vulkanausbruch
andere Faktoren
Globale und regionale Abkühlung
Jun-Aug 1816 Temperatur-Abweichung
-1 T (°C) 1
Atmosphärische Zirkulation
«Jahr ohne Sommer» in der Schweiz
Juni–Aug. 1816 Temperatur-Abweichung
T max (°C)
1
-1
-3
-5
Mitigation
Tanzverbote
Beten
Blitzableiter zerstören
strukturelle Faktoren, Schädlinge
Natur-system
schlechte Ernte
Simulierte Kartoffelernte 1816
(% loss)
40
0
-40
-80
Anpassung
Ernte verzögern
Risiko minimieren
Gesellschafts-system
andere Faktoren (Wirtschaft, Politik)
Politische Ebene
Exportverbote
Markteingriff
Import
Hohe Preise
Getreidepreise Frühsommer 1817
Anstieg seit Jan 1816
ca. 500%
ca. 400%
ca. 300%
ca. 280%
ca. 250%
ca. 220%
Resilienz erhöhen
Straßen bauen
Versicherungen/ Sparkassen
Bildung
Forschung
andere Faktoren (Wirtschaftskrise, Kriege)
Hohe Mortalität
Mangelernährung 1818
stand %ile Residuen
10 -2.38
25 -1.71
50 -1.15
75 -0.53
90 0.13
Nothilfe
Suppenküchen
Spenden
Migration

Schallbeobachtung bei dem Geschützfeuer.

Hier treten bei meilenweiten Distanzen Fälle ein, die zur Zeit noch unerörtert sind. Wir [illegible] auf die größten Abweichungen oft bei einem Schalle von gleicher Intensität; hören den Kanonenschuß bisweilen auf 20-30 g. Meilen und noch weiter, dann wieder kaum 1. Meile. Geben wir auch zu, daß ein starker Nebel, eine noch nicht gefrorene Schneedecke auf kurze Distanz den Schall mäßige, so erhalten wir auch bei heiteren windstillen Tagen zuweilen dieselben Resultate. Bis jetzt sind nur jene Extreme, aber nicht die Wahrnehmung im Umkreise des Punktes von wo die Detonation ausgeht, uns bekannt, auch kennen wir nicht die gleichzeitig entgegengesetzten Fälle, der bisher wahrgenommenen Kanonaden. Bei der Artillerie haben zwar in neuester Zeit Beobachtungen über die Wahrnehmung der Explosionen aufsteigender Raketen in einem gewissen Umkreise und verschiedener Entfernung stattgefunden, jedoch zur Nachtzeit ohne Bemerkung der Temperatur, die indeß davon zeugen, wie auch in den höheren Luftschichten so verschiedene Entfernungen bei dieser Wahrnehmung sich ergeben, und daß es nicht die Richtung jenes Schallausgehenden Punktes allein ist, worauf es hierbei ankömmt, so wenig als eine Unterbrechung durch Terraingegenstände.

Aus der Erfahrung ist bekannt, daß Geschütze einst zu Florenz abgefeuert noch 5 ital. Meilen über Livorno hinaus, mithin 13½ d. M., bei der Belagerung von Genua im Jahre 1800 gegen 24 d. M., bei dem Bombardement von Koppenhagen am 2-5 Sept. 1807, sogar in Colberg auf 38 M., sowie auch jenes Feuer der Schlacht von Bautzen am 20 und 21. Mai 1813 zu [illegible], in Schlesien, 17 Meilen weit gehört ward.*)

Dagegen können wir drei Fälle darthun wo große Kanonaden kaum 1. d. M. weit gehört wurden, nämlich jene der Schlacht von [illegible] 1765, der von Liegnitz 1760, und Montereau 1814.

---

*) Erste beiden Angaben sind nach von Hoyer, die 3te eine Mittheilung des Herrn Artillerie-Major Ro[illegible]h, die 4te des Herrn Consistorial-Rath Michaelis.

8. Wetterbeobachtungen und Geschützdonner

Sogar mit Kanonen konnte Alexander von Humboldt Klimatologie betreiben. Dieser kuriose Zusammenhang ist Gegenstand eines ungewöhnlichen Manuskripts der Kollektaneen (Abb. 1). Wer es geschrieben hat, wissen wir nicht. Aber es muss sich um eine Person handeln, die wenigstens zeitweise beim Militär war. Das Manuskript trägt den Titel *Schallbeobachtungen bei dem Geschützfeuer*[111] und beginnt unvermittelt. Wahrscheinlich gab es hierzu ehemals einen Begleitbrief, aus dem sich Näheres über den Schreiber erfahren ließe. In den Kollektaneen ist er nicht zu finden. Humboldt hob in ihnen in der Regel nur das auf, was er für seine Texte und seine Forschungen auswerten konnte. Inhaltlich berichtet der Autor des Manuskripts auf zwei akkurat geschriebenen Seiten über den Lärm, den der Krieg macht. Er behandelt den «zur Zeit noch unerörtert[en]» Umstand, dass «bei einem Schalle von gleicher Intensität» große Abweichungen in der Reichweite seiner Hörbarkeit auftreten. Mal ist «ein Kanonenfeuer […] auf 20 bis 30 geographische Meilen und noch weiter» zu hören, «dann wieder kaum eine Meile.»

Abbildung 1 • Überaus akkurat stellte der Schreiber des Manuskripts *Schallbeobachtungen bei dem Geschützfeuer* die variierende Hörweite von Kanonaden verschiedener Schlachten zusammen. Von wem und wann das Schriftstück verfasst wurde, ist unbekannt.

Um diese extrem voneinander abweichenden Hörreichweiten zu belegen, zählt der unbekannte Autor im Folgenden Schlachten auf, bei denen diese «Erfahrung» gemacht wurde. Es handelt sich um einen Katalog der kriegerischen Auseinandersetzungen des an solchen reichen 18. und 19. Jahrhunderts. Zur Sprache kommt beispielsweise die Belagerung von Genua während des Zweiten Koalitionskrieges. Sie dauerte vom 6. April bis zum 4. Juni 1800 und endete mit der Eroberung der Stadt durch die Österreicher. Die Kanonenschüsse waren, so der Autor, 24 deutsche Meilen zu hören. Setzt man als Referenz die alte deutsche Landmeile an, die auch als preußische Meile bezeichnet wird und die 7532,50 Metern entspricht (nur ein wenig länger als eine geographische Meile, von der der Autor zuerst gesprochen hatte), so war die Kanonade rund 180 Kilometer weit zu hören.

Als nächstes Ereignis, bei dem der Schall besonders weit gehört wurde, wird in dem Manuskript das «Bombardement von Kopenhagen» angeführt. Es fand vom 2. bis 5. September 1807 statt. Mit ihm wollte die britische Royal Navy die Herausgabe des Restes der Flotte des während

der Koalitionskriege neutralen Dänemarks erzwingen und setzte dafür die Stadt unter anderem mithilfe der eben erst entwickelten Congreve'schen Raketen in Brand (Abb. 2). Dänemark galt Großbritannien aufgrund seiner Handelspolitik und seiner Seestreitkraft als gefährlich, weshalb es bereits 1801 zwischen den beiden Ländern zur «Seeschlacht vor Kopenhagen» gekommen war. Über zivile Opfer des Bombardements von 1807 gibt es unterschiedliche Angaben. Sie gehen vermutlich in die Tausende. Die Kanonade soll 38 deutsche Meilen zu hören gewesen sein: sagenhafte 286 Kilometer.

Doch es gab eben auch den erklärungsbedürftigen Umstand, dass bei großen Schlachten in kurzer Entfernung wenig oder überhaupt nichts vom Schlachtengetümmel zu hören war. So beispielsweise bei der für beide Seiten verlustreichen Schlacht von Cassano in der Lombardei am 16. August 1705. König Ludwig XIV traf dort während des spanischen Erbfolgekrieges auf die Haager Allianz, die schlussendlich unterlag. Die Kanonade war «kaum 1 deutsche Meile weit gehört» worden, so der Autor des Manuskripts, der die Angaben über die Akustik der Schlacht wohl aus der Literatur zitiert. Neben weiteren Beispielen kommt er schlussendlich noch auf die Schlacht von Montereau während des Winterfeldzuges der Befreiungskriege am 18. Februar 1815 zu sprechen. Dort trafen französische Truppen, die unter dem persönlichen Befehl Napoleons standen, auf württembergische Truppen, die vom Fürsten Karl Philipp zu Schwarzenberg befehligt wurden. An dieser Schlacht der Befreiungskriege nahm der Autor des Manuskriptes selbst teil und tritt daher als Ohrenzeuge auf. Er beteuert, «ein Feuer von mehr denn 100 Geschützen […] nicht auf 1. Deutsche Meile vernehmlich gehört» zu haben. Und dies, obwohl die Schlacht (bei der 5500 Menschen ihr Leben verloren) «an einem so heiteren, milden, windstillen und so schönen Tage als man in dieser Jahreszeit sich ihn nur wünschen kann» stattgefunden habe. Offenbar ging er davon aus, dass sich Geräusche bei guter Witterung ungehinderter und weiter ausbreiten können als bei schlechter und hatte mit der Vermutung, dass der Zustand der Atmosphäre dabei eine Rolle spielt, gar nicht unrecht.

Abbildung 2 • Der Maler Christian August Lorentzen hielt das Bombardement von Kopenhagen in der Nacht vom 4. auf den 5. September 1807 kurz nach den Ereignissen in dem Bild *Die schrecklichste Nacht* fest.

Das Phänomen der unterschiedlichen Reichweite der Schallausbreitung des Kanonendonners hängt in der Tat mit der unterschiedlichen Brechung des Schalls zusammen, die von der Temperatur der Luft und der Richtung, aus der der Wind weht, abhängig ist. Heute wird dieses Phänomen wie folgt erklärt: Während bei höheren Temperaturen die Schallgeschwindigkeit ansteigt, verringert sie sich umgekehrt bei niedrigeren. Tritt nun der Fall ein, dass die Temperatur in einer höheren Luftschicht niedriger ist als in einer darunterliegenden, so wird der Schall nach oben hin gebrochen, da er sich in der kälteren Luftschicht langsamer fortbewegt als in der wärmeren. Das heißt, dass die Schallwelle nach oben hin abgelenkt wird und die Schallintensität bei bodennahen Schallquellen, wie dies Kanonen sind, sehr schnell abnimmt. Schon nach wenigen Hundert Metern führt dies zu einer akustischen Schattenzone. Im umgekehrten Fall, bei einer Inversionswetterlage, bei der die oberen Luftschichten wärmer als die unteren sind, werden die Schallwellen nach unten hin gebrochen, das heißt, nach unten hin abgelenkt. Treffen sie da auf ein festes Medium wie die Erde, werden sie an diesem Medium mehrfach hintereinander reflektiert und ‹hüpfen› über die Oberfläche, ungefähr so wie ein flacher Stein, der über das Wasser hüpft. Auf diese Weise können sie sich über eine größere Distanz ausbreiten.

Die Reichweite der Hörbarkeit von Schallwellen kann zusätzlich aber auch durch die Richtung beeinflusst werden, aus der der Wind weht. Bei Gegenwind bewegen sich die Schallwellen in Bodennähe schneller als in höheren Luftschichten. Dadurch werden die Schallstrahlen nach oben hin gebrochen und es entsteht der Schallschatten, in dem die Geräusche geringer oder gar nicht zu hören sind. Breiten sich die Schallwellen allerdings mit dem Wind aus, so werden sie genau entgegengesetzt nach unten gebeugt und sind über eine größere Distanz zu hören.

Und schließlich hängt die Distanz der Schallausbreitung noch von der vertikalen Temperaturverteilung und ihrer tagesperiodischen Schwankung ab. Tagsüber verursacht die Erwärmung der Erdoberfläche aufsteigende Luftströme und damit atmosphärische Turbulenzen, die zu einer Streuung der Schallwellen führt. Nachts ist die Atmosphäre homogener, weshalb die Schallwellen weniger gestreut werden, Geräusche weiter zu hören sind und lauter erscheinen. Was der unbekannte Schreiber des Manuskripts über *Schallbeobachtungen bei dem Geschützfeuer* gehört hatte oder nicht, hat demnach mit einer Kombination mikroklimatischer Faktoren zu tun. Mit ihnen befasste sich Humboldt seit seiner Amerikareise. Und um eine Erklärung für das Phänomen der unterschiedlich weiten Schallausbreitung zu finden, nahm er sogar an der experimentellen Grundlagenforschung zur Bestimmung der Schallgeschwindigkeit teil. Auch dabei kamen Kanonen zum Einsatz.

Die Schnelligkeit des Schalls

Die Zeit, zu der das Experiment zur Bestimmung der Geschwindigkeit des Schalls stattfand, lässt sich genau angeben. Es waren die Nächte vom 21. und 22. Juni 1822. Humboldt berichtet über das Ereignis 1853 in seiner Aufsatzsammlung *Kleinere Schriften* in einem Zusatz[112] zu einer ursprünglich am 13. März 1820 in der Pariser Akademie der Wissenschaften gelesenen Abhandlung mit dem Titel *Sur l'Accroissement nocturne de l'Intensité du son*[113] [*Über die nächtliche Verstärkung des Schalls*]. Es ist die Schrift, in der er eine Erklärung für die unterschiedliche Hörweite von Schallwellen gibt, weshalb das Phänomen noch heute als «Humboldt-Effekt» bezeichnet wird. Doch zunächst zur Bestimmung der Schallgeschwindigkeit. Neben Humboldt nahmen an der Messung in jenen beiden Nächten Joseph Louis Gay-Lussac, Alexis Bouvard, François Arago, Claude Louis Mathieu und Gaspard de Prony teil. Den Auftrag für die Bestimmung der Schallgeschwindigkeit hatte das 1795 ursprünglich zur genauen Vermessung von Längengraden gegründete Bureau des Longitudes erteilt. Von wem den Forschern die beiden Kanonen, die bei dem Experiment zum Einsatz kamen, gestellt wurden und wer sie bediente, ist unbekannt. Eine der beiden wurde südlich von Paris in der Ebene von Villejuif aufgestellt. Die andere in etwa 20 Kilometern Entfernung auf dem Hügel von Montlhéry, wahrscheinlich beim Turm der dortigen Burgruine.[114] Die Kanonen wurden wechselseitig abgefeuert und die Dauer gemessen, die zwischen dem Lichtblitz des Mündungsfeuers und dem Eintreffen des Kanonendonners verstrich (Abb. 3).

TABLEAU *des coups correspondans observés à Montlhery et à Ville-Juif, le vendredi 21 juin 1822.* Pages 215-216.

MONTLHERY.							VILLE-JUIF.							DURÉE moyenne de la propag.	ÉTAT MOYEN des instrumens météorologiques.		
			Temps de la propag.	Therm.	Hyg.	Barom.				Durée de la propag.	Therm.	Hyg.	Barom.		Therm.	Hyg.	Barom.
10h. 30′, Coup de 2 livr.	MM. Humboldt. Gay-Lussac. Bouvard.	54″,5	54″,5	+16°,[illegible]	59°	754,9	10h. 25′, Coup de 2 livr.	MM. Prony. Mathieu. Arago.	54″,7 54″,8 55″,0	54″,8	+16°,0	84°	757,3	54″,7	16°,2	71°	756,1
10h. 40′, 3 livres.	Humboldt. Gay-Lussac. Bouvard.	54″,9 .... 55″,0	54″,9	16,5	59°	755,3	10h. 35′, 3 livres.	Prony. Mathieu Arago.	54″,8 55″,2 55″,0	55″,0	15°,9	84°	757,31	55″,0	16°,2	71°	756,3
11h. 0′, 3 livres.	Humboldt. Gay-Lussac. Bouvard.	53″,9	53″,9	16,4	59°	755,6	10h. 55′, 3 livres.	Prony. Mathieu Arago.	54″,6 55″,0 54″,9	54″,8	15°,4	85°	757,31	54″.4	15°,9	72°	756,5
11h. 10′, 2 livres.	Humboldt. Gay-Lussac. Bouvard.	.... 54″,5 54″,7	54″,6	16,3	59°	755,6	11h. 5′, 2 livres.	Prony. Mathieu. Arago.	54″,6 55″,0 54″,6	54″,7	15°,4	85°	757,31	54″,7	15°,8	72°	756,5
11h. 20′, 3 livres.	Humboldt. Gay-Lussac. Bouvard.	54″,3	54″,3	16,3	59°	755,6	11h. 15′, 3 livres.	Prony. Mathieu. Arago.	54″,6 55″,0 55″,0	54″,9	15°,4	86°	757,32	54″,6	15°,8	72°	756,5
11h. 30′, 2 livres.	Humboldt. Gay-Lussac. Bouvard.	54″,5	54″,5	16,3	60°	755,0	11h. 25′, 2 livres.	Prony. Mathieu. Arago.	54″,6 54″,9 54″,8	54″,8	15°,1	87°	757,32	54″,6	15°,7	73°	756,5
11h. 40′, 3 livres.	Humboldt. Gay-Lussac. Bouvard.	54″,1 .... 54″,5	54″,3	16,3	60°	755,6	11h. 35′, 3 livres.	Prony. Mathieu. Arago.	.... 54″,9 54″,8	54″,8	14°,4	89°	757,32	54″,6	15°,4	74°	756,5
Moyennes................			54,43				Moyennes..............			54,81	....	....	.....	54″,6	15°,9	72°	756,4

Abbildung 3 • Im 20. Band der *Annales de chimie et physique* berichtete François Arago über die Experimente zur Schallgeschwindigkeit und gab eine Übersicht der am Mittwoch, den 21. Juni 1822 abgegebenen Kanonenschüsse. Jeweils mit der Angabe der Laufzeit des Schalls und des Zustandes der Atmosphäre, der mit Thermometer, Hygrometer und Barometer bestimmt wurde.

Humboldt und seine Kollegen wussten bereits, dass der Schall sich mit dem Wind schneller fortbewegt als gegen diesen. Aus genau diesem Grund (und weil der Lichtblitz des Mündungsfeuers besser zu sehen war), führten sie das Experiment in möglichst windstillen Nächten durch. Und auch das wechselseitige Abfeuern der Kanone diente dem Zweck der Messgenauigkeit. Sollte sich der Schall nämlich infolge atmosphärischer Einwirkungen in die eine Richtung schneller ausbreiten als in die andere, so konnte dieser Messfehler später rechnerisch eliminiert werden. Die Bestimmung der Schallgeschwindigkeit erfolgte demnach nach der von Humboldt präferierten Methode der Mittelwerte. Als Zeitmesser kamen, wie Arago in seinem Bericht über die Schalexperimente schreibt, mehrere «chronomètres à arrêt»,[115] also Stoppuhren, zum Einsatz, die den

Forschern von den Uhrmachern Abraham-Louis Breguet und dessen Sohn Louis-Antoine Breguet zur Verfügung gestellt wurden. Mit ihnen fanden die Forscher heraus, dass sich der Schall, rechnerisch reduziert auf eine Temperatur von 0 °C, mit 330,90 Metern pro Sekunde fortbewege. «Arago glaubt» schreibt Humboldt, «daß die Grenze der Genauigkeit nicht mehr als 1ᵐ ist.»[116] Sie waren sogar noch genauer: Der heute angegebene Wert der Schallgeschwindigkeit bei 0 °C liegt bei 331,50 Metern in der Sekunde. Humboldt und seine Kollegen waren bis auf 60 Zentimeter genau.

Im Anschluss an die Beschreibung der Experimentalanordnung zur Messung der Schallgeschwindigkeit kommt Humboldt noch darauf zu sprechen, dass keineswegs alle der während der Messung abgegebenen Schüsse auch gehört wurden. In der Ebene von Villejuif, wo Arago, Mathieu und Prony standen, kam zwar der Schall aller Schüsse an, die auf dem Hügel von Montlhéry abgegeben wurden. In umgekehrter Richtung war das aber nicht der Fall. Humboldt wurde damals zum Ohrenzeugen dessen, was der Autor des Manuskripts über *Schallbeobachtungen bei dem Geschützfeuer* geschrieben hatte.

Abbildung 4 • Kanonen für die Wissenschaft. Alexander von Humboldt, Joseph Louis Gay-Lussac und Alexis Bouvard bei den Schallexperimenten im Juni 1822. Holzstich von Karl Storch aus dem Jahr 1904.

Die nächtliche Schallzunahme

Aufgefallen war Humboldt die Zu- und Abnahme der Schallintensität bereits früher und er hatte schon damals eine, wie sich später herausstellen sollte, zutreffende Erklärung für das Phänomen gefunden. Er konnte den später nach ihm benannten «Humboldt-Effekt» allerdings nur qualitativ erklären. Die quantitative Bestimmung der «tagesperiodischen Variation der Schallintensität»[117] unternahm, angeregt durch Humboldt und 100 Jahre nach seinem Tod, der Physiker Hans Ertel. Er bestätigte darin, was Humboldt nur vermutet hatte, nämlich «daß der Extinktionskoeffizient der Schallintensität der Streuung der thermo-konnektiven Temperaturschwankungen direkt proportional ist und somit wie diese ein Maximum am Tage und ein Minimum in der Nacht aufweist».[118] Anders ausgedrückt: Im Verlauf des Tages verändert sich die Schallintensität von Geräuschen in Abhängigkeit von der Temperatur.

In seiner 1820 vor den Mitgliedern der Pariser Akademie der Wissenschaften gelesenen Abhandlung *Über die nächtliche Verstärkung des Schalls*[119] berichtet er, das Phänomen erstmals auf seiner amerikanischen Forschungsreise bemerkt zu haben. Allerdings war er auf diese Wahrnehmung vorbereitet: «Aristoteles hat davon gesprochen in seinen Problemen, Plutarch in seinen Dialogen»,[120] sagt er zu Beginn der Abhandlung. In seinem Reisegepäck hatte Humboldt nicht allein Schreibutensilien und Messgeräte dabei, um die Natur aufzuzeichnen. Seine klassische Bildung, die er als Kind erhalten, nach den Angaben seiner Biografen aber nicht genossen hatte, reiste mit und bestimmte in gewisser Weise das, was er in Amerika sah – und hörte. Entsprechend seinem Wunsch, die Natur möglichst exakt zu vermessen, versuchte er auch, das Gehörte genauer zu bestimmen. Das «Getöse der großen Katarakte des Orinoco in der Ebene [...] ist bei Nacht dreimal stärker als bei Tag»,[121] berichtet Humboldt. Wie er die Vervielfachung des Geräuschpegels der Stromschnellen am Orinoco so präzise angeben konnte, ohne über ein Messgerät für akustische Signale zu verfügen, darüber schweigt er. Solche Geräte und die entsprechenden Einheiten zur Messung der Schallintensität kamen erst zu Beginn des 20. Jahrhundert auf. Das Maß, auf das er sich verlassen musste, war die Sensibilität seines eigenen Körpers. Im Vorfeld der Reise hatte er dessen Leistungsfähigkeit und seine Reaktionen auf die Umwelt gründlich untersucht. Um nur ein Beispiel zu nennen, überprüfte er während seiner Spanienreise systematisch, welche Distanzen er in verschiedenen Laufgeschwindigkeiten in einer bestimmten Zeit zurücklegen konnte und notierte dies 1799 in sein Reisetagebuch. Humboldt wollte auf diese Weise Basislinien zur trigonometrischen Vermessung nicht kartierter Gebiete in Südamerika bestimmen. Im spanischen Reisetagebuch konnte er diese ‹Messungen› sogar quantifizieren. Für die Zunahme der Schallintensität gilt das nicht, eben deshalb, da es kein Maß für sie gab.

Was Humboldt zur Erklärung des Phänomens indes messen konnte, war der Zustand der Atmosphäre, der Luftdruck, die Luftfeuchtigkeit und die Lufttemperatur. Und genau dies machte er in Amerika. Über seine Ergebnisse berichtet Humboldt: «Die Temperatur der Luft im Schatten eines Bombax war 36°,2[C]; in der Sonne aber bei 18 Zoll Höhe über dem Boden 42°,8[C]. Bei Nacht hatte der Sand nur noch 28°[C], er hatte also 14°[C] verloren».[122] Aus diesen Angaben konnte Humboldt die Erklärung des Phänomens der Schallminderung am Tag ableiten: Sie liegt an der hohen und ungleichmäßigen Erwärmung der Erdoberfläche, die in den darüberliegenden Luftschichten zu Dichteinhomogenitäten beziehungsweise Turbulenzen führt, an denen die Schallwellen reflektiert werden. Nachts, wenn sich die Temperatur abkühlt, homogenisiert sich die Atmosphäre hingegen und die Schallwellen können sich dann ungehinderter ausbreiten. Daher, so erklärt es Humboldt in seiner Abhandlung *Über die nächtliche Verstärkung des Schalls*, erscheinen Geräusche in der Nacht lauter als am Tag und sind zudem in der Regel auf weitere Distanzen hörbar.

Ganz unbenommen von dieser Erklärung war für ihn die ästhetische Dimension dieses Erlebnisses. Die dreifache Erhöhung der Schallintensität in der Nacht an den Katarakten des Orinoco «gibt dieser einsamen Örtlichkeit einen unaussprechlichen Reiz»,[123] schreibt er in seiner Abhandlung. Der Genuss der Natur geht bei Humboldt, wie immer, Hand in Hand mit der Erklärung ihrer Gesetzmäßigkeiten. Und weil Humboldt beides mit seinen Leserinnen und Lesern teilen möchte, schreibt er über das Phänomen der tagesperiodischen Schwankung der Schallintensität einen seiner schönsten literarischen Texte. Er trägt den Titel: *Ueber das nächtliche Thierleben im Urwalde.*[124]

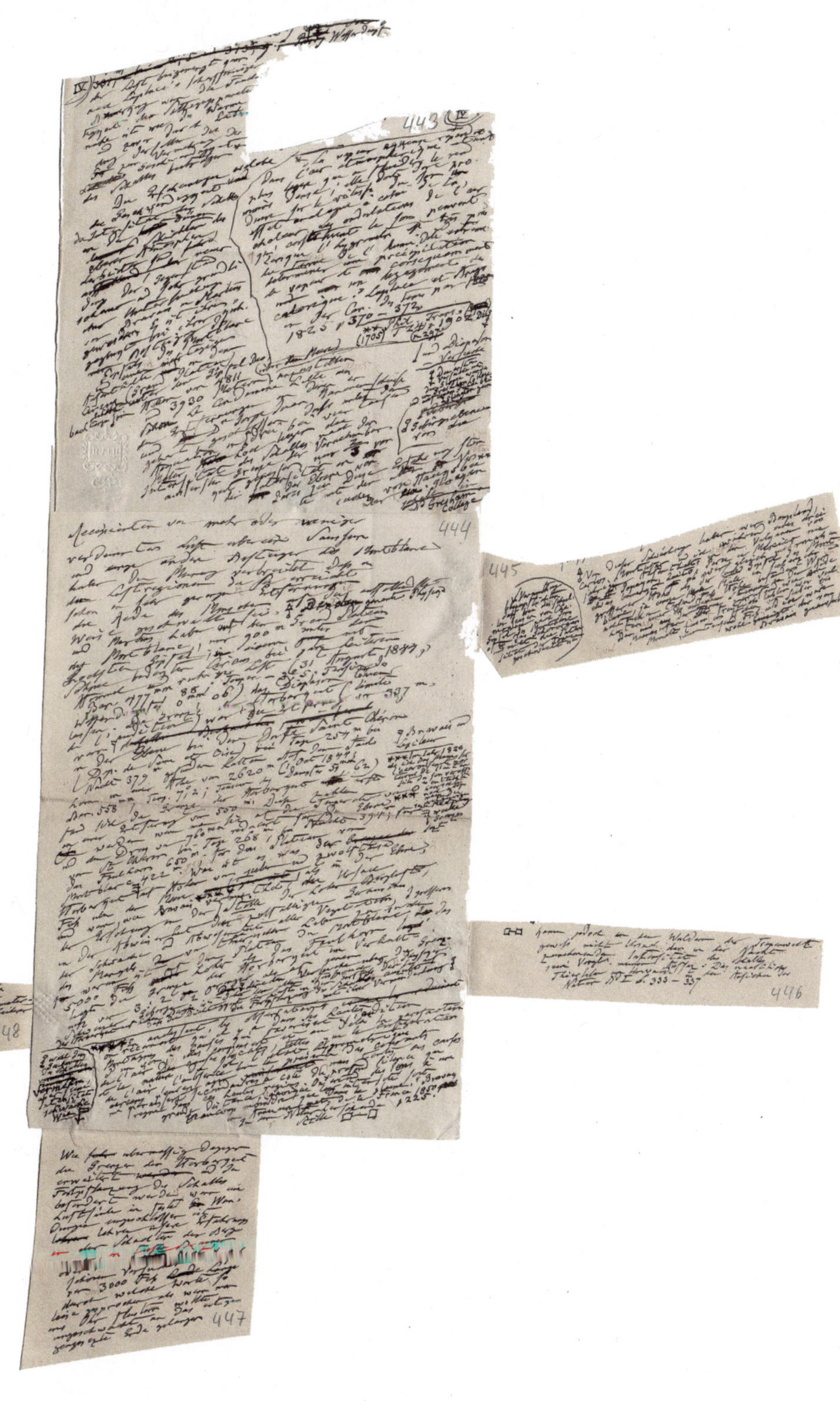

Abbildung 5 • Eine Seite des Manuskripts der 1853 veröffentlichten «Zusätze» zur Abhandlung Ueber die *nächtliche Verstärkung des Schalls*. Auch zur Herstellung von Manuskripten benutzte Humboldt gerne Schere und Klebstoff.

Die Symphonie des Regenwaldes bei Nacht

In «verhängnisschwerer»[125] Zeit, mitten in der deutschen Revolution, kündigt Humboldt seinem Verleger Johann Georg Cotta am 16. September 1848 «zwei nie gedruckte und jetzt erst geschriebene, ziemlich poetische Stücke»[126] für die im Jahr darauf erscheinende dritte und letzte Ausgabe seiner *Ansichten der Natur* an. Eine dieser Arbeiten ist der Aufsatz *Ueber das nächtliche Thierleben im Urwalde*, einer der wie gesagt schönsten, aber auch der merkwürdigsten Texte Humboldts.

Denn dass er über seine Theorie der nächtlichen Zunahme der Schallintensität einen literarischen Text schreibt, ist ungewöhnlich. Wie wollte er es beispielsweise bewerkstelligen, den Geräuschteppich des Regenwaldes in eine klanglose Schrift zu überführen, die die meisten Leserinnen und Leser vermutlich leise und nur für sich selbst gelesen haben? Und, da es um die Verstärkung des Schalls geht, lässt sich weiter fragen, wie er das nächtliche Anschwellen des Geräuschpegels wiedergeben oder zumindest verdeutlichen wollte? Ein, wie es scheint, unmögliches Unterfangen. Merkwürdig ist aber auch, dass er seinen ‹Klangtext› in einer Textsammlung veröffentlichte, die ausgerechnet den Titel *Ansichten der Natur* trägt. Zumal das Sehen bei Humboldt ansonsten der dominante Sinn ist: «Das Auge ist das Organ der Weltanschauung»,[127] schreibt er im ersten Band des *Kosmos*. Doch dieses eine Mal sollte dieser Sinn ausgeblendet und mit dem Gehörsinn getauscht werden. Mit seinem Text *Ueber das nächtliche Thierleben im Urwalde* wollte Humboldt offenbar auch einen Text über die Sinneswahrnehmung an sich schreiben. Einen Text, der zugleich an die Grenzen dessen geht, was sich in der Schrift überhaupt noch ausdrücken lässt.

Wer jedoch erwartet, dass der Text mit den Geräuschen des Tropenwaldes einsetzt, wird enttäuscht. Humboldt tastet sich vielmehr mit Überlegungen zur Diversität der menschlichen Sprache, begrifflichen Erläuterungen und botanischen Betrachtungen über den Urwald sowie zoologische Bemerkungen zur Lebensweise des Jaguars an das Thema heran. Der Text ist ein typisches Beispiel für die Transdisziplinarität von Humboldts Weltwissenschaft: Alles hängt mit allem zusammen, denn am Ende ist auch die Sprache der Menschen nur ein Laut, der durch die Luft übertragen wird und denselben mikroklimatologischen Bedingungen unterworfen ist wie Tierlaute und Kanonendonner.

Auf die einleitenden Erörterungen folgt die eigentliche Erzählung, in deren Mitte die Nacht im Urwald steht. Sie setzt sich aus drei Szenen zusammen, die alle am Orinoco spielen und in denen verschiedene Wahrnehmungsorgane des Menschen Regie führen. Die erste Szene beginnt mit der Anreise am hellen Tag: «Durch den Rio Apure […] gelangten wir, von Westen gegen Osten schiffend, in das Bette des Orinoco.»[128] Noch dominiert der Augensinn die Wahrnehmung: «Die Luft war von zahllosen Flamingos […] und anderen Wasservögeln erfüllt, die, wie ein dunkles in seinen Umrissen stets wechselndes Gewölk, sich von dem blauen Himmelsgewölbe abhoben. […] Der Rand des Waldes bietet einen ungewohnten Anblick dar.»[129] Dann wechselt die Szenerie und, wie es in den Tropen üblich ist, geht plötzlich das Licht aus. Es wird dunkel. Nichts ist mehr zu sehen außer dem Mond und einigen Feuern «mit denen nach der Landessitte jedes Bivouac wegen der Angriffe des Jaguars umgeben wird».[130] Von nun an dominiert das Gehör. Am Anfang herrscht noch «tiefe Ruhe; man hörte nur bisweilen das Schnarchen der Süßwasser-Delphine».[131] Doch dann,

> [n]ach 11 Uhr entstand ein solcher Lärmen im nahen Walde, daß man die übrige Nacht hindurch auf jeden Schlaf verzichten mußte. Wildes Tiergeschrei durchtobte die Forst. Unter den vielen Stimmen, die gleichzeitig ertönten, konnten die Indianer nur die erkennen, welche nach kurzer Pause einzeln gehört wurden. Es waren das einförmig jammernde Geheul der Aluaten (Brüllaffen), der winselnde, fein flötende Ton der kleinen Sapajous, das schnurrende Murren des gestreiften Nachtaffen (Nyctipithecus trivirgatus, den ich zuerst beschrieben habe), das abgesetzte Geschrei des großen Tigers, des Cuguars oder ungemähnten amerikanischen Löwen, des Pecari, des Faultiers und einer Schar von Papageien, Parraquas (Ortaliden) und anderer fasanenartigen Vögel. Wenn die Tiger dem Rande des Waldes nahekamen, suchte unser Hund, der vorher ununterbrochen bellte, heulend Schutz unter den Hängematten. Bisweilen kam das Geschrei des Tigers von der Höhe eines Baumes herab. Es war dann stets von den klagenden Pfeifentönen der Affen begleitet, die der ungewohnten Nachstellung zu entgehen suchten.[132]

Jammerndes Geheul, flötende Töne, schnurrendes Murren und so weiter. Mit Lautmalereien und anderen rhetorischen Mitteln versucht Humboldt zu vermitteln, was er im Tropenwald gehört hat. Die Lautstärke muss sich die Leserin und der Leser dazu denken. Indes sind nicht alle Nächte im Urwald so laut wie die geschilderte. Manchmal sind die Tiere auch ruhiger. Die Indigenen, so Humboldt, führen das gelegentliche Lärmen der Tiere darauf zurück, dass sie sich über die schöne Helle des Vollmondes freuen. Er selbst denkt weniger romantisch an einen fortgesetzten und sich steigernden «Thierkampf».[133] Der «Humboldt-Effekt», den er in seinem Text in ein literarisches Gewand kleidet, dürfte sein Übriges zum Anschwellen der Lautstärke beigetragen haben.

In der letzten Szene ist es wieder hell geworden und Mittag an einem «ungewöhnlich heißen Tage»[134] am Orinoco. In dieser Szene dominiert keiner der beiden Sinne. Auge und Ohr treten gemeinsam als Organe der Weltwahrnehmung auf. Die «Stille», die herrscht, «contrastiert wundersam»[135] mit dem Lärm der Nacht, schreibt Humboldt. Das Thermometer steigt im Schatten auf 40 °Ré, was 50 °C entspricht. Die Hitze wirkt sich auf die Wahrnehmung der Natur aus, sowohl auf das Sehen wie auf das Hören. «Alle fernen Gegenstände hatten wellenförmige Umrisse, eine Folge der Spiegelung oder optischen Kimmung (mirage).»[136] Optische Täuschungen dieser Art, die umgangssprachlich als ‹Fata Morgana› bezeichnet werden, behandelte Humboldt schon in seiner Abhandlung *Ueber die nächtliche Verstärkung des Schalls.* Dort ist zu lesen: «Die Schallwellen theilen sich, wie die Lichtstrahlen sich brechen und überall, wo Luftschichten von ungleicher Dichtigkeit an einander angrenzen, Luftspiegelung bilden.»[137] Die mit den Ohren hörbare Stille und die mit den Augen sichtbare Täuschung verdanken sich bei Humboldt am Ende also denselben mikroklimatologischen Ursachen, der Dichteinhomogenität der Atmosphäre an heißen Tagen.

Am Schluss wird Humboldts Erzählung über die Intensität der Geräusche des Urwaldes ganz leise. Er beschreibt die «schwächsten Töne» der Natur, das bodennahe «Schwirren und Sumsen der Insecten».[138] Bei Humboldt ist die Welt nicht nur sichtbar, sondern zugleich eine vielstimmige Symphonie «vernehmbar dem frommen, empfänglichen Gemüthe des Menschen.»[139] Dass dem so ist, dafür ist am Ende die Atmosphäre verantwortlich: «Die Luft ist die ‹Trägerinn des Schalles›» schreibt Humboldt im ersten Band des *Kosmos.* Damit ist sie aber auch «die Trägerinn der Sprache, der Mittheilung der Ideen [und] der Geselligkeit unter den Völkern. Wäre der Erdball der Atmosphäre beraubt, wie unser Mond, so stellte er sich uns in der Phantasie als eine klanglose Einöde dar.»[140] Die Atmosphäre und ihre Mikroklimatologie sind also die Voraussetzung der Ausbreitung von Erkenntnissen und die Basis der ganzen menschlichen Kultur. Schon deshalb hatte Humboldt zu Beginn seiner Abhandlung *Ueber das nächtliche Thierleben im Urwalde* über die Sprachen der Menschen geschrieben. Bei seinen Überlegungen zur atmosphärischen Akustik ging es von Anfang an um sehr viel mehr als um den Geschützdonner, die Schallgeschwindigkeit und den «Humboldt-Effekt». Es ging in einem umfassenden Sinn um die Seinsbedingungen des Menschen, der immer im Zentrum seiner Klimatologie steht. Atmosphärenphysik und Kultur des Menschen sind bei Humboldt nicht voneinander zu trennen.

Klanglandschaft und Klimawandel

Ohne Atmosphäre keine Akustik, ohne Akustik keine Kultur, so lautet kurz zusammengefasst Humboldts Fazit im *Kosmos*. Neben solch grundlegenden Überlegungen ist der Text *Ueber das nächtliche Thierleben im Urwalde* aber auch der Versuch, die Klanglandschaft eines Ökosystems unter sich wandelnden klimatologischen Bedingungen zu dokumentieren. Das macht Humboldt zu einem frühen Vertreter der sogenannten Soundscape-Ecology. Allerdings mit der bereits genannten Einschränkung, dass er keine Geräte hatte, die Geräusche der Natur aufzuzeichnen. Diese technischen Voraussetzungen sind heute gegeben und werden von Forscherinnen und Forschern wie auch von Künstlerinnen und Künstlern genutzt, um die Akustik der Umwelt zu dokumentieren und zu erforschen. Im Fokus der gegen Ende der 1970er-Jahre aufkommenden Disziplin der Soundscape-Ecology stehen die akustischen Beziehungen zwischen menschlichen und tierischen Organismen und der sie umgebenden Umwelt. Ein Ziel der Forschung ist es, die Einflüsse von menschenverursachten Geräuschen auf das Verhalten von Tieren zu untersuchen und, daraus abgeleitet, den Zustand von Ökosystemen anhand ihrer Klangsignatur zu bestimmen. Ein weiteres Ziel der Soundscape-Ecology besteht darin, Klanglandschaften zu erhalten, die für den Fortbestand bedrohter Wildtiere unabdingbar sind.

Am Berliner Museum für Naturkunde werden derzeit die Bestände des 1951 von Günter Tembrock gegründeten Tierstimmenarchivs für ein bioakustisches Monitoring vorbereitet. Die archivierten Tierstimmen werden in eine digitale Referenzdatenbank überführt, die mittels eines Computerprogramms mit Audioaufnahmen abgeglichen werden, die in Städten oder in der freien Natur aufgenommen wurden. Auf diese Weise lässt sich feststellen, welche Arten in dem jeweils untersuchten Raum vorkommen, wie sich die Artenvielfalt entwickelt und in welchem Zustand sich das jeweilige Ökosystem befindet. Mit der Methode des bioakustischen Monitorings wird unter anderem die Absicht verbunden, Wanderbewegungen von Tieren infolge des Klimawandels genauer bestimmen zu können. Damit macht die Soundscape-Ecology darauf aufmerksam, dass sich durch den Klimawandel nicht nur die Temperaturen verändern werden, sondern sich unsere Umwelt zukünftig anders anhören wird, als wir es zurzeit gewohnt sind. Die Aufzeichnungen der Soundscape-Ecology haben damit auch eine dokumentarische Funktion. Sie konservieren Klanglandschaften, die wegen des Klimawandels im Verschwinden begriffen sind.

Daneben knüpft die Soundscape-Ecology in einem anderen Punkt an Humboldts Überlegungen zur Akustik an: In seiner Schilderung der nächtlichen Klanglandschaft am Orinoco ging es ihm nicht nur um die wissenschaftliche Dimension eines Naturphänomens, sondern auch um deren Ästhetik. Auf diesen Spuren wandeln Forscherinnen und Forscher wie der australische Designer und Klangkünstler Philip Samartzis, der 2019 drei Wochen lang Audioaufnahmen in den Berner Alpen anfertigte, um den Klimawandel hörbar zu machen. Die Aufnahmen kommen in der universitären Lehre, in Ausstellungen und Hörfunkpublikationen zum Einsatz, um die Menschen auf die Auswirkungen des Klimawandels hinzuweisen und sie für die Reichweite dieser Problematik zu sensibilisieren.

1

Mittlere Temperaturen [illegible]

Ort	Jahr	Jan.	Febr	März	April	Mai	Jun.	Jul	Aug	Septb	Octb	Novb	Decb	Beobachter
[illegible]	......	22,2	24,3	31,6	33,3	32,8	32,0	28,7	26,9	28,5	29,6	26,5	21,4	[illegible] Jahr; Denham
Trinconomalee, Ceylon	27,59	26,3	25,9	27,4	28,9	28,9	27,6	29,1	28,4	28,0	27,1	26,6	26,8	2 Jahr } Brewster Journ. of Sc. V, 141. [illegible]
Colombo, ibid.	27,35	26,1	26,7	27,7	28,3	28,4	27,6	27,6	27,1	27,3	26,3	27,1	......	1 Jahr } [illegible]
Calcutta	26,27	19,2	23,8	26,7	29,3	30,0	28,4	28,4	28,3	28,2	28,2	24,3	20,3	2 Jahr, Trail.
Jamaica	26,13	24,5	24,5	24,8	25,7	26,7	27,2	27,6	27,5	27,3	26,6	26,2	25,0	5 J. Lindsay. [illegible]
Seringapatam	23,10	21,6	24,5	27,1	29,0	29,4	26,1	23,8	23,2	24,8	22,1	22,4	22,2	2 J. Scarmann
Rom	15,48	7,8	8,5	10,8	13,7	17,8	21,2	23,6	22,7	20,8	16,6	12,0	8,9	17 J. Calandrelli.
Padua	11,89	0,9	4,9	7,0	11,6	16,5	21,8	24,5	22,1	19,5	12,2	6,8	2,3	8 J. Toaldo.
Turin	11,68	0,2	2,7	6,7	11,4	16,2	20,2	22,4	22,5	18,2	12,7	5,9	1,1	20 J. Bonin und Vassali-Eandi.
Ofen	10,53	-1,9	0,5	3,7	10,0	18,1	20,1	21,7	21,7	17,1	10,6	4,6	0,1	17 [illegible] 9 J. Weiss ([illegible]) 8 J. Pasquich (Wahlenberg)
Lancaster, Engl.	9,52	2,2	3,8	5,4	8,8	12,0	14,9	15,1	15,9	13,7	9,9	6,9	3,8	6 J. Heaton.
Middelburg	9,30	2,5	2,0	3,6	8,3	12,1	15,6	18,1	17,0	15,3	9,9	4,6	0,2	[illegible] 6 J. van de Perre.
Fort George, NW. America	9,29	2,2	5,6	6,9	8,9	11,5	14,6	15,4	16,4	15,0	13,2	8,3	3,6	2 J. Scouter, [illegible] Mittel
[illegible]-Castle, 56°23'	8,00	1,6	3,4	4,2	6,8	9,5	13,1	14,8	13,8	12,0	8,3	5,6	2,8	7 J. Annals of philos. und Philos. Magazine.
Christiania	5,33	-4,1	-3,5	-1,1	3,1	8,9	14,3	17,1	15,9	11,2	5,2	0,1	-3,0	12 J. v. Buch, Esmarn, Hansteen
St. Bernhard	-0,45	-8,2	-7,2	-5,4	-4,9	2,4	4,3	7,6	7,7	4,4	0,3	-3,8	-5,7	3 J. Bibliotheque universelle.

Die obigen Mittel sind mit Hülfe der Beobachtungen in Padua und Leith auf wahre Mittel reducirt.

?

L. F. Kämtz

9. Das Klima wird global

Vor uns liegt ein großes Blatt mit einer handschriftlichen Tabelle: Titel, Kopfzeile, 16 Zeilen mit jeweils 14 Spalten, eine Kommentarzeile. Tabelliert sind langjährige Mittelwerte der Temperatur für 16 Orte. Die Spalten enthalten die Stationsnamen, die Jahresmittelwerte sowie die Mittelwerte für jeden Kalendermonat. Die letzte Spalte enthält Kommentare zu den Datenquellen und den Beobachtern in knapper Form. So wie in diesem Beispiel wurden im 18. und 19. Jahrhundert Klimadaten ausgetauscht, als Tabellen in der persönlichen Korrespondenz oder in Fachzeitschriften. So landete auch das mit L.F. Kämtz unterzeichnete Blatt 1828 auf Humboldts Schreibtisch. Auffällig ist in dieser Tabelle, dass die 16 aufgelisteten Messreihen aus ganz verschiedenen Regionen der Erde stammen. Es sind Stationen aus tropischen und subtropischen Gegenden verzeichnet, aus Nordamerika und Europa. Hier wird das Klima global und trifft damit das Interesse Humboldts, der schon elf Jahre vorher, in seiner Schrift zu den isothermen Linien (vgl. Kapitel «Klimawissen im Entwurf»), die globale Sicht auf das Klima skizziert hatte. Aber wann und wie wurde das Klima global? Anhand der vorliegenden Tabelle kann dieses Thema erläutert werden.

Abbildung 1 • Kämtz, Ludwig Friedrich: «Mittlere Temperaturen in Graden des hundertheiligen Thermometers» (1828).

Die Temperaturmessung ist eine europäische Erfindung. Zwar wurden bereits Ende des 17. Jahrhunderts Thermometer auch auf Überseereisen mitgenommen: nach Afrika, Jamaika, Kanada und China. Hier wurde dann ein paar Monate oder vielleicht ein Jahr gemessen. Von einer globalen Sicht war man aber noch sehr weit entfernt, ja es bestand noch nicht einmal eine europäische Sicht auf das Klima. Diese entwickelte sich erst langsam im Verlauf des 18. Jahrhunderts, indem Wissenschaftler Messungen von verschiedenen Orten zusammentrugen, verglichen und in Fachzeitschriften publizierten (vgl. Kapitel «Klimareihen als Spiegel von Geschichte und Geschichten»). Aber im Zeitalter des Kolonialismus war es nur eine Frage der Zeit, bis auch in entlegenen Regionen systematische Messungen begonnen.

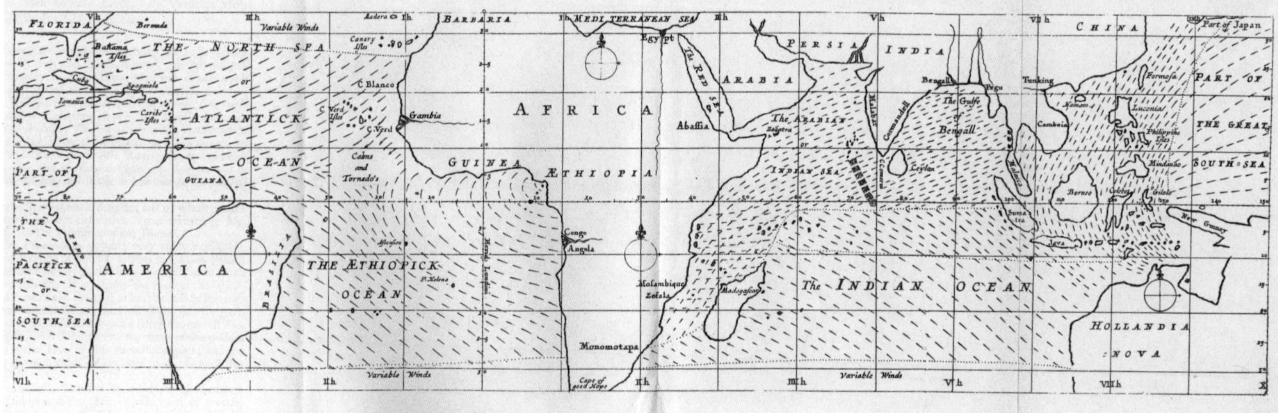

Globale Seefahrt

Vorerst war es aber bezeichnenderweise die Seefahrt, welche eine globale Sicht auf das Klima vorlegte. Die Karte der Passatwinde von Edmond Halley aus dem Jahr 1686 (Abb. 2) stellt die erste globale Klimakarte dar.[141] Interessant, wie hier die Innertropische Konvergenzzone und auch die Monsune gut zu erkennen sind. Winde waren selbstredend relevant für die Seefahrt und den Welthandel und damit für die aufstrebenden Kolonialmächte ebenso wie für die aufstrebenden Wissenschaften. Winde wurden beobachtet und aufgeschrieben. Etwas anderes als Winde konnte aber nicht global dargestellt werden, schon gar nicht über Land.

Im Bereich der koordinierten Wetterbeobachtung war die Welt der Seefahrt der landgestützten Beobachtung voraus, und das blieb auch durch das 19. Jahrhundert hindurch so. Doch wurden auch meteorologische Messreihen an Land immer zahlreicher. In der zweiten Hälfte des 18. Jahrhunderts kamen erste dauerhafte Reihen aus Nordamerika dazu, jedoch erst noch zögerlich und lückenhaft.

Messungen wurden im Übrigen auch von außereuropäischen Kulturen vorgenommen. Eine besonders lange Messreihe liegt beispielsweise aus Seoul (Südkorea) vor, sie umfasst tägliche Niederschlagsmessungen seit 1777. In China wurde sogar seit 1736 Schneehöhe sowie die Niederschlagsinfiltration in den Boden gemessen, da diese Information zur Bestimmung der Steuerabgaben verwendet wurde. In Europa waren diese Daten zu Humboldts Zeiten allerdings unbekannt oder wurden nicht zur Kenntnis genommen. Sie sind auch heute schwer greifbar.

Aus europäischer Sicht erfolgte ein erster Schritt zu einer globalen Sicht mit der Mannheimer Gesellschaft, der «Societas Meteorologica Palatina».[142] Diese 1780 durch Kurfürst Karl Theodor initiierte Gesellschaft betrieb von 1781 bis 1792 ein Messnetz mit weitgehend standardisierten Instrumenten und Beobachtungsvorschriften. Die Beobachter erhielten die Instrumente von der Gesellschaft, was ihre Motivation erhöhte. Die Gesellschaft sammelte und publizierte die Daten. Mit Stationen in Europa (eine Station in der Nähe von Jekaterinburg (Russland) lag auf der Grenzlinie zu Asien), einer Station in Grönland und einer in

Abbildung 2 • Karte der Passatwinde von Edmond Halley (1686).

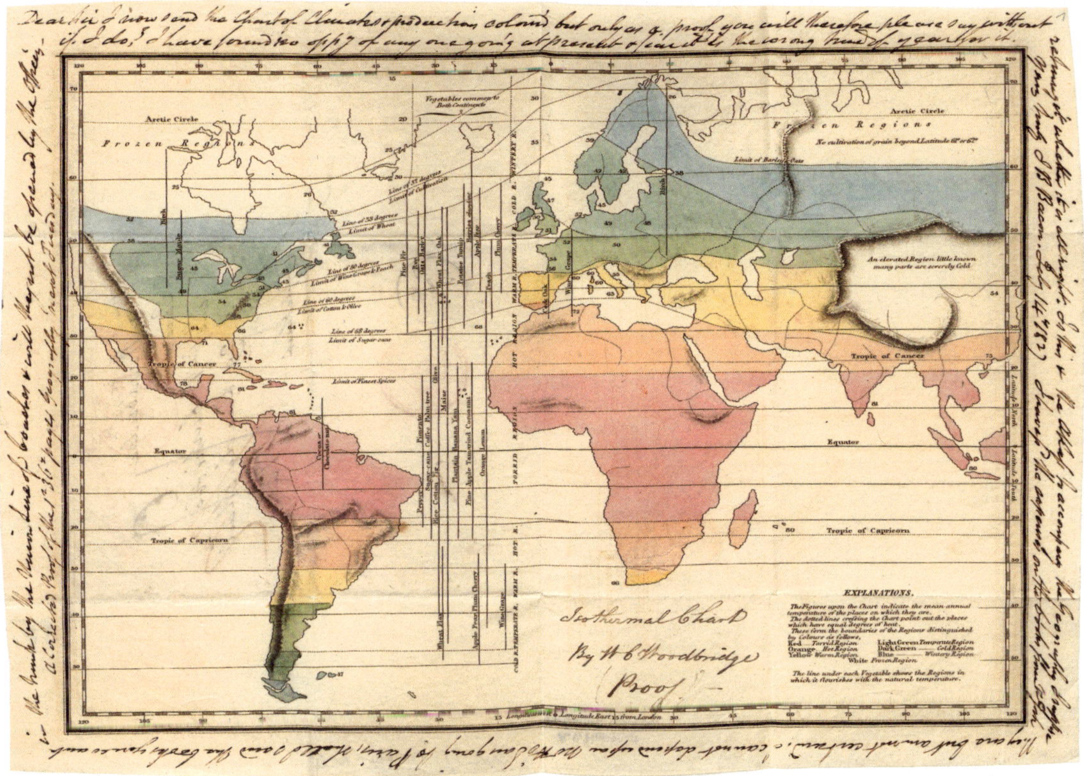

Abbildung 3 • Woodbridges Isothermenkarte, hier in einer Entwurfsfassung, die in Humboldts Kollektaneen zu finden ist. Umlaufend auf dem Rand findet sich ein Brief von Joshua Butters Bacon an William Channing Woodbridge vom 18. Februar 1827.

Nordamerika hatte das Netz sogar eine interkontinentale Erstreckung. Die Gesellschaft war mit dem Sammeln und Drucken der Daten allerdings bereits vollauf beschäftigt, sodass damals kaum Analysen der Daten publiziert wurden. Humboldt und andere Zeitgenossen stützten sich bei ihren Analysen dann aber stark auf die Daten der «Societas Meteorologica Palatina». Vier der in der Tabelle aufgelisteten Reihen waren Teil dieses Netzwerkes.

Im Palatina-Netzwerk fehlten immer noch die Tropen und Subtropen und die gesamte Südhalbkugel. Humboldt sammelte auch Daten aus diesen Regionen und versuchte, zu einem vollständigeren Bild zu gelangen, davon zeugt die Tabelle von Kämtz (Abb. 1). Diese 16 Reihen zeigen zwar nur einen kleinen Ausschnitt der verfügbaren Daten. Humboldt konnte auf vielleicht 100–200 weitere Reihen zurückgreifen. Aber das allein reicht nicht, um eine globale Temperaturkarte zu zeichnen. Es braucht dazu vor allem eine Idee, eine Vorstellung des globalen Klimas. Mit seiner skizzenhaften Karte der isothermen Linien zeigte Humboldt den Weg zu einer globalen Klimasicht über das Sammeln von Daten. Diese Intuition ebnete den Weg für andere, Klimadaten zusammenzutragen und in das nun skizzierte Gefüge (kartografisch erstmals 1823 durch den Amerikaner William Woodbridge ausgeführt, Abb. 3) einzuordnen. Weitere Sammler folgten bald auf Humboldts Pfad, so Heinrich Berghaus, der für Humboldts

Kosmos in den 1840er-Jahren einen Atlas anfertigte. Ein besonders eifriger Sammler war auch Kämtz, der Autor der dargestellten Tabelle. Schlüsselfiguren in den USA waren James Espy und Matthew Maury. Maurys Sammlung von Schifflogbüchern stellt einen Kernbestandteil des heutigen globalen marinen Wetterdatensatzes «International Comprehensive Ocean Atmosphere Data Set» (ICOADS) dar, der weltweite Schiffswetterbeobachtungen zusammenfasst.

Trotz immer mehr Daten war das Ziel, eine globale Temperaturkarte zu erstellen, ein schier unmögliches Unterfangen. Sogar heute stellt uns die Aufgabe, aus wenigen Messpunkten eine globale Klimakarte zu zeichnen, vor große Herausforderungen. Außerhalb Europas gab es damals nur Bruchstücke von Messreihen, wie sie in der Tabelle gelistet sind. Man musste also mit sehr kurzen Reihen Vorlieb nehmen. Genau darin lag Humboldts Stärke. Bezeichnend dazu ist eine Bemerkung in seinem Beitrag zu isothermen Linien, in welchem er feststellt, dass die Temperatur des Monats Oktober der Jahresmitteltemperatur am nächsten komme und daher für Reihen, die kürzer sind als ein Jahr, als Schätzung des Jahresmittels herangezogen werden könne. Humboldt konnte das nur ahnen – heute können wir das anhand von meteorologischen Daten überprüfen und stellen fest, dass Humboldt recht hatte (Abb. 4).

Abbildung 4 • Differenz zwischen der langjährigen Monatsmitteltemperatur und der langjährigen Jahresmitteltemperatur. Am kleinsten sind die Unterschiede im Oktober.

Herkunft der Klimamessreihen

Das Zeichnen einer Temperaturkarte aufgrund von teils bruchstückhaften Stationsdaten, wie sie in der Tabelle gezeigt werden, ist nur ein Teil der Antwort auf die Frage, wie das Klima global wurde. Ebenso können wir, ausgehend von der Tabelle, den Blick zurückwenden und den darin tabellierten Daten nachspüren. Davon handelt die zweite Hälfte dieses Kapitels. Die Tabelle ist unterzeichnet mit L. F. Kämtz. Ludwig Friedrich Kämtz war damals außerordentlicher (später ordentlicher) Professor in Halle und bereits damals einer der führenden Klimatologen. Er sammelte Klimadaten und stellte sie unter anderem in seinem *Lehrbuch der Meteorologie* (Halle, ab 1831) zusammen. Aus dieser Zeit stammt die Tabelle. Auf seine Zusammenstellung griffen später viele Autoren wie Heinrich Wilhelm Dove zurück. Kämtz zog 1842 nach Dorpat (Tartu), später nach St. Petersburg.

Die Zusammenstellung startet mit einer Reihe aus Kouka (Kukawa, Abb. 5) in der Nähe des Tschadsees (heute Nigeria). Die Stadt wurde 1814 als Residenzstadt des Bornu-Reichs gegründet, das später durch die Reisen von Heinrich Barth in Europa bekannt wurde.[143] Die hier abgedruckten Messungen wurden durch Dixon Denham angestellt, der mit Hugh Clapperton und

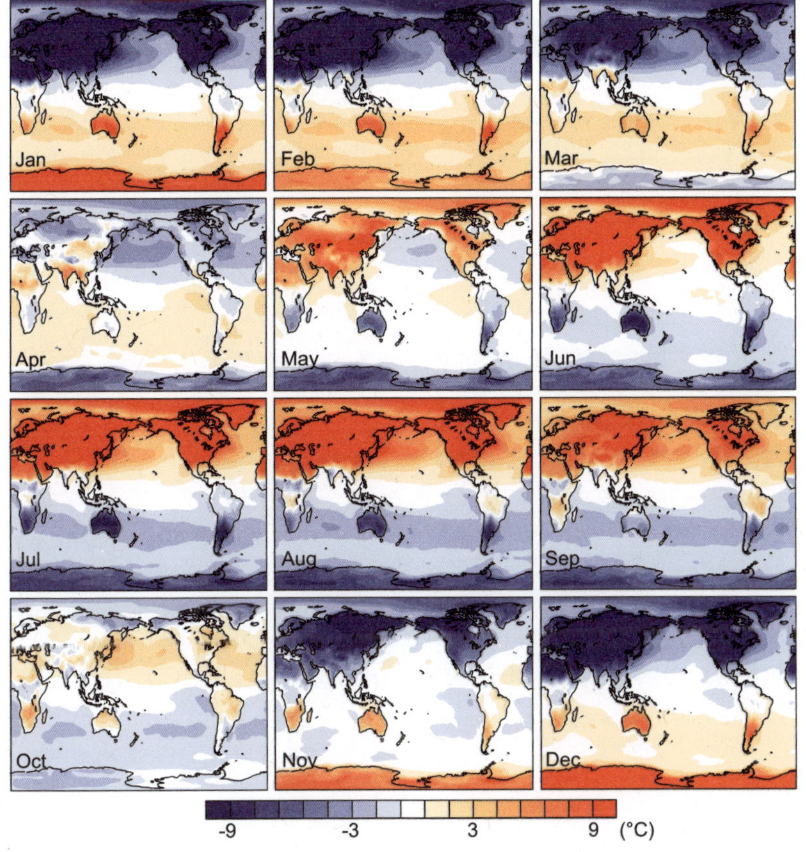

Walter Oudney im Auftrag der Britischen Regierung Zentralafrika bereiste.[144] Diese europäischen Expeditionen hatten neben wissenschaftlichen Zielen auch immer die Rolle des Wegbereiters. Denham wie Barth hatten den Auftrag, Handelsverträge abzuschließen und Handelsrouten zu erkunden. Auch Information über die politische Situation und Machtverhältnisse war wichtig. Auf diese Weise wurde die spätere Kolonisierung Afrikas vorbereitet, die um 1880 in den «Wettlauf um Afrika» mündete (während gleichzeitig die Bekämpfung des Sklavenhandels ein erklärtes Ziel mancher Expedition war). Zwischen Februar 1823 und September 1824 hielt sich Denhams Expedition in der Region um den Tschadsee auf. Denham publizierte die Messungen in seinen Reiseschilderungen. Meteorologische Messungen aus Afrika aus dieser Zeit sind generell selten. Die wenigen vorhandenen Messungen stammen aus europäischen Kolonien und Stützpunkten wie Sierra Leone (Portugal), Christiansborg/Accra (Dänemark), Südafrika (Niederlande, dann England), europäischen Handelsniederlassungen wie in Tripolis (Osmanisches Reich), von Missionaren (Malawi) oder Afrikareisenden (Uganda), aus den um Afrika

liegenden, europäisch beherrschten Inseln (Mauritius, Ascension, St. Helena) und ab den 1830er-Jahren, nach dem Vordringen der Franzosen, aus Algerien.[145] Aus dem Inneren des Kontinents gab es zur Zeit von Kämtz nur diese eine Reihe sowie Messungen derselben Expedition an weiteren Orten. Für Kämtz und Humboldt war diese Reihe trotz ihrer Kürze daher eine sehr wichtige Informationsquelle.

Die zweite und dritte Reihe geben Temperaturen auf Sri Lanka wieder, und zwar aus Trinconomalee (heute Trincomalee) und Colombo. Kämtz gibt als Quelle der beiden Reihen das «Brewster Journ. of Sc. V, 141» an (eigentlich das *Edinburgh Journal of Science*, dessen Redakteur David Brewster war). Im zitierten Artikel beschreibt ein gewisser Mr. Foggo (vermutlich John Foggo, junior) die beiden Temperaturreihen. Die Länge der Reihe von Trinconomalee beträgt drei Jahre (1809, 1810 und 1812). Publiziert sind im Artikel ebenfalls nur die gemittelten Beobachtungen über alle drei Jahre, wie auf der vorliegenden Tabelle. Es wurde dreimal täglich Temperatur gemessen (Sonnenaufgang, 3 Uhr nachmittags und 9 Uhr abends), und zwar auf Fort Frederick, dem alten portugiesischen Fort. Beobachter war Henry Marshall, Arzt in Diensten der britischen Kolonialmacht und ab 1809 in Ceylon stationiert. Marshall gilt als Begründer der militärischen Medizin-Statistik; möglicherweise hat er die Messungen im Zusammenhang mit gesundheitlichen Aspekten durchgeführt (vgl. Kapitel «Macht das Klima krank? Eine Klimareihe aus Veracruz»). Marshall war Fellow der «Royal Society of Edinburgh», einer der wichtigsten Gelehrtenvereinigungen Großbritanniens. So fanden die Messungen relativ rasch den Weg in die Wissenschaft. Die Messungen wurden nach 1813 nicht fortgesetzt und es gibt auch keine spätere Reihe. Allerdings war ab 1819 ein britisches Schiff im Hafen stationiert, von welchem aus möglicherweise auch meteorologische Beobachtungen durchgeführt wurden.

Die Reihe von Colombo ist sogar nur elf Monate lang (Jan.–Nov. 1812), gemessen wurde dreimal täglich (6 morgens, 3 Uhr nachmittags und 9 Uhr abends), der Beobachter ist unbekannt. Nicht aufgenommen aus diesem Artikel hat Kämtz eine dritte, noch kürzere Reihe aus Point de Galle (Galle) von März bis November 1812. Alle Daten aus Sri Lanka wurden durch einen gewissen Henry Harvey an Foggo übermittelt.

Abbildung 5 • Kukawa im 19. Jahrhundert, dargestellt nach einer Skizze von Heinrich Barth.

Es folgt ein Eintrag zu Kalkutta. Indien war im 18. Jahrhundert durch die «British East India Company» schrittweise erobert worden, danach übernahm die Britische Krone ebenso schrittweise die Verwaltung. Kalkutta war Ende des 17. Jahrhunderts durch die «British East India Company» durch Errichten einer Festung und Zusammenlegen mehrerer Dörfer (mit einer 2000-jährigen Siedlungsgeschichte) gegründet worden und blieb bis ins 20. Jahrhundert das Zentrum Britischer Aktivitäten in Indien. Laut Kämtz lagen aus Kalkutta zwei Jahre Messungen des Beobachters Trail vor. Hier handelt es sich um Henry Trail, der vom 1. Februar 1784 bis 31. Dezember 1785 in Kalkutta dreimal täglich Messungen durchführte (übrigens nicht die ersten Temperaturmessungen in Kalkutta; bereits 1727 und 1730 wurden Messungen durchgeführt). Trail war Kassier des «Asiatic Society», einer 1784 nach dem Vorbild der «Royal Society» gegründeten wissenschaftlichen Gesellschaft in Kalkutta. Trails Daten wurden denn auch 1799 in den *Asiatic Researches*, der Zeitschrift der Gesellschaft, in extenso publiziert. Die Messungen fanden schnell Verbreitung und wurden von Kämtz und Humboldts Zeitgenossen oft verwendet. Aus Kalkutta existiert eine Temperaturmessreihe ab 1816 bis heute; es ist somit eine der längsten Reihen auf dem indischen Subkontinent. Nur die Reihe von Madras (heute Chennai), welche ununterbrochen bis 1796 zurückreicht (der Niederschlag sogar bis 1792), ist länger. In Madras betrieb die «British East India Company» ein Observatorium.

Um die Zeit, in welcher Kämtz diese Tabelle zusammenstellte, vervielfachte sich die Anzahl der meteorologischen Messtationen in Indien. Allerdings handelt es sich meist auch nur um kurze Reihen von wenigen Jahren Länge. Die in Zeile sechs gelistete Reihe aus Seringapatam, Indien, ist ein Beispiel dafür. Kämtz verfügte über Messungen aus zwei Jahren, der Beobachter war ein Mr. Scarman. Die Quelle ist nicht angegeben, aber in derselben Ausgabe des *Edinburgh Journal of Science* wie oben beschrieben (Vol. 5, 249–258) findet sich auch ein Artikel von John Foggo junior über diese Messreihe. Möglicherweise hatte Kämtz sie auch aus dieser Quelle. Beobachtet wurde bei Sonnenaufgang (6 Uhr morgens) sowie am Nachmittag. Die Messungen decken die beiden Jahre 1814 und 1816 ab, in letzterem Jahr wurde auch ein Barometer verwendet. Im Artikel sind die Monatswerte einzeln tabelliert.

Interessant ist schließlich auch der fünfte Eintrag «Jamaica». Kämtz kannte offenbar den

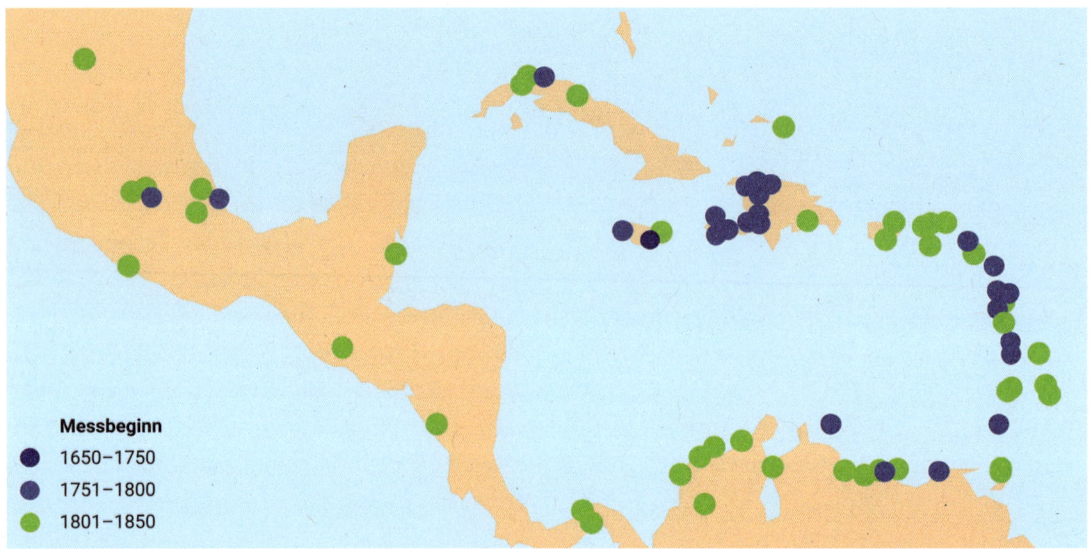

genauen Ort nicht und schrieb in den Bemerkungen «? zu Kingston?». Der Beobachter, dem Kämtz 5 Jahre Messungen verdankte, war John Lindsay. Es handelt sich dabei um Messungen von 1786–1790 aus seinem meteorologischen Tagebuch, welches in Form von Monatswerten posthum im *Edinburgh New Philosophical Journal* 1827 veröffentlicht wurde. John Lindsay war ein bekannter Arzt und Botaniker und lebte von 1750 bis 1803. Er gehörte der «Royal Society of Edinburgh» an und korrespondierte mit führenden Figuren seiner Zeit, wie dem Präsidenten der «Royal Society», Joseph Banks. Lindsay gilt als bedeutender Erforscher der Farngewächse; er erkannte als Erster, dass sich Farne über Sporen vermehren. In seinen Schriften wie auch dem Mitgliederverzeichnis der «Royal Society of Edinburgh» wird als Adresse «Westmoreland, Jamaica» angegeben. Vermutlich lebte er in Savanna-la-Mar, dem größten Ort in Westmoreland, wo er auch starb. Kämtz' Zweifel am Ort der Beobachtung waren also begründet, denn Savanna-la-Mar liegt am entgegengesetzten Ende der Insel, ca. 150 km von Kingston entfernt.

Lindsays Reihe schließt damit nahtlos an diejenige des Plantagenbesitzers Thomas Thistlewood an, welcher von 1760 (Niederschlag) respektive 1764 (Temperatur) bis 1786 in Savanna-la-Mar Messungen durchführte. Es mag erstaunen, dass ausgerechnet auf dieser scheinbar rückständigen, von Sklaverei geprägten Zuckerinsel die Wissenschaft blühte. Der Historiker James Robertson sieht indes darin einen direkten Zusammenhang.[146] Der durch den Zuckeranbau angehäufte Reichtum erlaubte der Elite auf der Insel einen dem Zeitalter der Aufklärung entsprechenden Lebensstil, zu welchem auch Zeitungen, Verlage und die Pflege der Wissenschaften, insbesondere der Botanik, gehörten. Das führte zu einer kurzen kosmopolitischen Phase, allerdings nur, bis mit der Aufklärung auch die Forderung nach der Abschaffung der Sklaverei die Insel erreichte, ein Anliegen, für das sich Humboldt stets und vehement einsetzte.

Überhaupt liegen aus der Karibik (Abb. 6) aus dem 18. Jahrhundert recht viele Messreihen vor: neben englischen auch solche der Kolonialmächte Frankreich (Martinique, Guadeloupe, Haiti), Spanien (Kuba, Santo Domingo), Niederlande (Curaçao) und sogar Schweden (St. Barthélemy). Nimmt man noch Veracruz in Mexico dazu, über die wir dank Humboldt verfügen (vgl. Kapitel «Macht das Klima krank? Eine Klimareihe aus Veracruz»), entsteht ein recht detailliertes Bild der Klimavariabilität in diesem Raum im späten 18. Jahrhundert.

Abbildung 6 • Meteorologische Stationen in der Karibik vor 1850.

So könnte man nun alle 16 Reihen der Tabelle ausführlich beschreiben. Nummer sieben in der Tabelle ist die Reihe von Calendrelli aus Rom, welche an anderer Stelle ausgeführt wird (vgl. Kapitel «Ein Jahrhundertsommer in Rom»). Ebenso wie die Reihen aus Padua (Beobachter: Toaldo), Ofen respektive Budapest (Weiss) und Middelburg (van de Perre) war sie Teil des Messnetzes der «Societas Meteorologica Palatina» (vgl. Kapitel «Klimareihen als Spiegel von Geschichte und Geschichten»). Auch die Reihen aus Turin, Lancaster, Kinfauns Castle, Christiania (Oslo) oder dem Großen St. Bernhard sind bekannt. Zu erwähnen ist vielleicht einzig noch «Fort George, NW Amerika», von wo zwei Jahre Beobachtungsmaterial eines gewissen J. Scouter vorliegen. Fort George (auch bekannt als Fort Astoria) war 1811 die erste Siedlung der USA an der Pazifikküste, im heutigen Bundesstaat Washington, und diente der «Pacific Fur Company» als Stützpunkt für den Fellhandel. Die Beobachtungen stammen aus den Jahren 1821 bis 1824. Es handelt sich um die frühesten meteorologischen Messungen aus diesem Raum, entsprechend interessant war diese Reihe für Kämtz und Humboldt.

Wie also wurde das Klima global? Die Seefahrt war auf eine globale Übersicht der Winde angewiesen und erreichte diese in Europa im 17. Jahrhundert. Das Erstellen einer globalen Temperaturkarte über Land war ungleich schwieriger und gelang erst im 19. Jahrhundert. Das erforderte nicht nur die im 18. Jahrhundert im Zeitalter der Aufklärung gesammelten Daten, sondern vor allem auch die Intuition Humboldts. Er erkannte, wie auch kurze Datenreihen genutzt, wie Daten zusammengestellt und mittels des Konzepts der isothermen Linien dargestellt werden können. Humboldt war einer der Ersten, der das Klima global dachte.

Hinter einer Temperaturkarte stehen aber unzählige Messreihen, jede mit ihrer eigenen Geschichte. Als Beobachter haben wir Ärzte und Plantagenbesitzer, Entdecker und koloniale Administratoren, Pelzhändler und Wissenschaftler kennengelernt. Deren Geschichten sind wiederum mit der Geschichte Europas in der Welt, insbesondere mit dem Kolonialismus, eng verknüpft.[147]

Die Daten von Kämtz und vielen anderen werden zurzeit digitalisiert und dienen heute der Rekonstruktion des weltweiten Klimas für jeden Monat zurück bis zum Beginn der Instrumentenmessungen. Die Klimakapriolen gerade jener Jahrzehnte können interessante Rückschlüsse auf das Funktionieren des Klimasystems liefern (vgl. Kasten «Das Klima des frühen 19. Jahrhunderts»). Die Daten dieser unscheinbaren Tabelle können also helfen, das Klimasystem besser zu verstehen.

Das Klima des frühen 19. Jahrhunderts

Wie Humboldt war Kämtz an der mittleren Temperaturverteilung auf der Erde interessiert. An die Variabilität von Jahr zu Jahr oder von Jahrzehnt zu Jahrzehnt dachte damals kaum jemand. Heute steht genau das im Vordergrund, wenn Klimatologinnen die alten Messungen aufbereiten. Das mittlere Klima kennen wir aus heutigen Daten, aber die Schwankungen im frühen 19. Jahrhundert sind auch aus heutiger Sicht noch interessant. So begann das Jahrhundert in Europa sehr warm. Diese Phase gipfelte im Hitzejahr 1807 (vgl. Kapitel «Ein Jahrhundertsommer in Rom»). Danach begann eine Abkühlung (unterbrochen nochmals durch den Hitzesommer 1811), welche 1816, das als «Jahr ohne Sommer» in die Geschichte einging (vgl. Kapitel «(K)ein Jahr ohne Sommer») ihr Maximum erreichte. Weitere 20 Jahre blieben die Temperaturen niedrig, größtenteils als Folge von fünf Vulkanausbrüchen zwischen 1808 und 1835.[148] Dazu kamen zufällige Schwankungen im Klimasystem. Hier sind Kämtz respektive Humboldts Daten, insbesondere die tropischen, von großem Interesse. Denn während Europa unter Kälte litt, die Alpengletscher wieder vorstießen (Abb. 7) und Napoleon einen besonders kalten russischen Winter erlebte, wurden die Monsunregionen von Dürren heimgesucht. Indirekte Klimaindikatoren legen nahe, dass der westafrikanische Monsun über Jahrzehnte schwach war (Abb. 8). Bezeichnenderweise taucht nichts davon in Humboldts Arbeiten auf. Seine ganzen Anstrengungen galten dem mittleren Klima. Aber heute lernen wir anhand dieser Daten die Mechanismen im Klimasystem besser kennen. So kann die Abschwächung der Monsune auf die Vulkanausbrüche zurückgeführt werden, während die Monsune sich wiederum auf das Sommerklima in Europa auswirkten, indem sie den Tiefdruckgebieten südlichere Zugbahnen erlaubten. So führen diese alten Daten zu neuen Einsichten über die Funktionsweise des Klimasystems.

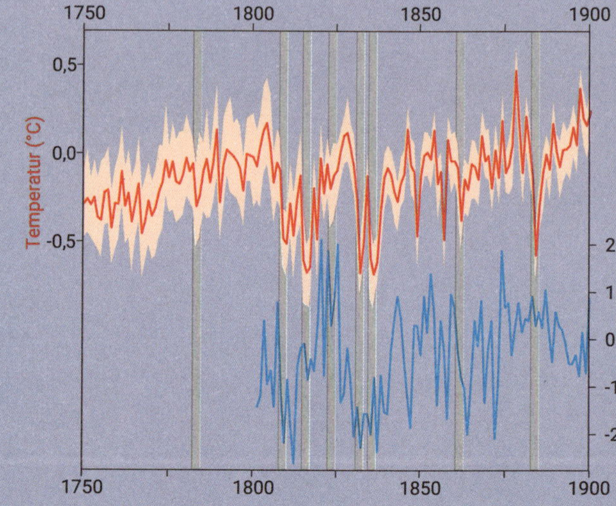

Klimarekonstruktion

Wie können wir das Klima räumlich rekonstruieren? Oft werden dazu statistische Verfahren verwendet. Als Eingabedaten dienen einerseits lange Zeitreihen von Jahrringen von Bäumen und anderen indirekten Klimaindikatoren, andererseits räumlich aufgelöste Klimadaten aus den letzten Jahrzehnten. Im überschneidenden Zeitintervall werden statistische «Transferfunktionen» optimiert, welche dann auf die vergangenen Daten angewendet werden. Dahinter stecken aber oft weitgehende Annahmen wie diejenige, dass sich die Klimamuster über die Zeit nicht verändert haben.

Die Rekonstruktionen im vorliegenden Buch verwenden neben Jahrringdaten auch Messungen wie aus Kämtz und Humboldts Tabellen sowie Dokumentendaten. Das sind Angaben aus historischen Quellen, beispielsweise zum Stand der Vegetation, dem Gefrieren von Seen oder auch Erntedaten. So kann eine monatliche Auflösung erreicht werden. Die Rekonstruktion erfolgt dann mithilfe von Klimamodellen. Dazu werden alle Angaben im Klimamodell dargestellt. Es muss also beispielsweise berechnet werden, wann im Modellklima der Wein geerntet würde. Dann werden modellierte und beobachtete Werte verglichen und das Modell statistisch an die Beobachtungen angepasst. Das Verfahren wird seit Langem für die Wettervorhersage verwendet, aber erst seit kurzer Zeit für die Klimarekonstruktion.

Auch bei der Klimarekonstruktion stellt sich aber die Frage der dahintersteckenden Daten. Genauso wie Humboldts Arbeiten beruhen diese Rekonstruktionen (unter anderem) auf kolonialen Daten. Im Kapitel «Reisethermometer, Dampfschiffe und die Kolonisierung des Westens» wird dieses Thema weiter vertieft.

Abbildung 7 • Der Rhonegletscher um 1856.

Abbildung 8 • Temperatur (mit 95 %-Vertrauensbereich) der nördlich-außertropischen Landfläche (20–90° N) im April bis September aus einer Klimarekonstruktion sowie Trockenheitsindex im Sahelraum aus historischen Quellen. Graue Balken bezeichnen Vulkanausbrüche.

D) Voyage de Perm à Jekatherinbourg 7

Lieux d'observation	Dates 1829 vieux st.	heures	Barom en millim	Th du bar cent.	Th à l'air cent.	Kazan Barom en millim	Kazan Th du bar cent.	Kazan Th à l'air cent.	Hauteur probable en Toises	Pages du Mss	Eclair-cissemens
Jekatherinbourg	29 Juin	7 soir	382,1 349,7 731,8	24,0	21,8	746,1	22,6	19,6	107,8	I 105	
—	30 Juin	8 ½ mat.	382,3 349,7 732,0	23,0	21,2	747,3	21,3	21,6	114,1	—	
—	1 Juill.	7 mat	380,8 348,6 729,4	21,7	20,0	748,3	20,5	17,4	134,3	—	
—	1 Juill.	5 soir	728,9	27,1	22,5	748,4	22,7	23,2	142,5	—	comparé à Kazan
—	2 Juill.	6 soir	730,7	23,0	15,0	748,0	22,4	19,4	123,5	—	
—	3 Juill.	10 mat	734,8	21,5	15,0	749,9	21,7	20,9	109,8	—	
—	4 Juill.	11 mat	737,5	22,5	16,0	752,7	23,3	19,2	108,8	—	
—	5 Juill.	4 soir	737,5	22,2	15,0	756,4	23,8	20,7	129,9	—	
—	5 Juill.	9 soir	738,2	22,5	16,0	756,4	22,5	18,1	127,2	—	
—	6 Juill.	8 mat.	382,6 355,7 738,3	21,7	17,5	755,7	23,3	22,9	122,4	I 105 et 69.	

Jekatherinbourg Juin 3 — Juin 6 : 124,82
" Juin 29 — Juill. 6 : 122,03

Hauteur probable de Jekatherinbourg : 122,96
737,76

10. Eine Wetternachhersage für Humboldts Zentralasienreise

Im Frühling 1829 machte sich Alexander von Humboldt zu seiner zweiten großen Reise auf, seiner Zentralasien-Reise. Endlich! Ein Vierteljahrhundert nach seiner Rückkehr aus Südamerika, nach verschiedenen Plänen, die nicht umgesetzt werden konnten, ergab sich für ihn die Gelegenheit, die Gebirge Asiens zu durchstreifen. Auf Einladung des Zaren zwar, mit klaren Vorgaben, und damit an einer kurzen Leine, aber eben doch eine große, vor allem streckenmäßig unglaublich lange Reise. Humboldt wusste das Beste daraus zu machen, sich seine Freiheiten zu nehmen, ohne die russischen Gastgeber allzu sehr zu brüskieren oder zu enttäuschen.

Auf dieser Reise führte Humboldt auch Barometer und Thermometer mit sich. Die abgebildete Tabelle (Abb. 1) aus den Kollektaneen zeigt Messungen des Luftdrucks und der Temperatur in Jekaterinburg vom 29. Juni bis 6. Juli, verglichen mit Messungen in Kasan. Die Messungen kann Humboldt nicht selbst gemacht haben, denn er verließ Jekaterinburg am 25. Juni und unternahm eine Expedition in den nördlichen Ural. Erst am 11. Juli traf er wieder in Jekaterinburg ein. Die Tabelle stammt von Johann Franz Encke. Er war Direktor der Sternwarte von Berlin und Sekretär der Akademie der Wissenschaften. Die Messungen dienten der barometrischen Höhenbestimmung Jekaterinburgs. Die Höhe wird als 122,96 Toisen errechnet, was 239,7 Metern entspricht. Heute wird für Jekaterinburg als Höhe 237 Meter über Meer angegeben. Die Höhenbestimmung war wichtig zur Beantwortung der Frage, ob die Kälte Sibiriens mit der Höhenlage erklärt werden kann. In der Folge soll es aber nicht um die barometrische Höhenbestimmung auf dieser Reise gehen, sondern um das Wetter.

Abbildung 1 • Barometrische Messungen während Humboldts Zentralasienreise in Jekaterinburg. Tabelle von Johann Franz Encke aus den Kollaktaneen.

Abbildung 2 • Ausschnitt aus dem Tagebuch von Gustav Rose.

Den 28sten April früh Morgens verliessen wir Dorpat unter demselben Sturm und Schneegestöber, mit welchem wir den Tag vorher auch angelangt waren, doch voll der angenehmsten Erinnerungen an den gestrigen Tag achteten wir des bösen Wetters nicht. Nach der dritten Station von Dorpat erreichten wir den Peipus See, der hier ganz flache Ufer und bei seiner bedeutenden Breite ein ganz meerähnliches Ansehen hat. Den Abend näherten wir uns den Küsten des Finnischen Meerbusens, dessen Anblick uns jedoch die Dunkelheit der Nacht entzog, und waren am Morgen des folgenden Tages in Narva. Leider erfuhren wir aber auch hier noch einen Aufenthalt, auch die Narowa

Reisewetter

Mit Humboldt reisten als Wissenschaftler der Biologe Christian Gottfried Ehrenberg und der Geologe Gustav Rose. Aus dem Tagebuch des Letzteren (Abb. 2) stammt der Eintrag:

> Den 28sten April früh Morgens verliessen wir Dorpat [Tartu] unter demselben Sturm und Schneegestöber, mit welchem wir den Tag vorher auch angelangt waren, doch voll der angenehmsten Erinnerungen an den gestrigen Tag achteten wir des bösen Wetters nicht.[149]

Dieser Aufsatz betrachtet das Wetter während des Auftakts zur Zentralasienreise und illustriert anhand dieses Beispiels, wie heute das Wetter der Vergangenheit rekonstruiert werden kann. Die Expeditionsgruppe verließ Berlin am 12. April und machte sich auf den Weg nach St. Petersburg. Reisen war damals noch viel stärker vom Wetter abhängig, als es heute ist. Trockenes Wetter mit wenig Wind erlaubte zu Land ein schnelles Vorankommen, durchnässte Wege oder Hochwasser führende Flüsse konnten zu einer tagelangen Unterbrechung der Reise zwingen. Das musste auch Humboldt auf seiner Zentralasienreise erfahren. Gleich zu Be-

Abbildung 3 • Die Kurische Nehrung.

ginn der Reise musste er mehrmals warten, um während der Eisschmelze Flussmündungen überqueren zu können. So verbrachte er mehrere Tage auf der Kurischen Nehrung (Abb. 3). Auch in den folgenden Tagen war das Wetter dem Reisen nicht immer förderlich. Der gezeigte Ausschnitt spricht von Schneegestöber in Tartu.

Heute erlauben es uns historische Wettermessungen, wie sie Humboldt überall durchgeführt hatte, kombiniert mit Wettervorhersagemodellen und cleverer Statistik, das tägliche Wetter zu rekonstruieren. Sogar für Humboldts Zentralasienreise, die bald 200 Jahre zurückliegt, können wir zumindest annäherungsweise den Verlauf des Wetters rekonstruieren. Wir benötigen dazu natürlich Messungen, und zwar möglichst viele und von möglichst vielen Orten. Nur gibt es aus dieser Zeit erst wenige Messungen und nur von sehr wenigen Orten. Um damit trotzdem das Wetter zu rekonstruieren, müssen diese Daten mit einem Modell verknüpft werden (vgl. Kasten «Datenassimilation»).

Wetterrekonstruktion

Verwendet werden vor allem Messungen des Luftdrucks. Der Luftdruck an einem Ort ist nichts anderes als die Masse der darüberliegenden Atmosphäre. Die räumliche Verteilung des Luftdrucks spiegelt also die Massenverteilung in der Atmosphäre. Wettervorhersagemodelle, welche die gesamte dreidimensionale Strömung global simulieren, können die Massenverteilung relativ gut wiedergeben. Wenn ein solches Modell nun überall nahe am echten Verlauf der Luftdruckschwankungen wäre, dann könnten wir das modellierte Wetter als Rekonstruktion des echten Wetters annehmen. Denn das Modell gehorcht den einprogrammierten Gesetzen der Physik. Nicht nur der Luftdruck, sondern der gesamte Modellzustand – Temperatur, Wind und viele weitere Größen, und zwar überall – wäre dann konsistent mit dem gemessenen Druck und somit eine plausible Rekonstruktion des Wetters, obwohl nur bruchstückhafte, einzelne Druckmessungen vorliegen. Das Produkt wären dann globale, dreidimensionale, räumlich und zeitlich hochaufgelöste Wetterdaten. Genau das geschieht bei einer sogenannten Reanalyse. Indem also ein Wettervorhersagemodell dazu gebracht wird, die zu einem bestimmten Zeitpunkt beobachtete Luftdruckverteilung wiederzugeben, erhalten wir ein komplettes dreidimensionales und physikalisch konsistentes Bild des Wetters für diesen Zeitpunkt (vgl. Kasten «Datenassimilation»). So werden Wetterdatensätze erstellt, die weit in die Vergangenheit zurückreichen (aktuell bis 1806). In einem solchen Datensatz kann nun Humboldts Reise nachgestellt werden.[150]

Datenassimilation

Wie können wir ein Wettervorhersagemodell dazu bringen, nahe an der Realität zu liegen und uns damit ein ‹plausibles Wetter› zu zeigen, das mit den nur bruchstückhaft vorhandenen Messungen konsistent ist? Die Lösung lautet: Datenassimilation. Um die Methode zu verstehen, ist es hilfreich, sich zu überlegen, wie Meteorologinnen und Meteorologen jahrzehntelang Wetterkarten gezeichnet haben. Messungen lieferten nur sehr punktuelle, teils fehlerbehaftete oder durch lokale Faktoren beeinflusste Information. Diese Information ist für sich genommen wenig hilfreich – viel besser wäre es, man hätte großräumige Drucklinien und Fronten, um so die Wettervorgänge unmittelbar ansprechen zu können. Man behalf sich daher lange mit grafischen Methoden: Die Drucklinien wurden manuell in eine Karte eingezeichnet. Das erforderte Wissen und Erfahrung. Die Messungen wurden im Wissen um deren Fehler und im Wissen um den Einfluss lokaler Faktoren (die in einer großräumigen Wetterkarte generalisiert werden müssen) in den Kontext der Wetterentwicklung gestellt. Dazu wurde auch die Prognose vom Vortag beigezogen, physikalisches Fachwissen sowie sehr viel Erfahrung: Gestern näherte sich ein Tiefdruckgebiet. Dieses ist seither vermutlich etwas weiter gezogen, aber es wird nicht ganz weg sein. Einströmende Kaltluft könnte den Vorgang überprägen, und so weiter. Die dann gezeichneten Drucklinien sind somit nicht einfach eine mathematische Interpolation von Messungen, sondern eine äußerst ausgeklügelte Interpretation des gesamten Wetters, konsistent mit den physikalischen Vorgängen, konsistent mit den Messungen und konsistent mit dem zeitlichen Wetterverlauf.[151] Als Beispiel zeigt Abb. 4 links eine Wetteranalyse für einen Tag im Jahr 1896, handgezeichnet an der Deutschen Seewarte. Die telegrafierten Stationsmeldungen sind eingetragen und Drucklinien sind manuell gezeichnet.

Genau so funktioniert auch heute die Wetterrekonstruktion, nur dass Erfahrung durch Statistik ersetzt wird und das Fachwissen sowie die Wetterentwicklung durch ein Wettervorhersagemodell. Mit dem Modell wird jeweils nur eine ganz kurzfristige Prognose berechnet (beispielsweise 6 Stunden). Solche Prognosen sind im Allgemeinen recht nahe an der Realität, aber es zeigen sich bereits erste leichte Abweichungen. Das Modell wird nach diesen 6 Stunden, wenn neue Messungen vorliegen, ganz leicht hin zu diesen neuen Messungen korrigiert. Mit einer ausgeklügelten Statistik wird der gesamte Modellzustand – also nicht nur am Ort der Messungen – korrigiert. Alle Modellvariablen werden in dem Maße korrigiert, wie sie mit den Beobachtungen statistisch korrelieren. Der korrigierte Zustand wird nun als Ausgangspunkt für die nächste Prognose genommen und der Vorgang beginnt von Neuem für die Rekonstruktion des nächsten Zeitpunkts. Das Ergebnis für denselben Tag im Jahr 1896 ist in Abb. 4 rechts gezeigt. Auf diese Weise wird das Modell fortlaufend geringfügig korrigiert. So bleibt der Modellzustand immer in Übereinstimmung mit dem gemessenen Wetter und ist gleichzeitig immer physikalisch konsistent.

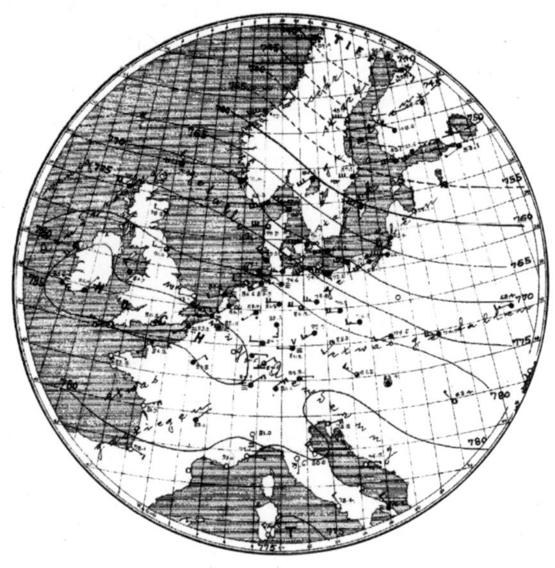

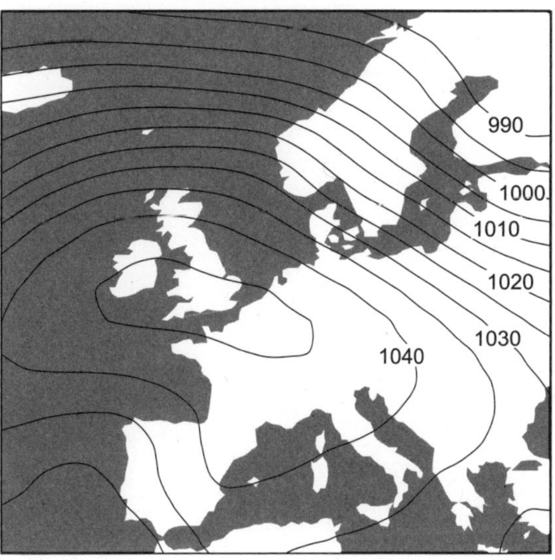

Abbildung 4 • Links: Handgefertigte Wetteranalyse der Deutschen Seewarte für den 30. Januar 1896. Rechts: Druckfeld für denselben Tag aus der Wetterrekonstruktion «Twentieth Century Reanalysis». Im Gegensatz zum handgezeichneten Feld enthält die Wetterrekonstruktion gleichzeitig das globale, dreidimensionale Feld aller Variablen.

Wie also war das Wetter auf Humboldts Zentralasienreise? Eine Rekonstruktion der Temperatur ist in Abbildung 5 gezeigt. Um die Unsicherheit zu erfassen, wurde hier das Rekonstruktionsverfahren 80-Mal ausgehend von ganz leicht anderen Anfangszuständen durchgeführt, was zu 80 leicht unterschiedlichen Wetterkarten führt, von welchen jede gleich wahrscheinlich ist. Die Abbildung zeigt den Mittelwert (rot) und die Streuung (grau) dieser 80 Realisierungen. Obwohl nur Luftdruck in die Rekonstruktion einfließt, produziert die Reanalyse den gesamten Zustand, also auch die Temperatur. Demnach war das Wetter bis Königsberg eher mild (tatsächlich führte das warme Wetter zum Auftauen von Schnee und Eis, was die Reise erheblich beschwerlicher machte und verzögerte). Ein Wetterwechsel brachte am 17. April 1829 zunächst kühleres Wetter mit geringen Tagesschwankungen (typisch für bewölktes Wetter), bei danach zunehmender Temperatur. Dann folgte wieder eine Abkühlung, jetzt wieder bei klarerem Himmel. Allerdings ist das Verfahren besonders in diesen frühen Jahren der globalen Wetterbeobachtung noch nicht sehr genau. Das zeigt sich an der großen Streuung in Abb. 5, die selbst wiederum stark von der Wetterlage abhängig ist. Möchten wir Humboldts Reise bis in den Altai verfolgen, würde die Unsicherheit riesig und das Resultat unbrauchbar werden.

Aber zumindest für den ersten Teil der Reise können wir versuchen, das rekonstruierte Wetter mit einzelnen Tagebucheinträgen zu vergleichen. Der abgebildete Tagebucheintrag von Gustav Rose spricht davon, dass sowohl bei der Ankunft als auch bei der Abfahrt von Tartu Schneegestöber

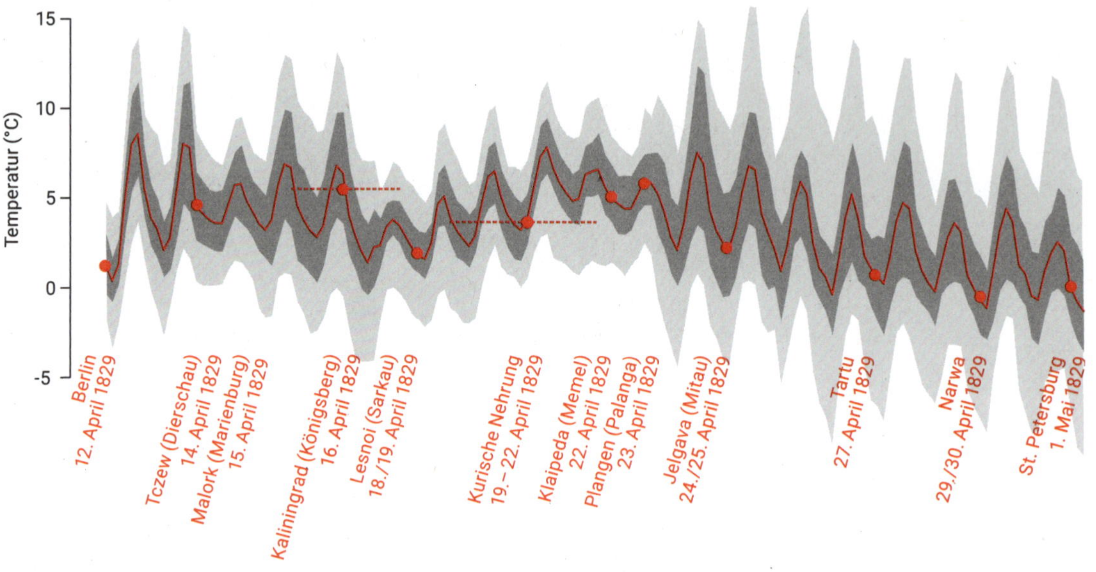

herrschte. Das bedingt Niederschlag und Temperaturen um den Gefrierpunkt. Wetterkarten aus der Reanalyse für den 27. und 28. April (Abb. 6) zeigen tatsächlich Niederschlag in Tartu (roter Punkt), der aufgrund der Temperatur (um oder leicht über 0 Grad) wohl als Schnee gefallen sein dürfte. Über der Nordsee entstand sehr schnell ein kräftiges Tief, das bis zum Nachmittag noch kräftiger wurde. Über dem Baltikum herrschte südliche Strömung. Hier ist allerdings nur der Mittelwert aller 80 Realisierungen gezeigt; einzelne Wetterkarten könnten stark davon abweichen.

Eingetragen sind auch die Orte der Luftdruckmessungen, auf welchen die Karten beruhen. Interessanterweise sind das jeweils nur eine gute Handvoll Stationen (gelbe Punkte) sowie einige Messungen von Schiffen im Atlantik (nicht gezeigt). Es ist erstaunlich, dass mit so wenigen Daten überhaupt das komplette Wetter rekonstruiert werden kann, wenngleich große Unsicherheiten erwartet werden müssen. Dabei wäre das Potenzial noch groß. Es dürfte nicht schwer sein, für diese Tage Daten von 50 oder 100 Stationen in Europa zu finden, dies würde die Rekonstruktion nochmals stark verbessern. Diese Daten müssten allerdings erst noch digitalisiert werden. Bisher beschränkte sich das Interesse an historischen Messreihen vor allem auf möglichst lange Zeitreihen. Mit neuen Verfahren der Wetterrekonstruktion werden auch kurze Reihen interessant, denn auch sie enthalten Information über das Wetter. Dadurch werden alte Wetterdaten gewisser-

Abbildung 5 • Temperatur auf Humboldts Reise von Berlin nach St. Petersburg alle 3 Stunden. Die Grafik basiert auf 80 möglichen, gleich wahrscheinlichen Temperaturverläufen der «Twentieth Century Reanalysis», Version 3 (rot: Mittelwert, dunkel-/hellgrau: 50 % und 90 % der Realisierungen; die roten Punkte zeigen einige der Stationen auf der Reise, gestrichelt: längerer Aufenthalt).

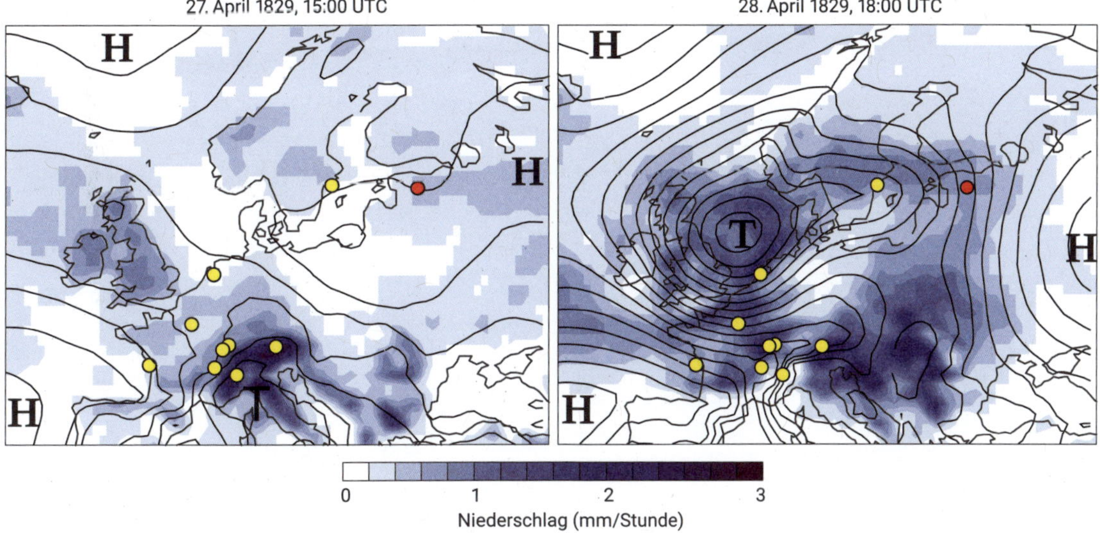

maßen neu in Wert gesetzt. Denn kurze Reihen gibt es viele, die meisten wurden nie digitalisiert. Es bleibt also noch viel zu tun.

Mit dem Aufkommen von nationalen Wetterdiensten, wie Humboldt sie forderte (und an deren Entstehung insbesondere in Preußen er maßgeblich beteiligt war) werden die Wetterrekonstruktionen ab ungefähr 1850 immer besser, besonders natürlich über Europa. Meteorologische Messungen von Humboldt und seinen Zeitgenossen helfen heute, Rekonstruktionen sogar bis ins 18. Jahrhundert zurück zu verlängern und zu verbessern.

Abbildung 6 • Wetterkarten für den 27. April 1829, 15 UTC und 28. April 1829, 18 UTC. Gezeigt sind Niederschlag und Luftdruck (Isolinienabstand 2 hPa). Gelb: Stationen mit Luftdruckmessungen, auf welchen die Karten beruhen. Rot: Tartu.

Wetterrekonstruktionen öffnen eine neue Tür zur Vergangenheit, welche die Klimarekonstruktion bisher nur bedingt lieferte. Denn oft sind es einzelne Wetterereignisse und nicht Klimamittelwerte, welche gesellschaftlich relevant sind. Außerdem können wir aus Wetterrekonstruktionen die atmosphärischen Vorgänge ganz direkt ansprechen. Ein Beispiel: Hochwasser haben in Europa in den letzten Jahrzehnten zugenommen. Ist dies ein Anzeichen des Klimawandels oder ist dies eine natürliche Schwankung? Dabei wird oft auf das 19. Jahrhundert verwiesen, denn damals waren Hochwasser ebenfalls häufig, aber die Temperaturen tief. Mit Wetterrekonstruktionen lassen sich die Ursachen bis auf die Wetterskala zurückverfolgen. Und die Resultate zeigen zweifelsfrei: Im 19. Jahrhundert war es eine Häufung von Tiefdrucklagen, welche die vielen Hochwasser verursachte. Heute ist es der zunehmende Wasserdampfgehalt infolge der Erderwärmung, der zu intensiveren Niederschlägen und zu mehr Hochwasser führt. Es waren also jeweils unterschiedliche Mechanismen am Werk.[152]

Solche Aussagen sind nur möglich dank der Abertausenden von meteorologischen Messungen, welche Humboldt und andere seit dem frühen 19. Jahrhundert zusammengetragen haben. Sollte es uns gelingen, noch mehr Daten zusammenzutragen, wären vielleicht auch bessere Rekonstruktionen bis in den zentralasiatischen Raum möglich. Denn dieser Raum ist eminent wichtig für das Verständnis des globalen Klimas. Die Gebirge Zentralasiens stellen die Wasserressourcen für ein riesige Bevölkerung zur Verfügung, und sie sind ein wichtiger Angelpunkt in der globalen Zirkulation (vgl. Kasten «Zentralasien und das globale Klima»): Hier tritt der asiatische Monsun mit der Zirkulation der Mittelbreiten in Wechselwirkung. Humboldt war wiederum, wie bereits an der Küste Perus, an einem der Aktionszentren des globalen Klimasystems angelangt.

Zentralasien und das globale Klima

Humboldt kam auf seiner streckenmäßig unglaublich langen, schnellen Zentralasienreise bis zum Altaigebirge an der Grenze zu China (Abb. 7). Diese Region ist heute wieder im Fokus zahlreicher Klimaforschungsaktivitäten. Die Gebirge Zentralasiens, oft auch als «Dritter Pol» bezeichnet, beherbergen mit einer Gletscherfläche von ca. 100 000 km^2 einen großen Teil der Gletscher der Welt. Deren Abschmelzen und die Folgen davon für eine große Bevölkerung im Gebirge und im Flachland werden intensiv untersucht. Diese Gletscher sind gleichzeitig Umweltarchive. Eisbohrkerne aus diesen Gletschern speichern Umwelt- und Klimaveränderungen der letzten paar Hundert Jahre. Hier, fernab von den starken Emissionen der Industrieländer, zeigen sich die ganz großräumigen Veränderungen der Atmosphärenzusammensetzung.

Auch für die Meteorologie ist dieser Raum interessant. Hier stößt die Zirkulation der Mittelbreiten – die Westwindzirkulation mit Jet-Streams, Hochs und Tiefs – auf die Monsunzirkulation der Subtropen. Das Zusammenspiel der beiden zeigte sich beispielsweise im Sommer 2010, als es über Russland zu Rekordhitzewellen und Moorbränden führte, aber in Pakistan zu verheerenden Überschwemmungen kam. Diese Wechselwirkung zwischen Ausbeulungen der Wellen im Jetstream und der Monsunzirkulation spielt für das Klima zweier großer Weltregionen – Sibirien und Südasien – eine wichtige Rolle.

Abbildung 7 • Das Altai-Gebirge 2001. Bis hierhin kam Humboldt auf seiner Zentralasienreise.

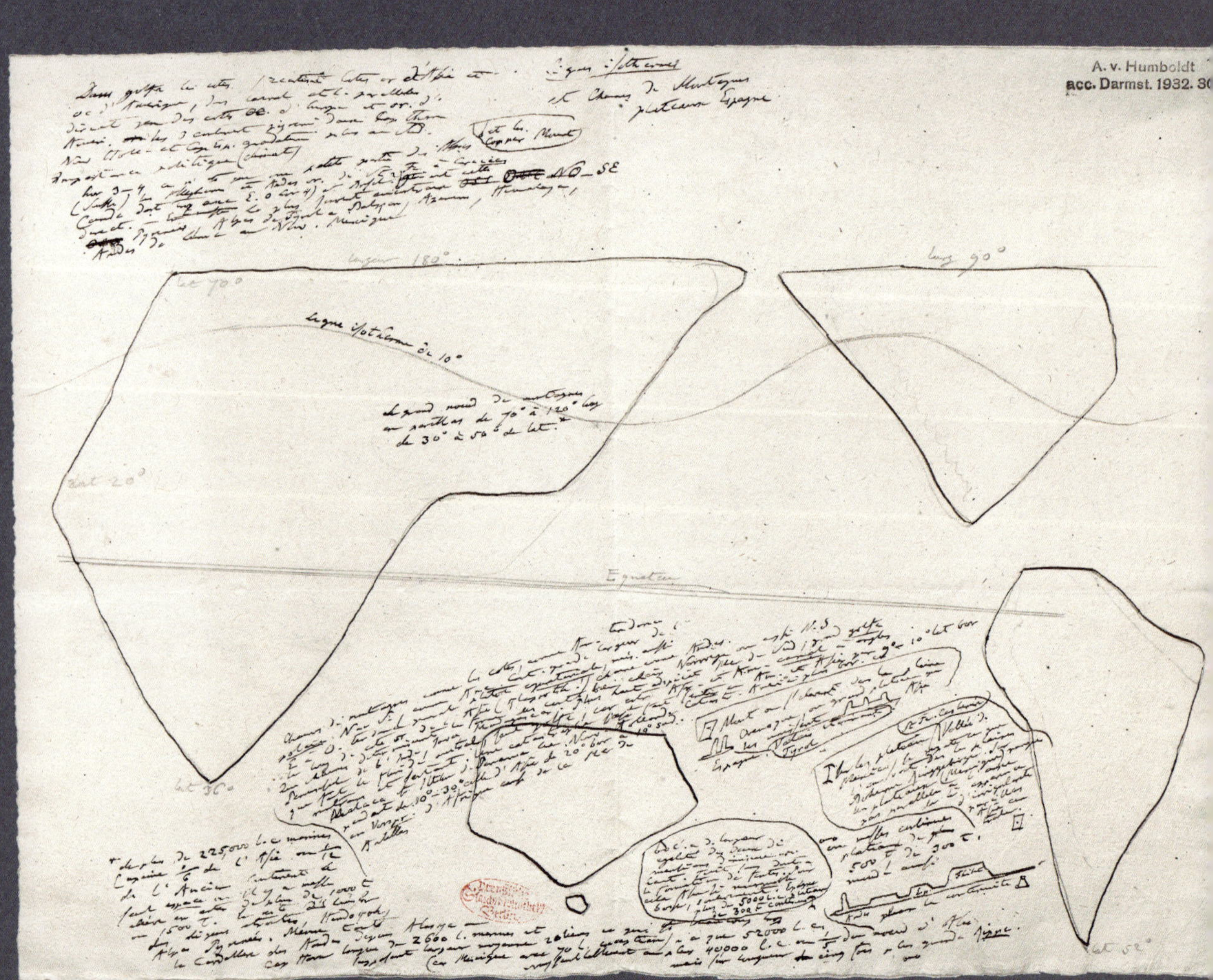
A. v. Humboldt
acc. Darmst. 1932. 30
longueur 180°
long 90°
lat 70°
ligne isotherme de 10°
lat 20°
Equateur
lat 36°
lat 52°

II. Der Entwurf des Klimas

Humboldts Klimawissen formierte sich in Messreihen und Tabellen. Für seine Forschungen genauso wichtig waren grafische Methoden der Klimadatenvisualisierung (vgl. Kapitel «Klimavisionen»). An deren Entwicklung hat Humboldt zu Beginn des 19. Jahrhunderts maßgeblich mitgewirkt und sie beschäftigte ihn bis in seine späten Jahre. Davon zeugt eine Zeichnung (Abb. 1), die er im großen Kasten 1 in einer Mappe mit der Aufschrift «Lignes isothermes, mer et équateur continental», inmitten eines Konvoluts aus zusammengeklebten Notizen mit Temperaturdaten hinterlegte. Es handelt sich bei ihr um eine der bemerkenswertesten Klimagrafiken, die Humboldt entwarf. Allerdings hat er sie niemals publiziert und in keinem seiner Werke auf sie hingewiesen. Doch warum war dies nicht geschehen und zu welchem Zweck hatte er sie dann überhaupt gezeichnet?

Abbildung 1 • Lange Zeit war Humboldts Karte der «isotherme[n] Linie von 10 °C» unbekannt. Die vermutlich Mitte der 1840er-Jahre gezeichnete Karte ist ein grafisches Experiment, mit dem Humboldt versuchte, die Ursachen der Wärmeverteilung auf der Nordhemisphäre zu klären.

Beim Anblick der Zeichnung wird sofort klar, dass es sich um eine Weltkarte handelt, obwohl die vier großen Formen, die Afrika zusammen mit Asien, Nordamerika, Südamerika und Australien darstellen, nur grob an die bekannte Gestalt der Kontinente erinnern. Oben, in der Mitte des Blattes, notierte Humboldt die Worte «Lignes isothermes et chaînes de Montagnes»[153] [«Isotherme Linien und Gebirgsketten»]. Sollte dies der Titel der Zeichnung sein? Tatsächlich befasst sich Humboldt in den Textteilen, die sich über die Zeichnung ziehen, mit der Lage von Gebirgsketten in Asien, Amerika, Australien und Europa, auch mit den Schweizer Alpen. Die Erdteile selbst enthalten allerdings nur schemenhafte Andeutungen von Gebirgsketten in Nord- und Südamerika. Ansonsten sind die Flächen leer. Nur dort, wo auf der Karte China zu vermuten ist, findet sich der schriftliche Hinweis auf einen «großen Gebirgsknoten» in Innerasien. Diese Notiz versah Humboldt mit einem Sternchen, das auf eine Bemerkung am unteren linken Rand des Blattes verweist. Dort vergleicht er die Flächen- und Höhenausdehnung des innerasiatischen Gebirgsknotens mit anderen Gebirgen. Wie üblich reichte ihm der Platz zum Schreiben nicht aus und so nutzte er zahlreiche weitere Verweiszeichen, um seine Bemerkungen in den Textinseln im unteren rechten Viertel des Blattes fortzusetzen. In ihnen finden sich drei kleine

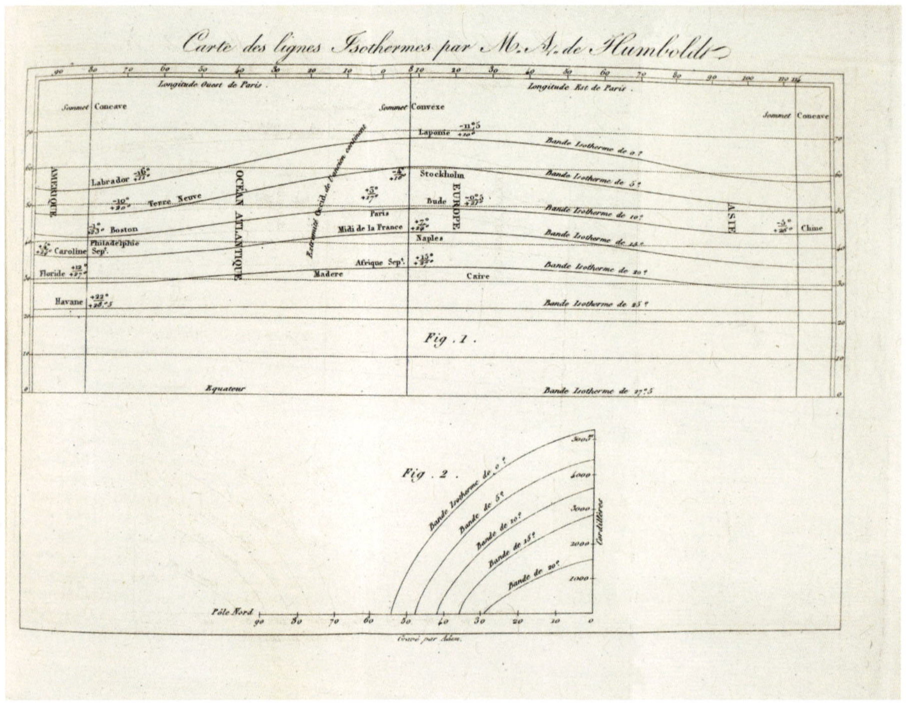

Zeichnungen, die Profile von Gebirgsketten und Hochebenen darstellen.

Die in den Erdteilen fehlende Höhendimension der Gebirge hatte Humboldt also in diese Profilzeichnungen ausgelagert. Die Weltkarte selbst stellte sich Humboldt demnach als einen vollkommen flachen Raum vor. In sie zeichnete er mit einem Bleistift, etwas unterhalb der Mitte des Blattes und eigenartigerweise leicht fallend, zwei Geraden ein, die er mit dem Hinweis versah, dass es sich bei ihnen um den Äquator handeln soll. Und schließlich findet sich im oberen Drittel der Weltkarte eine elegant geschwungene, ebenfalls mit Bleistift gezeichnete Linie, entlang der Humboldt mit Tinte die Worte «Ligne isotherme de 10°» [«isotherme Linie von 10 °C»] notierte. Erst diese Linie und ihre Bezeichnung lassen den Schluss zu, dass es sich bei der Zeichnung um eine klimatologische Skizze handelt. Mehr noch, sie setzt die Zeichnung mit einer anderen, berühmten Infografik Humboldts in Verbindung, mit der, wie Birgit Schneider schreibt, «die moderne Klimatologie selbst ihren Ausgangspunkt»[154] nahm: Der *Carte des lignes Isothermes* (Abb. 2), die neben seinem berühmten *Naturgemälde der Anden* (vgl. die Abb. 3 im Vorwort) mit zu seinen bekanntesten Bildpublikationen zählt.

Abbildung 2 • Humboldts erste Isothermenkarte von 1817, die in äußerster Reduktion in der oberen Grafik die horizontale Ausbreitung der Wärme auf dem Globus und in der unteren deren vertikale Verbreitung in den übereinanderliegenden Luftschichten zeigt.

Klimawissen als Tabelle

Humboldt hatte diese Grafik für seinen 1817 publizierten Aufsatz *Des lignes isothermes et de la distribution de la chaleur sur le globe*[155] vorgesehen. Mit beiden führte er die bis heute gebräuchlichen isothermen Linien, Linien mit einer gleichen durchschnittlichen Temperatur, in die meteorologische Wissenschaft ein, um die Verteilung der Wärme auf dem Erdkörper zu veranschaulichen. Die Temperaturdaten, die für diese Darstellung nötig waren, wies Humboldt in seinem Aufsatz in einer ausfaltbaren Tabelle mit dem Titel *Bandes isothermes et distribution de la chaleur sur le globe*[156] aus (Abb. 3).

Es ist der Tabelle nicht sofort zu entnehmen, dass sie auf der Auswertung einer beträchtlichen Menge an Temperaturdaten beruht, die aus verschiedenen Quellen stammen. Einige der Daten hatte Humboldt während seiner Amerikareise selbst gemessen. Andere entnahm er verschiedenen Publikationen von Forscherkollegen, unter ihnen Arbeiten von Leonard Euler, Richard Kirwan und Thomas Young, aber auch den *Ephemerides Societatis Meteorologicae Palatinae* (vgl. Kapitel «Klimareihen als Spiegel von Geschichte und Geschichten»). Weitere wurden ihm auf dem Postweg zugetragen. Unter ihnen auch jene Daten, die Giuseppe Calandrelli und Wilhelm von Humboldt 1807 für ihn in Rom gemessen hatten (vgl. Kapitel «Ein Jahrhundertsommer in Rom»). Alexander von Humboldt überprüfte all diese Daten kritisch und errechnete aus ihnen schließlich die Mitteltemperaturen für insgesamt 56 Orte, die er in sechs isotherme Bänder im Abstand von jeweils 5 °C unterteilte.

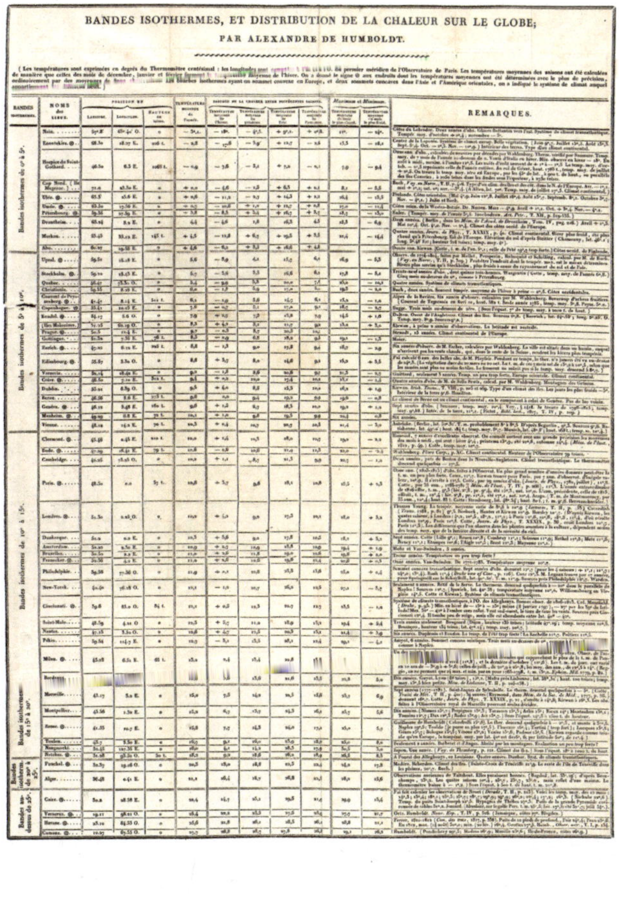

BANDES ISOTHERMES, ET DISTRIBUTION DE LA CHALEUR SUR LE GLOBE;
PAR ALEXANDRE DE HUMBOLDT.

Abbildung 3 • Die Isothermentabelle von 1817 beruht auf der Auswertung und dem Vergleich von Tausenden Temperaturmessungen. Sie ist die Datengrundlage der später publizierten, berühmt gewordenen Isothermenkarte.

Klimawissen als Karte

Nachdem die Tabelle fertig war, zeichnete Humboldt seine *Carte des lignes Isothermes*. In seinem Aufsatz schreibt er hierzu:

> Über die Genauigkeit der mittleren Zahlenwerthe beruhigt, habe ich auf einer Karte die den Linien magnetischer Neigung und Abweichung entsprechenden isothermen Linien gezeichnet; ich habe sie betrachtet auf der Erdoberfläche in einem horizontalen und auf dem Abhange der Gebirge in einem senkrechten Durchschnitt.[157]

Die Leserinnen und Leser des Aufsatzes suchten die Karte in der Publikation, in der Humboldt auf sie hinwies, aber vergebens. Denn in den *Mémoires de physique et de chimie, de la société d'Arcueil*, wo der Isothermenaufsatz 1817 zusammen mit der Temperaturtabelle erstmals erschien, war die Karte überhaupt nicht enthalten. Sie wurde erst kurze Zeit später publiziert, zusammen mit einem Auszug des ursprünglichen Aufsatzes, und zwar in den von Joseph Louis Gay-Lussac und François Arago herausgegebenen *Annales de Chimie et de Physique*.[158] Noch heute lässt sich aus den Worten, die die Herausgeber dem Auszug voranstellten, etwas von dem Erstaunen spüren, dass sie beim ersten Anblick der Isothermenkarte ergriffen hatte:

> Am Ende des Heftes findet der Leser eine Karte, die wir der Freundschaft von Herrn von Humboldt verdanken und in der er einige seiner merkwürdigen Ergebnisse über die Form und Lage von isothermen oder gleichwarmen Linien grafisch dargestellt hat.[159]

Das ‹Merkwürdige› an der Karte waren natürlich nicht die ihr zugrundeliegenden Daten aus der Tabelle, die Gay-Lussac und Arago kannten. Das Merkwürdige und vollkommen Neue für sie war der für uns heute selbstverständliche Umstand, eine gestaltlose Masse von Messdaten in ein anschauliches Bild übersetzt zu sehen, mit dem die tatsächliche Verteilung der Wärme auf der Erde mit einem Blick erfasst werden konnte. Mit der *Carte des lignes Isothermes* hatte Humboldt eine der ersten Infografiken geschaffen, die auf empirisch gewonnenen Daten beruhte und über den durchschnittlichen Zustand der Atmosphäre Auskunft gab, das heißt: über das Klima. 1901 brachte der Wiener Meteorologe Wilhelm Trabert Humboldts Leistung auf den Punkt:

> Im Laufe der Zeit hat sich ein riesiges Material von Temperaturbeobachtungen aus allen Gebieten der Erde aufgehäuft. [...] Niemand würde jedoch imstande sein, dieses an sich tote Zahlenmaterial zu überblicken, wenn nicht Alex. v. Humboldt durch Einführung der ‹Isothermen› [...] ein Mittel geschaffen hätte, mit einem Blick die Gesetzmäßigkeit in der scheinbaren Regellosigkeit zu erkennen.[160]

Abbildung 4 • Wie viele seiner Vorgänger, Zeitgenossen und Nachfolger teilte Abraham Ortelius die Erde in seiner Weltkarte *Aevi Veteris, Typus Geographicus* von 1590 in fünf bewohnbare sowie unbewohnbare Klimazonen auf, die alle parallel zum Äquator verlaufen.

Ganz nebenbei räumte Humboldt mit seiner Isothermenkarte zudem mit einer althergebrachten Klimavorstellung auf. Der, dass die Erde in Klimazonen unterteilt sei, deren Grenzen ohne jede Abweichung entlang der Breitenkreise verlaufen (Abb. 4).

Um zu verdeutlichen, dass diese spekulative Vorstellung einer empirischen Überprüfung nicht standhält, bedurfte Humboldt nur eines sehr reduzierten Zeichenrepertoires. Es lässt sich mit Recht einwenden, dass die *Carte des lignes Isothermes* (Abb. 2) überhaupt keine Karte im eigentlichen Sinn ist. Humboldt präsentiert in ihr kein vollständiges Gradnetz, keine Länderkonturen und keine Punkte, durch die er die genannten Orte exakt lokalisieren würde. Der genaue Kartenausschnitt lässt sich aus den Längen- und Breitenangaben des Kartenrahmens und den senkrecht zur Leserichtung notierten Bezeichnungen «AMERIQUE», «EUROPE», «ASIE» usw. lediglich näherungsweise rekonstruieren. Sie verdeutlichen, dass es sich bei der Karte um einen Ausschnitt der Nordhemisphäre handelt. Auf Details wie Länderkonturen konnte Humboldt allerdings getrost verzichten. Denn um sein Hauptargument zu verdeutlichen, dass die Isothermen über Europa nach Norden ausweichen und die gepunktet dargestellten Breitengrade in immer steilerem Winkel schneiden, reichte es vollkommen aus, deren zunehmend konkave Wölbung darzustellen. Der hohe Abstraktionsgrad des Kartenbildes war bewusst gewählt, was sich auch an dem idealisierten Schwung zeigt, mit dem die Isothermen gezeichnet sind. Denn er entspricht keineswegs ihrem wirklichen Verlauf: «Es gibt partielle Krümmungen der isothermen Linien, die gleichsam besondere Systeme bilden, durch kleine Local-Ursachen modifiziert»[161] schreibt Humboldt. Dennoch fühlte er sich nicht bemüßigt, irgendeine dieser partiellen Krümmungen in seiner Karte wiederzugeben. Der Grund dafür war schlicht, dass die Linien in der Gleichmäßigkeit, in der Humboldt sie zeichnete, eine viel größere Überzeugungskraft hatten, als wenn er ihren ‹wirklichen› Verlauf wiedergegeben hätte. Mit seiner *Carte des lignes Isothermes* etablierte Humboldt also nicht nur die Linien gleicher Wärme als Gegenstand der meteorologischen Wissenschaft, sondern auch eine leicht verständliche und ästhetisch anziehende, visuelle Rhetorik zur Verdeutlichung klimatischer Phänomene.

Die visuelle Rhetorik der Linie

Die visuelle Rhetorik der Isothermenkarte von 1817 verfing. In den Jahrzehnten, die auf ihre Veröffentlichung folgten, erschienen immer mehr und immer genauere Karten der Wärmeverteilung auf dem Globus. Wilhelm Meinardus, der 1899 eine Zusammenfassung der Entwicklung der Isothermenkarten seit Humboldt vorstellte, konnte bereits vermerken, dass es nur noch eine «einzige grosse Lücke» im Gesamtbild der Wärmeverteilung auf der Erde gäbe, die Regionen «jenseits des südlichen Polarkreises».[162]

Humboldt verfolgte diese fortschreitende Globalisierung der Isothermenkarten aufmerksam. Belege dafür finden sich in seinen Sammlungen zu den isothermen Linien in den Kollektaneen. Um einige Beispiele zu nennen, erhielt Humboldt um 1830 einen Probedruck der *Isothermal chart, or view of climates & productions* des aus Amerika stammenden Pädagogen und Geographen William Channing Woodbridge (vgl. Abb. 3 in Kapitel «Das Klima wird global»). Es ist sehr wahrscheinlich, dass er zu dieser Karte durch Humboldt angeregt wurde. Denn kurz bevor er sie zeichnete, hatte Woodbridge Humboldt im Januar 1827 in Paris besucht. Als junger Mann hatte Woodbridge an einer Taubstummenschule in Connecticut Geographie unterrichtet und war schon von daher an grafischen Formen der Wissensvermittlung interessiert. Neben der *Isothermal chart* veröffentlichte er in den kommenden Jahren viele weitere Infografiken, auf die noch zurükgekommen wird. Der Kartenausschnitt seiner *Isothermal chart* ist bereits um 40 Längengrade größer als derjenige von Humboldts Karte. Doch auch bei dieser Karte handelt es sich noch nicht um eine Weltkarte. Die ausgeprägtere Krümmung der Isothermen, die Woodbridge auf die Nordhalbkugel zeichnete, lässt erahnen,

Abbildung 5 • Humboldt verfolgte die Entwicklung der von ihm erfundenen isothermen Linien genau. In den Kollektaneen finden sich mehrere Weltkarten, in denen sich das zunehmende Wissen um die Wärmeverteilung auf der Erde widerspiegelt. Hier in der 1850 publizierten *Meteorological Map of the world showing the distribution of the temperature of the air* von August Petermann.

dass er auf einen größeren Datenpool zurückgreifen konnte. Für die Südhalbkugel standen aber auch ihm kaum Daten zur Verfügung, weshalb die Klimazonen dort nach wie vor als parallel zum Äquator verlaufende Bänder dargestellt sind. Indes enthält die *Isothermal chart* ein Detail, das bis heute in Klimabildern präsent ist: die Farbgebung. Hatte Humboldt noch gänzlich auf eine Verdeutlichung der Temperaturunterschiede mittels Kolorierung verzichtet, markiert Woodbridge die heißen und warmen Klimate mit den ‹warmen› Farben Rot, Orange und Gelb und die gemäßigten sowie kalten Klimate mit den ‹kalten› Farben Hellgrün, Dunkelgrün und Blau.[163]

Ein weiteres Beispiel aus den Kollektaneen zum Kosmos, das die Entwicklung der Isothermenkarten zu Humboldts Lebzeiten illustriert, ist die 1850 publizierte *Meteorological Map of the world showing the distribution of the temperature of the air* von August Petermann (Abb. 5). Sie ist in ähnlicher Weise koloriert wie die Karte von Woodbridge. Es handelt sich bei ihr nun aber tatsächlich um eine komplette Weltkarte mit vielfach gekrümmten Isothermen auf der Nord- und Südhalbkugel.

Bis zur Mitte des Jahrhunderts hatte sich Humboldts Idee von 1817 in Fachkreisen durchgesetzt und wurde grafisch weiterentwickelt. Das bedeutete aber noch lange nicht, dass sein Konzept der isothermen Linien auch einer breiten Öffentlichkeit bekannt war. Noch lange nach seinem Tod finden sich in geographischen Übersichts- und Unterrichtswerken Illustrationen,

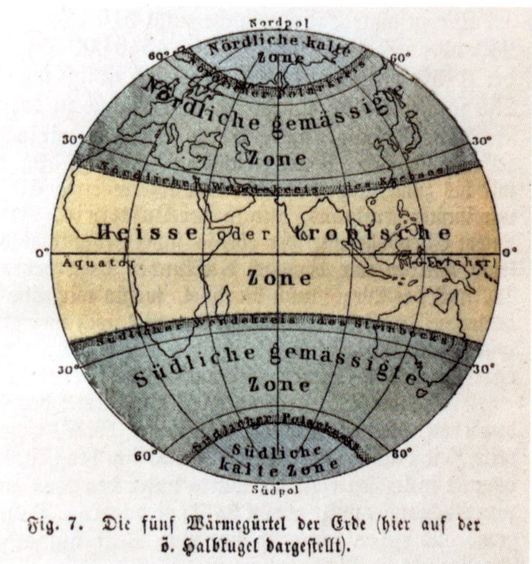

Abbildung 6 • Beharrlich hält sich die veraltete Zonendarstellung des Weltklimas in Schulbüchern und den Populärwissenschaften: Hier in der 1901 erschienenen 24. Auflage der Ernst von Seydlitz'schen *Geographie*, die für den Schulgebrauch gedacht war.

die die veraltete Zoneneinteilung der Erde reproduzieren (Abb. 6).

Die Grundlage für die voranschreitende Globalisierung der Isothermenkarten war, wie könnte es anders sein, die stete Zunahme an methodisch durchgeführten Temperaturmessungen. Wo immer Humboldt hinkam, versuchte er solche Messungen zu fördern. Wie dies bereits erwähnt wurde, regte er beispielsweise mit Erfolg während seiner Russlandreise im Jahr 1829 die Einrichtung eines meteorologischen Messnetzes an. Als Humboldt einige Jahre nach der Reise sein Werk über Zentralasien (*Asie centrale*[164]) publizierte, konnte er in der 1843 erschienenen französischsprachigen Ausgabe bereits genaue Durchschnittstemperaturen für 310 Orte auf der Nord- und der Südhalbkugel in einer Tabelle angeben (254 Orte mehr als in seiner Tabelle von 1817). Die 1844 erschienene deutsche Ausgabe dieses Werkes enthielt dann bereits Daten für 422 Orte. Und in der neun Jahre später erschienenen Aufsatzsammlung *Kleinere Schriften*[165] ließ er schließlich vier Temperaturtafeln drucken, in denen sich die Zahl auf 506 Orte erhöhte. In all diesen Fällen war Humboldt allerdings nur der Herausgeber der Tabellen. Hergestellt wurden sie von anderen. Für die Tabellen, die in seinem Werk über Zentralasien erschienen, zeichnete der Pädagoge und Meteorologe Wilhelm Mahlmann verantwortlich. Nach dessem frühen Tod übernahm der Physiker und Meteorologe Heinrich Wilhelm Dove die mühsame Aufgabe, die Temperaturdaten zu berechnen und für den Druck vorzubereiten. Aus der Feder dieses «Gelehrten», so Humboldt, dem «die Lehre von der Verbreitung der Wärme auf dem Erdkörper ihre jetzige Vollkommenheit verdankt»,[166] stammen die Tabellen im Anhang der Aufsatzsammlung *Kleinere Schriften*.

Dass Humboldt die Arbeiten an den Tabellen Fachwissenschaftlern übertrug, zeigt den zunehmenden Grad der Professionalisierung der Meteorologie zur Mitte des 19. Jahrhunderts. Zugleich verdeutlicht sich darin aber auch, dass klimatologische Forschungen stets auf der Zusammenarbeit von zahlreichen Forschern und auf der Zirkulation ihrer Messergebnisse in Briefen und Publikationen beruhen. Die Karten, Briefe, Notizen und Manuskripte in Humboldts Kollektaneen zum Kosmos stellen ein Archiv dieser Forschernetzwerke dar und verdeutlichen, dass er am Teamwork der Erforschung der Wärmeverteilung auf der Erde bis an sein Lebensende aktiv teilnahm. Immer wieder publizierte er die neuesten Ergebnisse auf diesem Forschungsfeld in seinen Artikeln und

Büchern. Allerdings veröffentlichte er nach 1817 keine Klimagrafiken mehr, die auf den ihm zur Verfügung stehenden Daten beruhten und mit der *Carte des lignes Isothermes* vergleichbar wären. Aber das bedeutet nicht, dass sich Humboldt nicht mehr mit der Entwicklung von Klimabildern befasste und mit dem Zeichenstift in der Hand erkundete, wie sich die Wärmeverteilung auf der Erde anschaulich vermitteln ließ. Damit kommen wir auf Humboldts Zeichnung der Karte der «isotherme[n] Linie von 10 °C» zurück.

Der Entwurf des Klimas

Zu welchem Zeitpunkt Humboldt den Stift angesetzt und begonnen hat, die Karte der «isotherme[n] Linie von 10 °C» zu entwerfen, lässt sich nur vermuten. Auf der Zeichnung findet sich kein Hinweis zum Zeitpunkt ihrer Entstehung. Wahrscheinlich zeichnete Humboldt sie erst, nachdem anderenorts Isothermenkarten publiziert worden waren, in denen sich diese Linien um den gesamten Globus spannten.

Bis Mitte der 1840er-Jahre war dies (wenigstens für die Nordhemisphäre) der Fall, was sich an der von Heinrich Berghaus um 1838 gezeichneten Karte der *Isothermenkurven der nördlichen Halbkugel, dargestellt in der Polar-Projection* verdeutlichen lässt (Abb. 7). Womöglich entstand Humboldts Skizze in dieser Zeit. Ein weiteres Indiz, das für diese Datierung spricht, hat mit der Publikation seiner *Untersuchungen über die Ursachen der Krümmungen der isothermen Linien* zu tun, die damals im dritten Teil seines Werks über Zentralasien erschien.[167] Humboldt knüpfte in ihr an seine Überlegungen zur Wärmeverteilung auf der Erde von 1817 an und erweiterte sie in einigen Punkten, insbesondere in der Frage, wie sich die Verteilung von Landmassen und Ozeanen auf den Verlauf der isothermen Linien und auf das globale Klima auswirken. Im Fokus stand für Humboldt die «eigenthümliche Modification des Absorptions- und Emissionsvermögens»[168] der festen und der flüssigen Oberfläche der Erde. Der Hintergrund ist der, dass Wasserflächen Wärme sehr viel langsamer aufnehmen als Landgebiete. Sie haben aber eine höhere Wärmekapazität, das heißt, sie speichern eine größere Menge an Wärme und geben diese über einen längeren Zeitraum hinweg auch wieder ab. Dadurch haben Gewässer und insbesondere Meere einen dämpfenden Einfluss auf das Klima und den Verlauf der isothermen Linien. Diese bekannte Tatsache veranlasste Humboldt, das Verhältnis der Verteilung von Land und Meer im globalen Maßstab möglichst genau zu bestimmen.

Humboldts Zeichnung der Karte der «isotherme[n] Linie von 10 °C» ist so gesehen der Versuch, die Auswirkung der Land-Meer-Verteilung auf den Verlauf der Isothermen grafisch zu ermitteln. Zu diesem Zweck fasst Humboldt die Kontinente zu vier großen, abstrakt geformten Figuren zusammen, die in ihren Umrissen entfernt noch an ihre bekannte Form erinnern. Wie bereits 1817, als Humboldt den tatsächlichen Verlauf der isothermen Linien glättete, um sein Hauptargument möglichst überzeugend zu vermitteln, abstrahiert er nun die Konturen der Erdteile, um sie in ihrem unterschiedlichen Vermögen, Wärme aufzunehmen, zu speichern und wieder an die Atmosphäre abzugeben, anschaulich zu präsentieren. Damit tat Humboldt nichts anderes, als die von ihm bevorzugte Methode, Mittelwerte zu bilden, auf die Flächenausdehnung von Ländern und Ozeanen zu übertragen.

Bei der Karte handelt es sich offenkundig um einen Entwurf, ein grafisches Experiment, mit dem Humboldt sein Wissen um die Ursachen der Wärmeverteilung auf der Erde nicht illustrierte, sondern überprüfte. Denn beim genauen Hinsehen lassen sich unter den mit Tinte gezeichneten Konturen der Erdteile Bleistiftlinien entdecken, die darauf hindeuten, dass Humboldt zunächst andere Formen im Sinn hatte. Ostsibirien etwa zeichnete er zunächst rund und weiter westlich liegend. Im südlichen Teil Asiens findet sich eine Bleistiftlinie, die den Erdteil bis zum Äquator verlängert und dann parallel in Richtung Afrika verläuft. Und im Nordwesten Südamerikas deutet eine diagonale Linie an, dass Humboldt diesen Erdteil anfangs etwas kleiner entwarf, als er am

Abbildung 7 • Heinrich Berghaus zeichnete bereits um 1838 weltumspannende isotherme Linien. Damals noch für die Nordhalbkugel und in Polarprojektion.

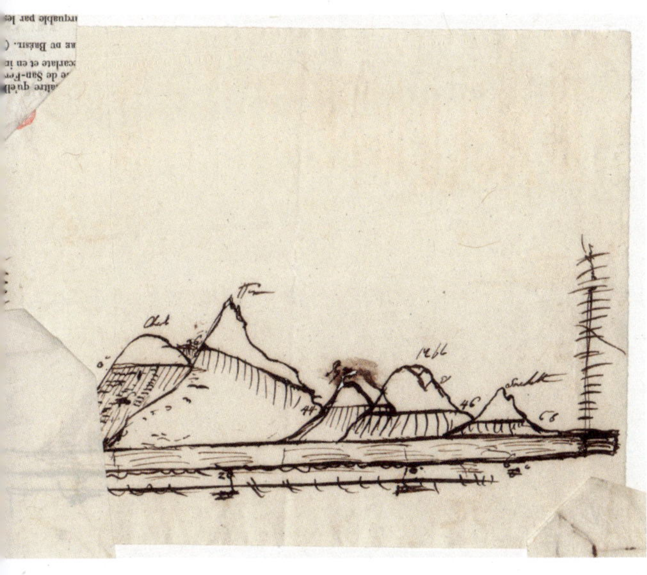

Ende erscheint. Zwischen der ersten Zeichnung mit Bleistift und der Fixierung der Formen in Tinte fand demnach eine gedankliche Entwicklung statt. Humboldt war sich über die Form und die Ausdehnung und die von ihm angenommene Auswirkung der Landmassen auf das Klima nicht von Anfang an im Klaren, sondern ermittelte sie im Prozess des Zeichnens. An der Karte lässt sich insofern nachvollziehen, wie Humboldt das Zeichnen methodisch einsetzte, um Annahmen über so komplexe Erscheinungen wie die Wärmeverteilung auf dem Globus grafisch zu erörtern und auf diese Weise womöglich zu neuen Einsichten über das Weltklima zu gelangen.

In den Kollektaneen gibt es zahlreiche solcher grafischen Versuche, die zeigen, wie Humboldt seine Annahmen immer wieder mit dem Zeichenstift in der Hand überprüfte. Unter ihnen finden sich beispielsweise synoptische Darstellungen der Schneelinien von Bergen und Gebirgen auf verschiedenen Breitengraden (Abb. 8) sowie experimentelle Untersuchungen zur «Température du Globe» (Abb. 9). Sie alle sind von Humboldt nicht mehr publiziert worden, wie der Entwurf zur Karte der «isotherme[n] Linie von 10 °C», der unter all diesen Zeichnungen einer der elegantesten ist. In der Klarheit und Reduziertheit der Linien hat sie eine besondere ästhetische Überzeugungskraft, auf die es Humboldt mit Sicherheit abgesehen hatte; genauso wie bei seiner Isothermenkarte von 1817.

Abbildung 8 • Humboldts Vergleich des Fallens der Schneelinie mit zunehmenden Breitengraden.

Lässt man die Ästhetik der Darstellung beiseite und wendet sich der wissenschaftlichen Tragweite der Karte zu, dann ist ein Vergleich mit den Isothermenkarten von Berghaus, Petermann und Woodbridge aufschlussreich. Sie unterlegten ihren vielfach gekrümmten Isothermen konkrete Weltkarten, in denen die Kontinente in ihren damals bekannten Umrissen möglichst präzise dargestellt sind. Selbstredend ist auch ihnen die große Wärmekapazität der Ozeane und ihr Einfluss auf den Verlauf der Isothermen bekannt. Aber keiner von ihnen kommt auf die Idee, diesen Einfluss im Sinne einer statistischen Größe grafisch auszudrücken. In seinen grafischen Versuchen und besonders in seiner Karte der «isotherme[n] Linie von 10 °C» zeigt sich Humboldt daher als ein kreativer Forscher, der anhaltend an einer visuellen Rhetorik arbeitet, die einen synoptischen Blick auf das Klima der Erde ermöglicht, der zugleich wissenschaftlich präzise und ästhetisch ansprechend ist.

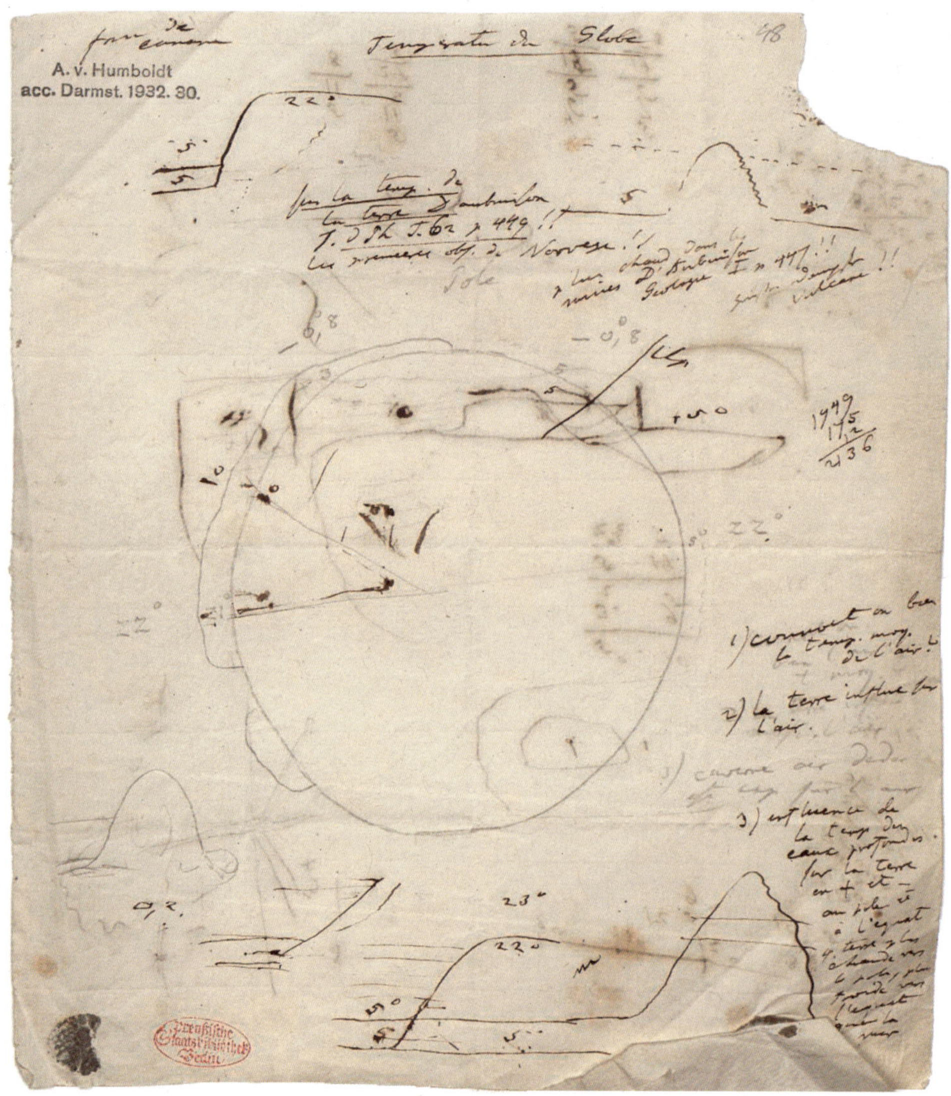

Abbildung 9 • Humboldts Entwurf einer Grafik zur «Température du Globe». In der Liste rechts unterhalb der Zeichnung erörtert Humboldt Fragen des Einflusses der Erde auf die Temperatur und umgekehrt.

Humboldt, ein Wegbereiter der modernen Klimagrafik?

Aber warum hat Humboldt die Karte der «isotherme[n] Linie von 10 °C» dann nicht publiziert? Wir wissen es nicht. Womöglich ist sie, wie einige Werke und Schriften Humboldts im Stadium des Entstehens stecken geblieben. Möglicherweise hatte er sie nur gezeichnet, um sich selbst ein klareres Bild über einen von ihm nur angenommenen Zusammenhang zu machen. Vielleicht überließ es Humboldt zum Entstehungszeitpunkt der Karte aber bereits einer jüngeren, professionalisierten

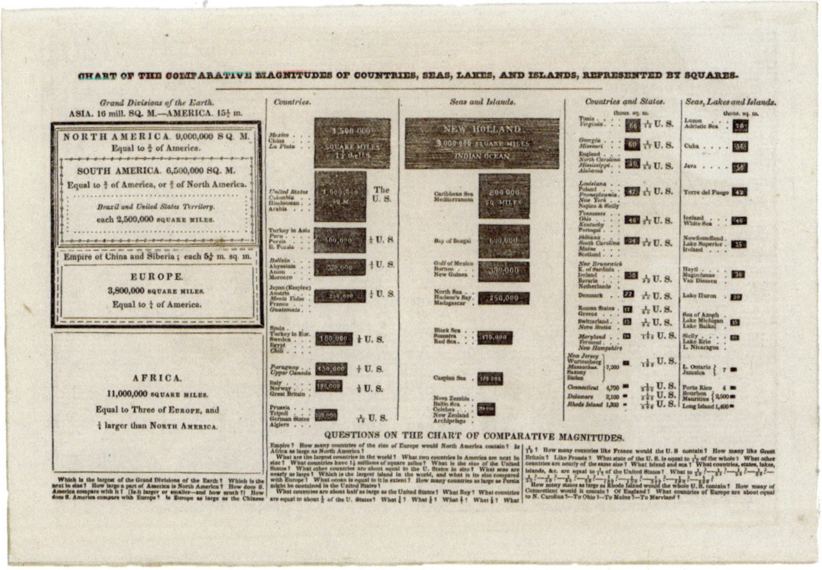

Meteorologengeneration, Klimabilder zu entwerfen und zu publizieren. Wie dem auch sei: Hätte er die Grafik weiter ausgearbeitet und veröffentlicht, dann wäre sie neben seinem *Naturgemälde der Anden* und seiner *Carte des lignes Isothermes* mit Sicherheit zu einer dritten Ikone geworden, die Humboldt als einen Wegbereiter der modernen Klimadatenvisualisierung zeigt.

Humboldt war aber nicht der Einzige, der grafische Ausdrucksweisen zur Visualisierung von (Klima-)Daten entwickelte. Andere Autoren wie William Playfair, Charles Joseph Minard und auch der bereits genannte William Woodbridge entwarfen zur selben Zeit wie er Infografiken.

Abbildung 10 • Auch so lässt sich die Verteilung von Land und Wasser auf der Erde illustrieren. William Woodbridges *Chart of the Comparative Magnitudes of Countries, Seas, Lakes, and Islands, Represented by Square* (um 1837).

Humboldt konnte sich also bereits auf etablierte Muster der Datenvisualisierung stützen. Auch seine Isothermen beruhen schlussendlich auf Vorläufern, etwa Karten der magnetischen Inklination und Deklination, die schon Anfang des 18. Jahrhunderts von Edmond Halley angefertigt worden waren. In seinem ersten Aufsatz über die isothermen Linien wies Humboldt auf diesen Einfluss ausdrücklich hin. Interessanter als die immer wieder thematisierte Frage, ob Humboldt ein Vordenker der Informationsgrafik war, ist daher der Umstand, dass er in einer Epoche lebte, in der man nicht mehr nur das visualisierte, was man sah, sondern auch das, was man über die Dinge wusste, und dass dabei die verschiedensten grafischen Repräsentationsweisen ausprobiert und entwickelt wurden. Das frühe 19. Jahrhundert ist eine erste Hochphase der heute allgegenwärtigen Visualisierung von Daten. Humboldt nimmt an dieser Entwicklung aktiv teil und testet in verschiedenen Disziplinen (und natürlich disziplinübergreifend) diverse grafische Verfahren, um seine ganzheitliche Sichtweise auf die Natur zu vermitteln und um sich auf diese Weise neues Wissen über die Natur zu erarbeiten. In seinen unpubliziert gebliebenen Klimabildern zeigen sich die Kollektaneen zum Kosmos als ein Papierlabor, in dem mit Bleistift, Feder, Tinte und Papier Klimawissen erzeugt und zur Anschauung gebracht wurde, das zuvor noch niemand gesehen, geschweige denn gedacht hatte und das heute unsere Auffassung vom Weltklima prägt.

Gebirge und die isothermen Linien

Humboldt positioniert auf seiner Skizze die Lage der Kontinente und die isothermen Linien und erwähnt die Gebirge (die er in seinem Entwurf aber größtenteils in den Textteil ausgelagert hat). Damit hat er die richtigen Faktoren erkannt, aber nicht die richtigen Mechanismen. Die Meeresferne bestimmt zwar die Kontinentalität des Klimas, aber der wichtigste Grund für die Wellen in der isothermen Linie von 10 °C ist die Lage der sogenannten planetaren Wellen. Dabei handelt es sich um großräumige, mehrere Tausend Kilometer lange Wellen in der erdumspannenden Westwindströmung der Mittelbreiten (in Abb. 11 als Linien gezeigt). Die Lage und Ausrichtung der Wellen ändert sich zwar ständig, aber im langjährigen Mittel zeichnet sich doch ein Muster ab. Dieses spiegelt sich in der isothermen Linie, denn auf der Vorderseite der Welle strömt oft warme Luft von Süden nach Norden, während auf der Rückseite kalte Luft von Norden nach Süden strömt. Regionen, die sich typischerweise auf der Vorderseite der Welle befinden, wie beispielsweise Westeuropa, werden durch diesen Luftstrom gewärmt. Es ist weniger der Golfstrom, der in Westeuropa zu einem milden Klima führt, sondern viel mehr die Lage dieser Welle.

Dass die Wellen eine bevorzugte Lage haben, liegt – und hier sind wir wieder bei Humboldt – an der Lage der Kontinente und der Gebirge. Wenn eine Luftströmung über ein großes Gebirge oder Hindernis fließt, entsteht dahinter ein Wellentrog (Abb. 12). Grund ist, dass sich die Strömung beschleunigt und daher auseinandergezogen wird. Die Luft hat aber eine Eigendrehung, weil sie im Gegenuhrzeigersinn um den Pol strömt, und diese Eigendrehung wird nun schwächer (ähnlich wie bei einem Eiskunstläufer, der während einer Pirouette die Arme ausstreckt). Die Luft wird nach Süden abgelenkt, und eine Welle entsteht. Die Wellen werden zusätzlich durch den starken Temperaturkontrast an den Ostseiten der Kontinente verankert, wo kalte Luft auf warme Meeresströmungen trifft.

Abbildung 11 • Wellen in der Westströmung im Winter über der Nordhalbkugel. Die Linien stellen das Druckfeld auf ca. 5 km Höhe dar, die Pfeile geben die Strömung an. Eingezeichnet sind auch die Lage von drei großen Hindernissen in der Strömung sowie die Land-Meer-Kontraste in der Temperatur an der Ostseite der Kontinente.

Abbildung 12 • Entstehung eines Trogs stromabwärts eines großen Gebirges.

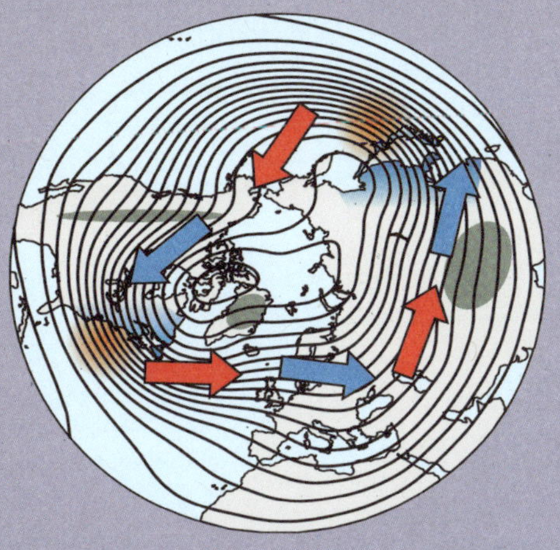

In der Westströmung der nördlichen Mittelbreiten, zwischen 40° N und 60° N, befinden sich drei hauptsächliche Hindernisse: die Rocky Mountains, das Tibetische Plateau (Humboldts «innerasiatischer Gebirgsknoten») und der Grönländische Eisschild. Letzteres ist ein weniger ausgeprägtes Hindernis, sodass zwei große und eine kleinere Welle zu sehen sind.

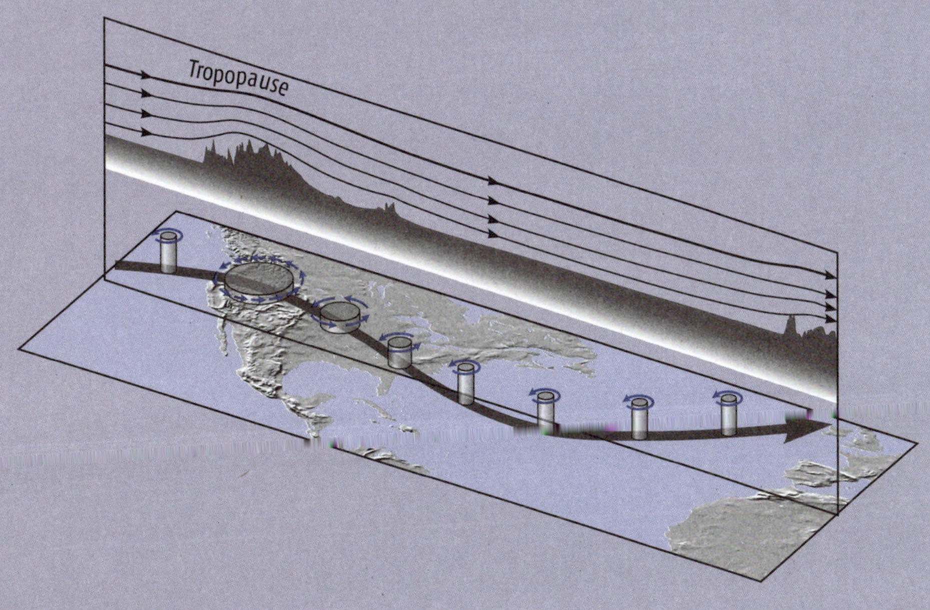

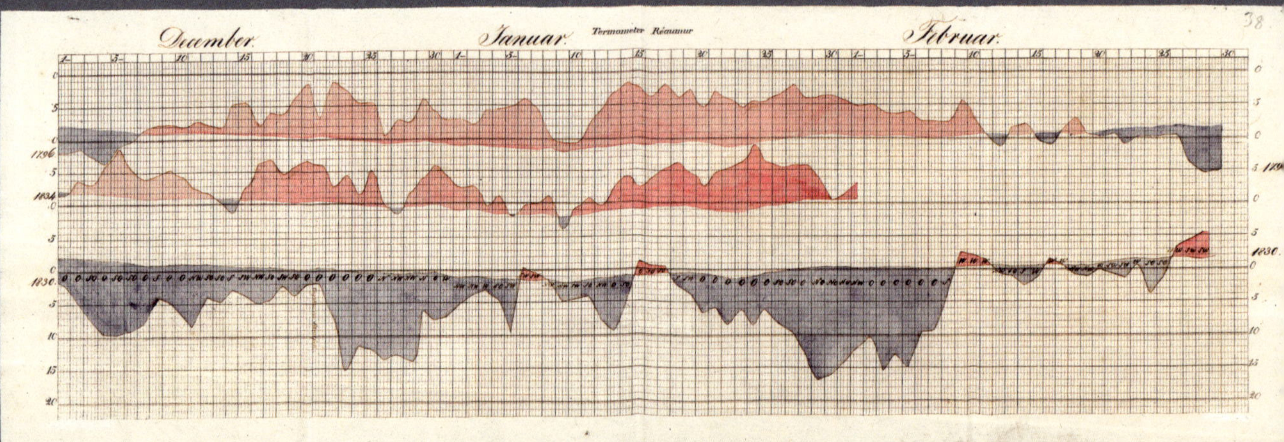

December
Januar
Termometer Réaumur
Februar

12. Ein eisiger Winter

Winter in Mitteleuropa können ganz unterschiedlich sein. Mal warm und feucht, mal kalt und trocken, mal schneereich. Drei ganz unterschiedliche Winter sind in der obigen Grafik, die in Humboldts Kollektaneen zu finden ist, dargestellt. Für jeden der Winter zeigt eine Linie den Temperaturverlauf vom 20. Dezember bis zum 15. Februar. Eine zweite, dünnere Linie zeigt den langjährig gemittelten Temperaturverlauf, diese Linie ist für alle drei Winter gleich. Die Fläche zwischen den Kurven ist rot gefärbt, wenn sich die Temperatur des Winters oberhalb des langjährigen Mittels befindet, blau, wenn sie unterhalb ist. Bei den drei Wintern handelt es sich um 1795/1796, 1829/1830 und 1833/1834. Die Temperaturkurve des letzten der drei Winter endet im Januar 1834, möglicherweise entstand die Darstellung kurz darauf. Das Blatt gibt keine Auskunft darüber, an welcher Messstation die Reihen gemessen wurden. Vieles deutet aber darauf hin, dass es sich um die Station Berlin handelt. Die Daten stammen ursprünglich möglicherweise von Johann Heinrich Mädler, der damals in Berlin Messungen durchführte (vgl. Kapitel «Klimareihen als Spiegel von Geschichte und Geschichten») und eine ähnliche Grafik publiziert hatte, die sich ebenfalls in Humboldts Kollektaneen befindet.

Abbildung 1 • Grafische Darstellung von Temperaturmessungen in den Wintern der Jahre 1796, 1830 und 1834.

Nachdem sich Humboldt lange Zeit vor allem mit den mittleren Klimaverhältnissen auseinandersetzte, begann er sich gegen Ende seines Lebens vermehrt für kalte Winter zu interessieren. Davon zeugt in den Kollektaneen sein recht umfangreicher Briefwechsel mit dem viel jüngeren Mathematiker und Astronomen Jakob Philipp Wolfers (1803–1858), der sich auch intensiv mit der Berliner Temperaturreihe und hier insbesondere mit «strengen und gelinden Wintern»[169] auseinandersetzte. Sein Versuch, anhand von bestimmten Mustern des Temperaturverlaufs zu Beginn eines Winters den weiteren Verlauf vorherzusagen, blieb erfolglos. Aber vor diesem Hintergrund ist wohl die dargestellte Quelle zu verstehen, als Forschung mit dem Ziel einer saisonalen Vorhersage. In diesem Kapitel geht es um den Perspektivenwechsel vom mittleren Klima zum schwankenden Klima – nicht nur bei Humboldt.

Abweichungen vom Mittelwert

Klimavariablen wie Temperatur oder Niederschlag variieren auf verschiedenen Zeitskalen. Das Wetter kann in Minutenschnelle umschlagen, Sommer können warm, trocken, feucht oder nass sein, und das Klima kann sich über längere Zeit hinweg verändern. «Klima» nennen wir üblicherweise den mittleren Zustand über 30 Jahre. Das entspricht dem Bedürfnis des Menschen, die ständigen Veränderungen als Abweichungen von einem Mittel zu begreifen. Damit lässt sich dann beispielsweise ein spezieller Sommer vergleichen. Das impliziert gleichzeitig, dass das mittlere Klima stabil ist. Der Klimawandel zeigt uns aber eindrücklich, dass dies nicht der Fall ist. So ist die heutige Normperiode (1991–2020) für die Sommertemperatur in der Schweiz ganze 1,7 °C wärmer als die noch vor zwei Jahren gültige Normperiode 1961–1990 (vgl. Abb. 2). Das Konzept des Normklimas hat ausgedient.

Der Ansatz, das Klima als Statistik einer 30-Jahres-Periode zu definieren, stammt aber aus einer Zeit, als das Klima – abgesehen von erdgeschichtlichen Schwankungen (vgl. Kapitel «Über vormalige Tropenwärme») und abgesehen von Eiszeiten, die gegen Ende von Humboldts Leben bekannt waren, denen er aber kritisch gegenüberstand (vgl. Kapitel («(Keine) Eiszeit») – als konstant angesehen wurde. Diese statistische Klimadefinition wird üblicherweise Julius von Hann zugeschrieben. Aber Humboldt selbst, mit seinem starken Fokus auf die Beschreibung und Erklärung der mittleren Klimaverhältnisse, stand Pate.

Selbstverständlich wusste auch Humboldt, dass jedes Jahr einen anderen Temperaturverlauf hat. Aber die kontrollierenden Faktoren des mittleren Klimas waren kompliziert genug. Dieses wollte er überhaupt erfassen und darstellen und über die empirische Herangehensweise den dahinterliegenden Mechanismen auf die Spur kommen. Abweichungen sind hier ein Störfaktor. Damit war Humboldt nicht allein. Der Meteorologe Friedrich Ludwig Kämtz (vgl. Kapitel «Das Klima wird global») schrieb in seinem Lehrbuch der Meteorologie sogar: «Außergewöhnliche Fakten lehren uns nichts»[170] – aus Extremereignissen kann man nichts lernen. Humboldt begriff das mittlere Klima als Produkt vieler Wechselwirkungen, als ein dynamisches Gleichgewicht. Das zeigt sich in einer Klimadefinition in seinem *Kosmos*, welche die Funktionsweise des Erdsystems in den Mittelpunkt rückte:

> Das Wort Klima bezeichnet allerdings zuerst eine spezifische Beschaffenheit des Luftkreises, aber diese Beschaffenheit ist abhängig von dem perpetuierlichen Zusammenwirken einer all- und tiefbewegten, durch Strömungen von ganz entgegengesetzter Temperatur durchfurchten Meeresfläche mit der wärmestrahlenden trockenen Erde, die mannigfaltig gegliedert, erhöht, gefärbt, *nackt* oder mit Wald und *Kräutern bedeckt* ist.[171]

Diese Klimadefinition scheint aus heutiger Sicht wegweisend, beschrieb sie doch in zwei Sätzen relativ konkret, was wir heute als Erdsystemmodell bezeichnen. Auch in seiner anderen, noch berühmteren Klimadefinition definiert Humboldt das Klima durch Veränderungen der Atmosphäre:

> Der Ausdruck Klima bezeichnet in seinem allgemeinsten Sinne alle Veränderungen in der Atmosphäre, die unsere Organe merklich afficiren.[172]

Trotzdem waren die Schwankungen des Klimas selbst für ihn kein Thema. Heute hat sich die Perspektive geändert. Es interessiert nicht nur das mittlere Klima und dessen Veränderung, sondern auch einzelne kalte oder warme Jahre oder Jahreszeiten wie Trocken- und Hitzesommer. Besonders interessieren extreme Wetter- und Klimasituationen, Starkniederschlagsereignisse, Stürme, Hitzewellen. Kalte Winter, wie der in der Grafik dargestellte Winter 1829/1830, gehören auch dazu. Auch in Zeiten des Klimawandels kann ein kalter Winter für Wirtschaft und Bevölkerung noch Konsequenzen haben und hohe Kosten verursachen, so sind Straßen-, Flug- und Zugverkehr beeinträchtigt, aber besonders der Energiebedarf und die Energieerzeugung. So besteht auch heute durchaus ein Interesse daran, solche Ereignisse besser zu verstehen. Eine genaue Rekonstruktion eines extrem kalten Winters könnte als Blaupause für Simulationen der Auswirkungen eines solchen Winters dienen, und letztlich kann ein besseres Verständnis dazu beitragen, kalte Winter besser vorhersagen zu können.

Der spezifische Winter 1829/1830 interessiert auch, weil er, obschon ein Einzelereignis, in den generellen Klimaverlauf passt und uns von dieser Seite her auch die extremen Ausprägungen langfristiger Klimaschwankungen zeigt. Damals befand sich das Klimasystem in der letzten Phase der Kleinen Eiszeit (vgl. Kasten «Kleine Eiszeit und die Klimaerwärmung»), in welcher nach einer relativen Wärmephase (der Winter 1795/1796 passt gut in dieses Bild) eine rasche und dauerhafte Abkühlung folgte. Die 1810er- bis 1840er-Jahre waren in Europa die kälteste Phase der letzten 300 Jahre, und darin sticht insbesondere der Winter 1829/1830 hervor. Im östlichen Mitteleuropa zählt dieser Winter zu den kältesten der letzten 350 Jahre. Kälter war nur noch der Jahrtausendwinter 1708/1709 sowie vermutlich 1939/1940.

Kleine Eiszeit und die Klimaerwärmung

Humboldt erlebte die letzte Phase der sogenannten Kleinen Eiszeit. Der Begriff wird heute für die Periode zwischen der Mitte des 14. und der Mitte des 19. Jahrhunderts verwendet. In dieser Zeit kam es zu mehreren Gletschervorstößen in den Alpen, der letzte um die Mitte des 19. Jahrhunderts, gegen Ende von Humboldts Leben. Der Verlauf der Sommertemperatur in der Schweiz seit 1685 ist in Abbildung 2 gezeigt.[173]

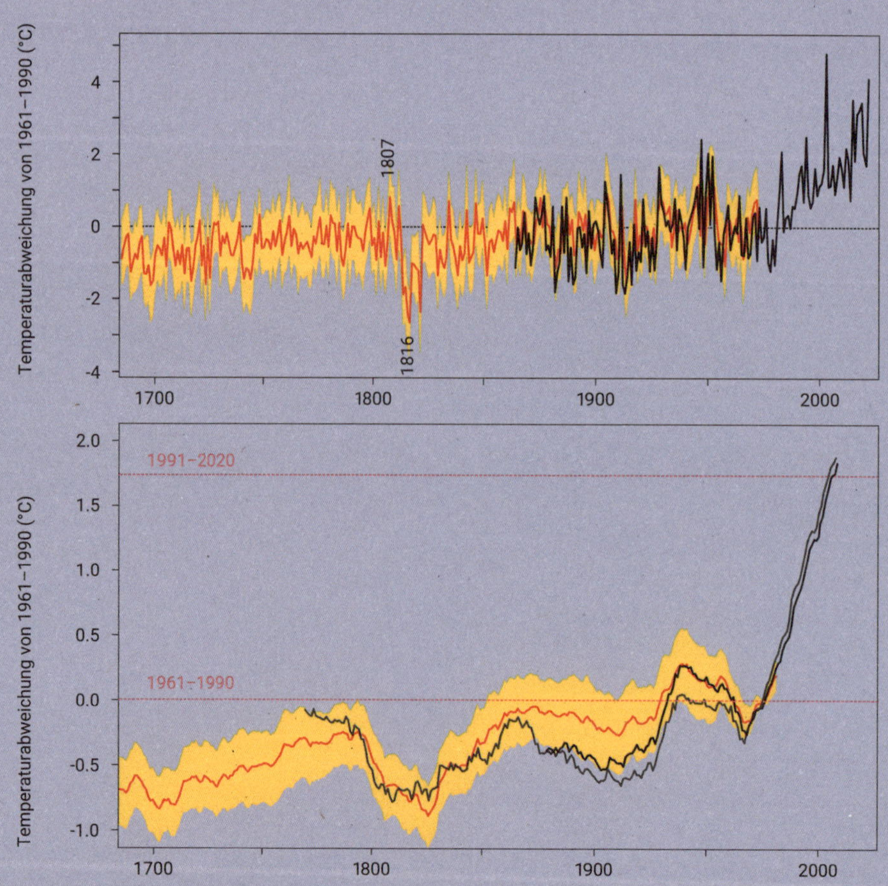

Verschiedene Faktoren trugen zur Kleinen Eiszeit bei. So traten Vulkanausbrüche gehäuft auf. Ihre abkühlende Wirkung auf das globale Klima ist bekannt (vgl. Kapitel «(K)ein Jahr ohne Sommer»). Die letzte Phase ab 1810 wurde durch fünf tropische Vulkanausbrüche eingeleitet, aber das Klima blieb auch darüber hinaus über längere Zeit kühl. Auch die Sonnenaktivität war zu dieser Zeit (wie auch in früheren Phasen der Kleinen Eiszeit) tief, die Auswirkungen davon sind aber wohl klein. Daneben gab es auch zufällige Schwankungen, verursacht durch die Launen der atmosphärischen Zirkulation im Wechselspiel mit den Ozeanen, wie es sie immer gibt und geben wird und wie sie Alexander von Humboldt treffend benannte: «perpetuirliches Zusammenwirken». Was die Kombination einer generell kühleren Zeit mit einer solchen Schwankung bewirken kann, zeigte der Winter 1829/1830.

Die Kleine Eiszeit endete mit dem ausgehenden 19. Jahrhundert, es begann eine Phase der globalen Erwärmung. Bereits in der ersten Hälfte des 20. Jahrhunderts war die Zunahme menschengemachter Treibhausgase für einen Teil der Erwärmung verantwortlich. Dazu kamen das Ausbleiben größerer Vulkanausbrüche sowie eine Zunahme der Sonnenaktivität, welche in den 1950er-Jahren ihr Maximum erreichte. In der Nachkriegszeit blieb die Temperatur zunächst für kurze Zeit stabil – vermutlich, weil der Ausstoß von Partikeln stark zunahm und den Effekt der Treibhausgase über den Industriegebieten kompensierte. Seit etwa 1970 erfolgt eine umso schnellere Erwärmung.

Diese letzte Erwärmungsphase ist in der Sommertemperatur in der Schweiz eindrücklich zu sehen (Abb. 2). Sie stellt alles Vergangene bei Weitem in den Schatten. Man kann sich im natürlichen Klimasystem kaum einen größeren Kontrast vorstellen als zwischen dem Hitzesommer 1807 (vgl. Kapitel «Ein Jahrhundertsommer in Rom») und dem durch einen massiven Vulkanausbruch verursachten «Jahr ohne Sommer» 1816 (vgl. Kapitel «(K)ein Jahr ohne Sommer»). Selbst diese Spannbreite ist klein gegenüber der Veränderung, die wir aktuell (ohne Vulkanausbruch) erleben. Die Temperatur ist heute (Mittelwert 1993–2022) ca. 2,5 °C wärmer als zu Humboldts Lebzeiten. Die Steilheit der Zunahme ist nach heutigem Wissensstand ebenfalls nie dagewesen: um 0,6 °C nimmt die Temperatur zu – pro Jahrzehnt!

Abbildung 2 • Sommermitteltemperatur in der Schweiz aus Rekonstruktionen (rot, mit Unsicherheitsbereich), aus der längsten Schweizer Messreihe von Basel (grau) und im Schweizer Mittel (schwarz). Gezeigt sind oben Jahreswerte und unten 30-jährige gleitende Mittelwerte relativ zur Temperatur 1961–1990.[174]

Anatomie des Winters 1829/1830

Was wissen wir heute über den Winter 1829/1830 und über kalte Winter in Mitteleuropa generell? Wenden wir uns zunächst diesem Winter zu. In Mitteleuropa froren zahlreiche Flüsse und Seen zu. In der Schweiz froren auch Zürichsee, Bodensee (Abb. 3), Thunersee, Vierwaldstädtersee und Neuenburgersee zu. Der kalte Winter kündigte sich mit einem ersten Kaltluftvorstoß Ende November an. Temperaturmessungen aus der Schweiz (immerhin bereits von 22 Stationen, vgl. Abb. 4) zeigen einen Temperatursturz von 15 °C, danach stiegen die Temperaturen wieder über den Gefrierpunkt. Ein zweiter Kaltluftvorstoß erfolgte Ende Dezember und auch die erste Januarhälfte blieb kühl. Der stärkste Kaltluftvorstoß wurde dann Anfang Februar verzeichnet, mit Temperaturen bis –30 °C und schweizweit Temperaturen unter –20 °C. Eine Temperaturkarte mit den Messungen für den 2. Februar 1830 ist in Kapitel 2 «Klimadaten als Spiegel von Geschichte und Geschichten» in Abb. 7 gezeigt. Nur der Weissenstein, der fast 1000 m über das Schweizer Mittelland aufragt und damit über dem Kaltluftsee lag, sowie das Genferseebecken, hatten etwas höhere Temperaturen, die mit –16 °C aber immer noch weit unte dem Gefrierpunkt lagen. Das Wetter war oft trocken und die Bewölkung gering. Ende Februar beendete eine Föhnphase den Kaltwinter.[175]

Wie können wir diesen Winter in das normale Wettergeschehen einordnen? Normalerweise bringt die vorherrschende Westströmung im Winter feuchte und milde Meeresluft nach West- und zum Teil auch Mitteleuropa. Nach Osten nimmt die Temperatur rasch ab, im kontinentalen Klima Russlands sind die Winter meist sehr kalt. Ist die Westströmung schwächer, dann fehlt die Zufuhr wärmerer Luft und die Temperaturen sinken. Besonders stark sinken die Temperaturen, wenn die Westströmung gänzlich blockiert ist. In solchen Situationen kann die Kaltluft aus Nordrussland in einer Nordostströmung gegen Mittel- und Westeuropa vorstoßen und hier zu «sibirischen Wintern» führen (die Luft stammt dabei allerdings meist nicht aus Sibirien). Bekannte Beispiele für solche Situationen sind die Winter 1962/1963 oder 2009/2010. Geht man aber weiter zurück in die Vergangenheit, findet man eine Vielzahl solcher Winter.

Abbildung 3 • Der Konstanzer Hafen bei der Seegfrörne 1830, Bild von Wendelin Moosbrugger.

Die Stärke der Westströmung wird durch die quasistationären Drucksysteme über dem Atlantik, Islandtief und Azorenhoch, gesteuert. Wenn beide stark ausgeprägt sind, dann ist die West- oder Südwestströmung stärker, sind beide schwach, ist auch die Westströmung schwach. Wenn sich der Druckgradient sogar umdreht (hoher Druck im Norden, tiefer Druck im Süden), liegt eine blockierende Lage vor. Ein Maß für den Druckgradienten über dem Nordatlantik ist die sogenannte Nordatlantische Oszillation (vgl. Kasten «Nordatlantische Oszillation»): Ist sie in einem positiven Modus, bedeutet dies, dass der Druckgradient und damit die Westwinde stark sind.

Im Winter 1829/1830 war der Luftdruck über der Nordsee und Südskandinavien höher als

Anton
Burkart I.U.D.
Burgermeister.
Stadtschreiber
Joseph Schneider.
Joseph Mohr.

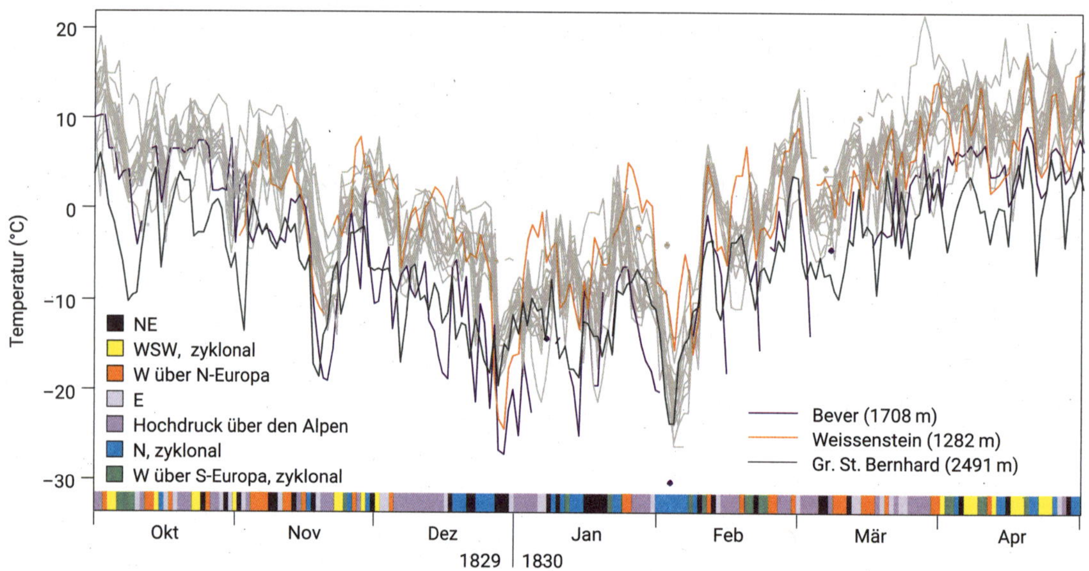

normal (Abb. 5, unten). Es ist keine klassische negative Nordatlantische Oszillation, aber trotzdem ein Zeichen für häufige blockierte Situationen über Skandinavien. Somit konnte häufiger Kaltluft aus Nordrussland nach Südwesten strömen. Eine tägliche Wetterlagenklassifikation zeigt häufige Nordost-, Nord- oder Ostlagen.[176] Dies erklärt die stark negativen Temperaturabweichungen im östlichen Mitteleuropa. Genau umgekehrt verlief der Winter 1795/1796 (Abb. 1 oben, Abb. 5, oben). Die Druckabweichungen waren negativ über Island und dem nördlichen Nordatlantik, positiv über der Iberischen Halbinsel. In dieser Situation wurden West- und Mitteleuropa durch Anströmen milder Meeresluft erwärmt. Der Winter 1795/1796 fügt sich in eine Reihe warmer Winter (vgl. dazu auch den Kasten «Übung macht den Meister» in Kapitel 15). Es war eine kürzere, wärmere Zeit, bevor die Abkühlung des frühen 19. Jahrhunderts begann.

Abbildung 4 • Temperaturverlauf am Morgen im Winter 1829–1830 an 22 Stationen in der Schweiz. Drei hoch gelegene Stationen sind farbig hervorgehoben. Ebenfalls eingetragen sind tägliche Wetterlagen. Am kältesten wurde es in Bever Anfang Februar mit −30 °C; 16 der 22 Stationen verzeichneten Werte unter −20 °C.

Wetter aus der Stratosphäre

Was sind die Ursachen einer negativen Nordatlantischen Oszillation? Einige solcher Phasen haben ihren Ursprung in der oberen Stratosphäre, in 50 km Höhe (vgl. Kasten «Plötzliche Stratosphärenerwärmung und Winterwetter»), wo im Winter ein stabiler Tiefdruckwirbel herrscht. Ungefähr alle zwei bis drei Jahre kommt es vor, dass dieser Wirbel plötzlich zusammenbricht. Diese Störung pflanzt sich nach unten fort. Die Tropopause, die Begrenzungsschicht zwischen Stratosphäre und Troposphäre, ist oft Endstation. Manchmal ergreift die Störung aber auch die Troposphäre, also die Wetterschicht, welche die untersten 8–16 km umfasst. Dann wird das Wetter oft über mehrere Wochen durch diese Störung geprägt. Über Europa werden die Westwinde schwächer und blockierende Lagen häufiger.

Bleibt zu klären, warum der Stratosphärenwirbel kollabiert. Die Westwindströmung, welche in der Troposphäre den Erdball in den Mittelbreiten umspannt, hat ein großräumiges Wellenmuster. Große Wellen pflanzen sich nach oben fort, können sich in der Stratosphäre brechen und den Wirbel zum Kollaps bringen. Wie oft dies geschieht, ist stark vom Zufall abhängig, einige Einflussgrößen können aber trotzdem ausgemacht werden. So begünstigen El Niño-Ereignisse im Pazifik diese Zirkulation. Der oben genannte kalte Winter 1939/1940 könnte als Beispiel dafür angeführt werden. Auch Einflüsse der Erdoberfläche wie die Temperatur des Nordatlantiks oder die Schneebedeckung Eurasiens spielen eine Rolle. Eine hohe Schneebedeckung vermindert die Strahlungsbilanz, verstärkt den Höhentrog über Sibirien und kann sich auch in einer Abschwächung des Polarwirbels auswirken. Vulkanausbrüche verstärken dagegen den Polarwirbel, haben also den gegenteiligen Effekt. Weitere Faktoren sind die Windrichtung der tropischen Stratosphäre sowie die Sonnenaktivität. Im Beispiel 1829/1830 dürfte aber vor allem der Zufall eine Rolle gespielt haben.

Zu Humboldts Lebzeiten waren Schwankungen der atmosphärischen Zirkulation und deren Ursachen noch gänzlich unerforscht. Zwar war bekannt, dass die Wintertemperaturen in Dänemark und Grönland jeweils gegenläufig schwanken.[177] Die dafür verantwortlichen Druckzentren, das Islandtief und das Azorenhoch, wurden aber erst ab den 1870er-Jahren näher untersucht. Es brauchte dazu längere Beobachtungsreihen und zumindest eine rudimentäre Vorstellung der großräumigen atmosphärischen Zirkulation, die in diesen Jahren erst entstand. Aus diesen Arbeiten entwickelte sich über die folgenden Jahrzehnte das Konzept der Nordatlantischen Oszillation (vgl. Kasten «Nordatlantische Oszillation»). Der Einfluss der Stratosphäre darauf wurde erst ab den 1970er-Jahren untersucht.

Auch heute noch sind nicht alle Details des Mechanismus klar. Trotz besserem Verständnis der Vorgänge ist die Vorhersage, ähnlich wie bei Wolfers, immer noch extrem schwierig. Dabei wären Prognosen auf der saisonalen Skala sehr gefragt. Große Forschungsanstrengungen fließen daher heute in den Bereich der saisonalen

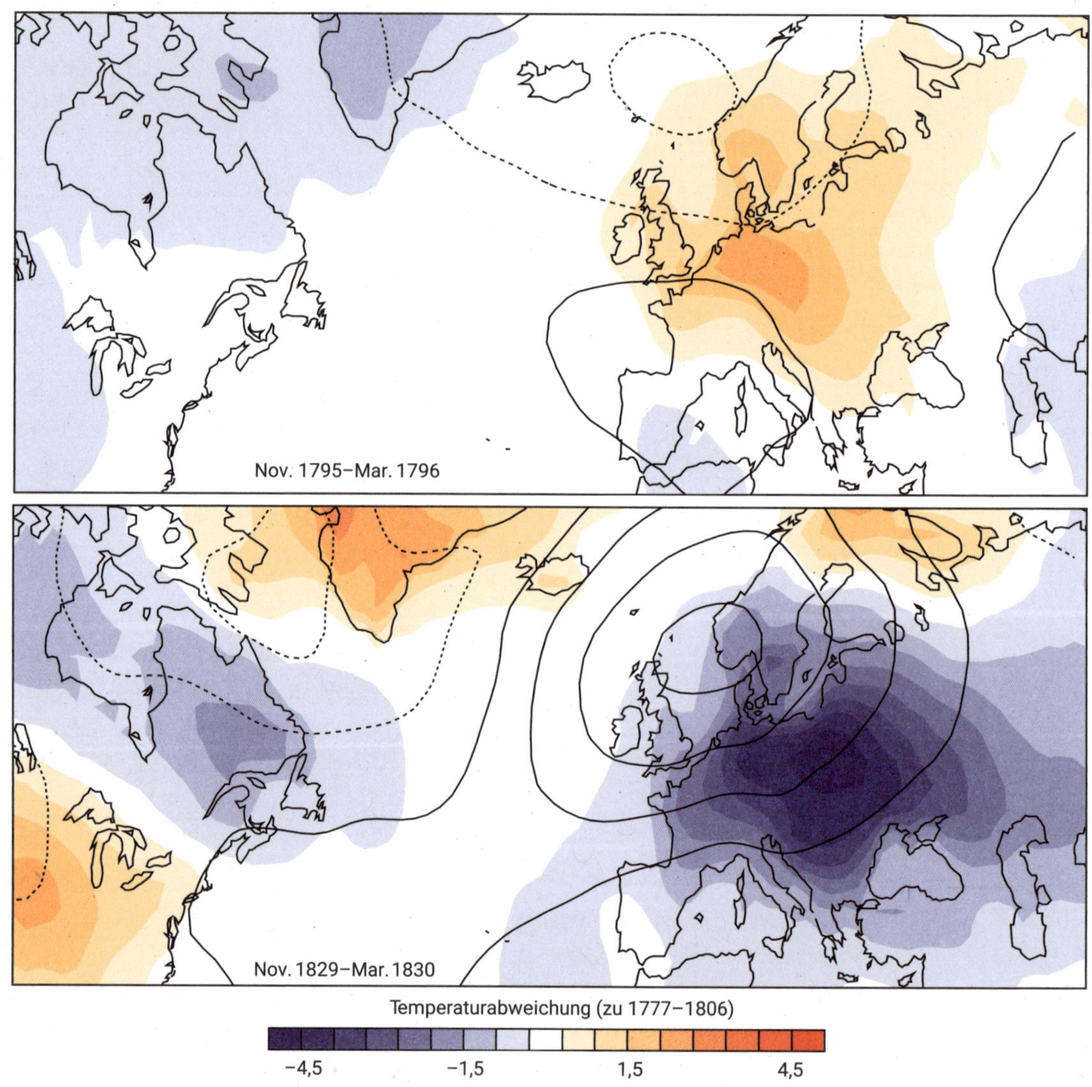

Vorhersage. Anders als bei der Wettervorhersage sind hier die Anfangsbedingungen der Atmosphäre – das «Wetter von gestern» – kaum mehr relevant. Man muss sich daher auf andere Faktoren stützen, welche Abweichungen auf der saisonalen Skala bewirken können. Dazu gehören die Meeresoberflächentemperaturen wie beispielsweise das El Niño-Phänomen im Pazifik. Weitere

Faktoren sind die Eisbedeckung der Arktis, die eurasische Schneedecke (der «Schnee von gestern») und im Frühling und Sommer die Bodenfeuchte. Aber auch die Stratosphäre selbst spielt hier eine Rolle. So gibt es einen 28-monatigen Zyklus der äquatorialen stratosphärischen Winde, der auch plötzliche Stratosphärenerwärmungen über dem Pol begünstigen kann – und vorhersagbar ist. Allerdings sind all diese Faktoren für sich genommen nur schwach mit dem Wettergeschehen verbunden und ihr Zusammenwirken ist nicht gut verstanden. Modelle sind daher noch nicht in der Lage, gute saisonale Vorhersagen für Europa zu liefern.

So überraschte der Januar 2010 Westeuropa mit Rekordminustemperaturen und Schnee. Die Britischen Inseln lagen unter einer Schneedecke, was in Satellitenbildern besonders eindrücklich erscheint (Abb. 6). Der Winter setzte sogar einen neuen Rekord für eine negative Nordatlantische Oszillation. Auch 170 Jahre nach dem Briefwechsel von Humboldt und Wolfers bleiben gelinde und strenge Winter ein Thema der aktuellen Forschung.

Abbildung 5 • Temperaturrekonstruktionen für den warmen Winter 1795/1796 (oben) und den kalten Winter 1829/1830, jeweils als Abweichung der Periode 1777–1806.

Abbildung 6 • Terra-Satellitenaufnahme vom 7. Januar 2010 (MODIS Rapid Response Team).

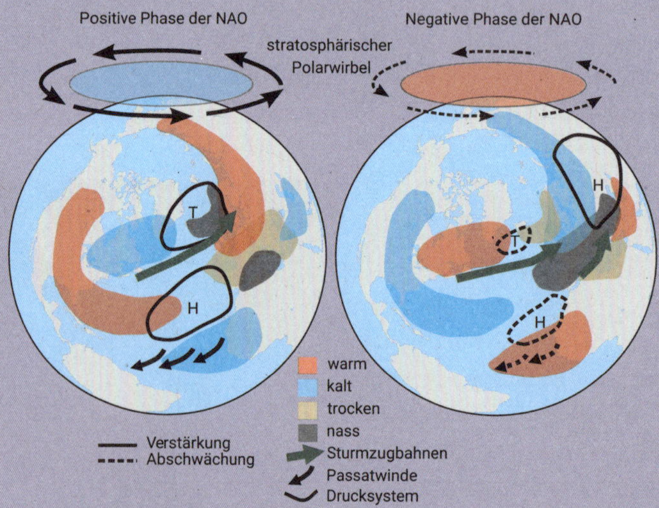

Abbildung 7 • Schematische Darstellung der positiven und negativen Phase der Nordatlantischen Oszillation.

Nordatlantische Oszillation

Schwankungen des winterlichen Klimas in Europa werden oft mit der Nordatlantischen Oszillation in Beziehung gebracht. Die Nordatlantische Oszillation beschreibt den Zustand der beiden wichtigsten für das Wetter in Europa verantwortlichen Drucksysteme: des Azorenhochs und des Islandtiefs.[178] Es zeigt sich, dass die beiden Drucksysteme oft gegenläufig schwanken. Wenn das Azorenhoch stark ist, also der Druck hoch, dann ist oft das Islandtief ebenfalls stark (der Druck tief). In dieser Situation ist der Druckgradient groß und entsprechend auch die Westströmung, die dann oft eher eine Südwestströmung ist. Warme, feuchte Luftmassen strömen dann nach Nord- und Westeuropa, entsprechend wird der Winter warmfeucht ausfallen. Südeuropa erlebt in dieser Situation eher einen trockenen Winter. Diese Situation entspricht dem positiven Modus der Nordatlantischen Oszillation (Abb. 7 links).

Ist das Azorenhoch schwach und auch das Islandtief schwach, dann ist die Westströmung über dem Atlantik schwach. Sie erreicht Europa oft etwas südlicher, sodass die Winter dort feucht sind, während vor allem Nordosteuropa einen kalten Winter erlebt (Abb. 7 rechts). Dies ist der negative Modus der Nordatlantischen Oszillation. Wenn das Azorenhoch sogar zu einem Azorentief und das Islandtief zu einem Islandhoch werden, kommt es zu einer Druckumkehr über dem Atlantik. Bei einer solchen extrem negativen Nordatlantischen Oszillation ist die Westströmung vollständig blockiert. Kalte Luftmassen aus Nordrussland können nach Mitteleuropa vordringen und hier zu kalten Wintern führen.

Verschiedene Faktoren wie Vulkanausbrüche, El Niño und Treibhausgase, sogar Sonnenaktivität und stratosphärischer Ozonabbau wirken sich auf die Nordatlantische Oszillation aus. Vor allem aber sind es zufällige Schwankungen. Offenbar ist die Nordatlantische Oszillation ein bevorzugtes Reaktionsmuster des Klimasystems auf verschiedenste Einflüsse. Wichtig ist dabei auch die Stratosphäre (vgl. Kasten «Plötzliche Stratosphärenerwärmung und Winterwetter»).

Abbildung 8 • Plötzliche Stratosphärenerwärmungen und ihr Einfluss auf das Winterwetter.

Plötzliche Stratosphärenerwärmung und Winterwetter

Mitteleuropa wird im Januar oder Februar oft von Kaltluftausbrüchen heimgesucht. Wenn die großräumige Weströmung blockiert ist (vgl. Kasten «Nordatlantische Oszillation»), kann arktische Kaltluft aus Nordrussland gegen Westen vordringen und hier zu gefrorenen Seen führen. Der Ursprung solcher Ereignisse – nicht der Ursprung der Luft! – liegt manchmal in der Stratosphäre. Diese wird im Winter durch einen starken, kalten, über dem Nordpol liegenden Polarwirbel dominiert, dessen Rand über den Mittelbreiten liegt. Der Wirbel steht in Wechselwirkung mit der Zirkulation der Troposphäre. In der Westwindströmung in der Troposphäre hat es großräumige (mehrere Tausend Kilometer lange) Wellen, welche durch Gebirge und die Land-Meer-Verteilung ausgelöst werden, aber je nach Wettersituation unterschiedlich stark ausgeprägt sein können. Diese Wellen breiten sich auch nach oben in die Stratosphäre hinein aus. In der immer dünner werdenden Luft kommt es zum Brechen der Wellen, was den Polarwirbel bremst.

Wenn die Westwindzirkulation stark und die Wellenstruktur nicht ausgeprägt ist, bleibt der Polarwirbel kalt und stark. Wetterereignisse mit großen Wellen können aber dazu führen, dass der Polarwirbel stark abgeschwächt wird und sogar zusammenbricht und umgedreht wird. In der oberen Stratosphäre, in 50 km Höhe, kommt es zu fast explosionsartigen Erwärmungen von 30–70 °C innerhalb weniger Tage; ein Phänomen, das erstmals 1952 durch Richard Scherhag in Berlin beschrieben wurde. Weil sich Wellen nur im Westwind ausbreiten können, werden sich nachfolgende Wellen bereits in niedrigerer Höhe brechen und den Wind dort bremsen. So wandert die Störung des Wirbels innerhalb von 10–14 Tagen bis zur Tropopause in 10 km Höhe. Ob sie sich danach auch auf des Wetter am Boden auswirkt, hängt von weiteren Faktoren ab. Statistisch findet aber auch eine Abschwächung der Westwinde am Boden über eine längere Zeit von 30–90 Tagen statt. Eine plötzliche Stratosphärenerwärmung um Weihnachten kann somit dem ganzen restlichen Winter den Stempel aufdrücken und zu vermehrten Kaltluftausbrüchen in Mitteleuropa führen. Ob das im Winter 1829/1830 der Fall gewesen war, lässt sich aber nicht sagen.

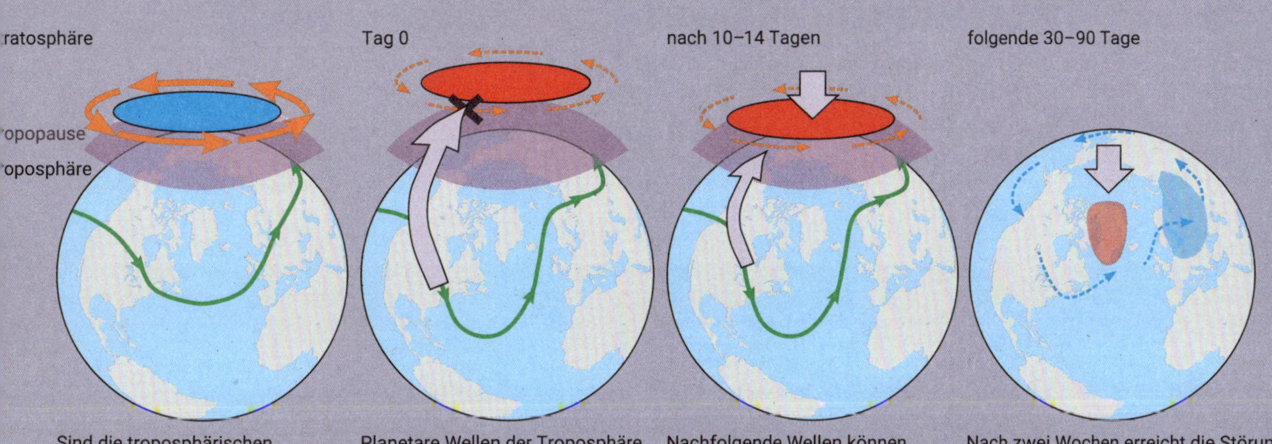

Sind die troposphärischen Westwinde stark und das Wellenmuster schwach, kann sich in der Stratosphäre ein starker Polarwirbel entwickeln.

Planetare Wellen der Troposphäre dringen in die obere Stratosphäre, brechen sich und bringen den Wirbel zum Kollaps. Die Stratosphäre erwärmt sich massiv.

Nachfolgende Wellen können weniger hoch vordringen und brechen sich weiter unten. Der Wirbel wird auch in der unteren Stratosphäre abgeschwächt.

Nach zwei Wochen erreicht die Störung die Tropopause. Sie kann die Troposphäre beeinflussen und zu einer Abschwächung der Westwinde führen. Kalte Luftmassen können nach Europa vordringen.

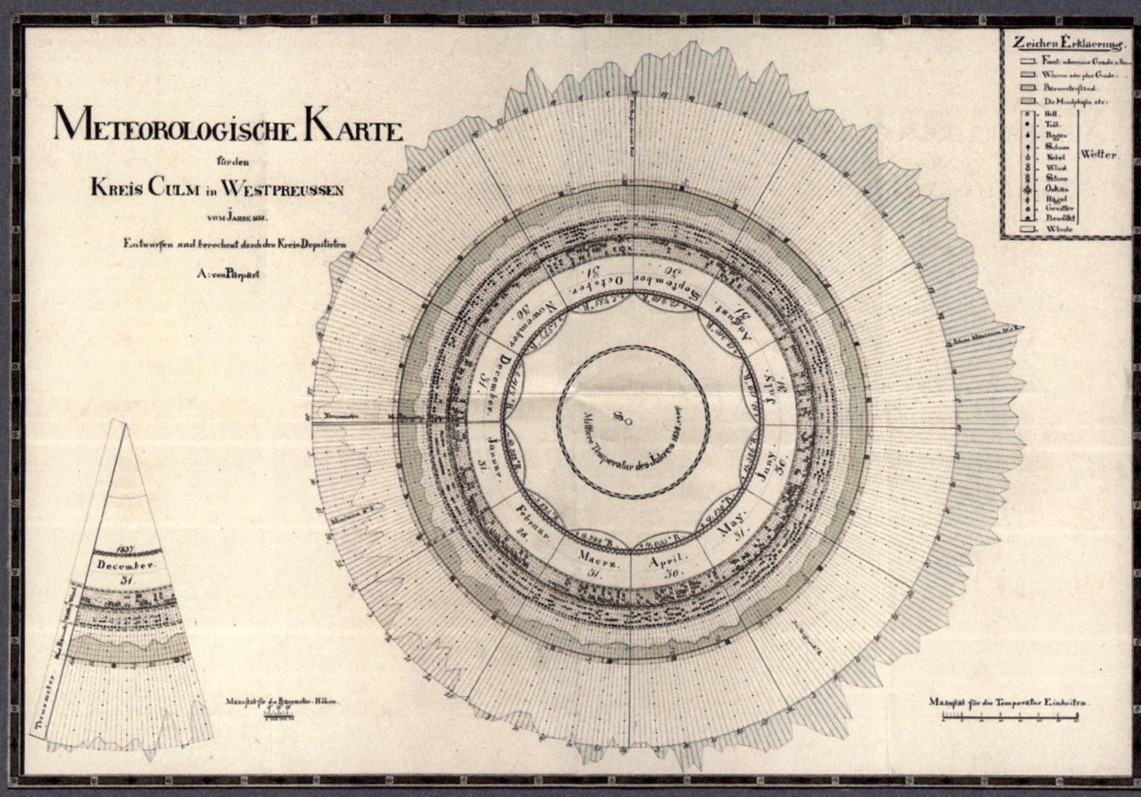
METEOROLOGISCHE KARTE
für den
KREIS CULM in WESTPREUSSEN
Entworfen und berechnet durch den Kreis-Deputirten
A: von Pirpärt
Zeichen Erklaerung.
Wetter.
Januar. 31
Februar. 28
Maerz. 31
April. 30
May. 31
Juny. 30
July. 31
August. 31
September. 30
October. 31
November. 30
December. 31
Maasstab für die Temperatur Einheiten.

13. Klimavisionen

Klimamessungen sind zunächst Zahlen: eine Temperatur von 23,2 °C, Luftdruck von 1001 hPa, Niederschlag von 3,5 mm an einem Tag. Zahlen lassen sich vergleichen. Mit Zahlen lässt sich rechnen, lassen sich weitere Zahlen generieren. Aber Zahlen führen nicht direkt zu Erkenntnis. Erst das Ordnen und Aufbereiten sehr vieler Zahlen, meteorologische Messungen in diesem Beispiel, erlaubt die Interpretation, die schließlich zu Erkenntnis führen kann. Zum Ordnen sehr vieler Klimamessungen braucht es aber bereits eine Vorstellung des Klimas. In diesem Prozess können Grafiken eine wichtige Rolle spielen. Humboldt spielte hier eine Pionierrolle. Ihm verdanken wir die isothermen Linien (vgl. Kapitel «Klimawissen im Entwurf»), ohne die Klimatologie heute schlicht undenkbar ist, und er kondensierte seine Daten in Tableaus und Gebirgsprofilen, welche nichts anderes als frühe Infografiken sind. Diese waren nicht nur Illustration, sondern Teil des Ordnens, Teil des Erkenntnisprozesses. Der englische Begriff «drawing conclusions» trifft auf Humboldts Arbeitsweise wörtlich zu.

Abbildung 1 • *Meteorologische Karte für den Kreis Culm in Westpreussen* von Adolf Ludwig Agathon von Parpart aus Humboldts Kollektaneen.

Heute, im schnellen, visuellen Zeitalter, sind wir es gewohnt, Grafiken innerhalb weniger Sekunden zu erfassen. In Grafiken wird Information in einer Dichte vermittelt, die in Textform nicht möglich ist. Bei der vorliegenden Quelle aus Humboldts Kollektaneen (Abb. 1) brauchen wir vielleicht ein paar Sekunden mehr als bei heutigen Infografiken, bis sich uns der Inhalt erschließt. Doch gelingt es uns, das Dargestellte, hier das gesamte Wetter eines Jahres in Culm, schnell zu erfassen. Wir sehen aber nicht nur den Jahresgang, das große Ganze, sondern wir können das Wetter jedes einzelnen Tages im Detail ablesen. Dieses Kapitel betrachtet die grafische Darstellung von Klimadaten.

Zwar waren wissenschaftliche Publikationen bereits in den ersten Fachzeitschriften des 17. Jahrhunderts von Grafiken begleitet (vgl. Kapitel «Das Klima wird global»), doch dominierte bis ins 19. Jahrhundert noch die Tabellenform für die Kommunikation von Zahlenwerten. Für die Veröffentlichung von vielen Einzelwerten, wie im vorliegenden Fall, sind Tabellen ungeeignet. Sie würden sehr viel Platz in Anspruch nehmen, der Druck wäre teuer, und es wäre schwierig, sich schnell einen Überblick zu verschaffen. Oft

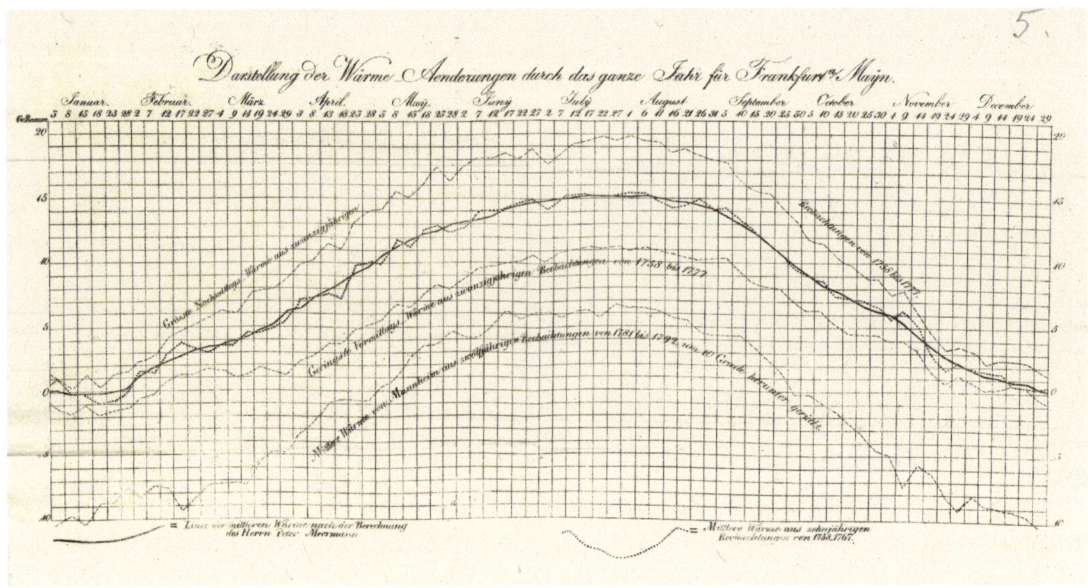

wurden die Einzelmessungen auch aggregiert, in der Regel zu Mittelwerten, manchmal auch Minima und Maxima. Man könnte sich hier eine Monatstabelle vorstellen. Diese würde aber nicht den gleichen Informationsgehalt transportieren wie die gezeigte Grafik.

In jeder Darstellungsform ist es wichtig, die Zahlen zu ordnen. Ein naheliegendes Ordnungsprinzip für Messreihen ist die Zeitachse. Meteorologische Messungen werden oft am selben Standort über eine längere Zeit durchgeführt. Die gängige Darstellungsform für Klima-Zeitreihen – damals wie heute – sind Grafiken mit der Zeit als x-Achse und der Klimagröße als unabhängige Variable auf der y-Achse. Ein zeitgenössisches Beispiel, ebenfalls aus Humboldts Kollektaneen, ist in Abb. 2 dargestellt. Es zeigt den Jahresgang der Temperatur in Frankfurt a. M., jeweils für Maximum-, Minimum- und Mitteltemperatur, berechnet aus einer 20-jährigen Reihe. Für die Mitteltemperatur ist eine zusätzliche Glättung eingefügt und als Vergleich sind auch noch die Temperaturen in Mannheim angegeben. Im Vergleich zu dieser längst bekannten Darstellungsart mag Humboldt von der *Meteorologischen Karte* (Abb. 1), welche das Wetter eines Jahres in einer grafisch sehr ansprechenden Art und Weise in Kreisform darstellt, fasziniert gewesen sein.

Abbildung 2 • *Darstellung der Wärme-Aenderungen durch das ganze Jahr für Frankfurt a. Mayn.* Mittlerer Jahresverlauf der Temperatur in Frankfurt a. M., 1758–1777. Aus Humboldts Kollektaneen zum Kosmos.

Doch schauen wir uns die Grafik näher an. Sie stammt von Adolf Ludwig Agathon von Parpart, Musiker, Komponist und Astronom, der auf seinem Gut Storlus im Kreis Culm (heute Chełmno, Polen, Abb. 3) ein eigenes Observatorium betrieb. Sie stellt den Wetterverlauf des Jahres 1838 in Culm in Kreisform grafisch dar. Ebenfalls eingezeichnet als Tortenstück ist das Wetter des Dezembers 1837. Neben den Mondphasen sind als meteorologische Elemente Luftdruck, Temperatur, Wind und Wetterbeschreibungen gezeigt.

Die Figur verfügt über eine Legende und Skalen für Temperatur und Druck. Eingezeichnet sind außerdem Maxima und Minima der Temperatur sowie die Monatsmittelwerte und der Jahresmittelwert der Temperatur. Interessant ist vielleicht die Farbwahl: Kältegrade werden rot, Wärmegrade blau eingezeichnet.[179] Der Jahresverlauf verläuft im Gegenuhrzeigersinn, der Jahreswechsel ist links.[180]

Wir wissen nicht, ob Parpart solche Karten für mehrere Jahre herstellte. Wir wissen auch nichts über die Wirkung dieser Karte. Aber wir kennen das Klima dieser Zeit recht gut. Das dargestellte Jahr 1838 begann außergewöhnlich kalt. Es handelt sich möglicherweise um den drittkältesten Januar der letzten 350 Jahre in diesem Teil Europas (vgl. Kapitel «Ein eisiger Winter»). Auch die Februartemperatur war noch stark unterdurchschnittlich (in Humboldts Kollektaneen kommt der Winter 1838 auch in anderen Dokumenten als Beispiel für einen strengen Winter vor). Die Ursachen sind wohl in erster Linie in internen, also «zufälligen», Schwankungen der atmosphärischen Zirkulation zu suchen; möglicherweise begünstigt durch ein (allerdings schwaches) El Niño-Ereignis im Pazifik. Der August ist in anderen Datensätzen aus der Region sehr niederschlagsreich. In der Grafik ist eine größere Zahl von Niederschlagstagen auszumachen, bei dominierender Anströmung aus Südwest. Ansonsten handelt es sich nicht um ein herausragendes Jahr. Vermutlich war es auch nicht das Wetter dieses bestimmten Jahres, das Humboldt an dieser Grafik interessierte, sondern viel mehr die Darstellungsform.

Abbildung 3 • Die Stadt Chełmno (früher Culm), 2016.

Diese ist auf den ersten Blick intuitiv und übernimmt eine Kalenderdarstellungsweise. Damit ist die Form aber auch an sich falsch – denn das Klima ist kein repetierender Kalender. Anders als beispielsweise eine Windrose, wo sich

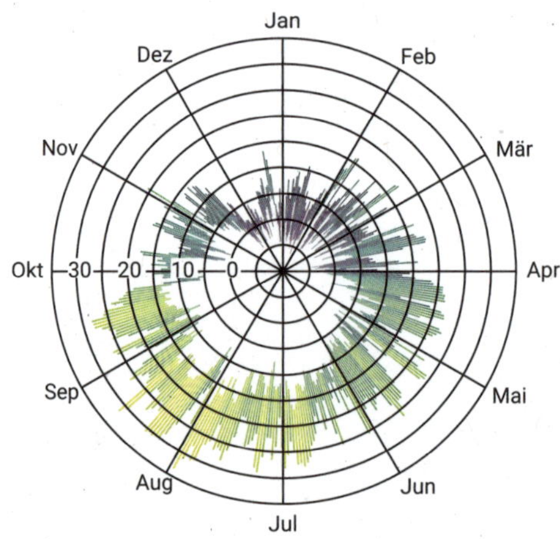

Abbildung 4 • Weather Radial für Bern, 2020. Dargestellt sind Minimum- und Maximumtemperatur jedes Tages, die Farbe entspricht dem Tagesmittelwert (Skala in °C).

das dargestellte Element in einem polaren Koordinatensystem mit den Dimensionen Richtung (Winkel) und Häufigkeit oder Stärke (Betrag) abbilden lässt, sind die in Abb. 1 dargestellten Elemente Temperatur und Druck als Funktion der Zeit nicht unmittelbar in polaren Koordinaten darstellbar. Das geht erst, wenn als Zeit nur noch die Jahreszeit betrachtet wird, die dann eben, wie in manchen Kalendern üblich, als Winkel dargestellt werden kann. Für den Betrag muss dazu das Vorzeichen und die Skala definiert werden. Alles in allem recht kompliziert. Trotzdem erfreut sich diese Darstellungsform heute wieder großer Beliebtheit. Sie wird heute «Weather Radials» genannt. Als Beispiel wird in Abb. 4 eine entsprechende Figur für Bern für das Jahr 2020 gezeigt. Das entsprechende Jahr war großmehrheitlich wärmer als der Durchschnitt 1991–2020, wenngleich ausgeprägte Hitzewellen im Sommer fehlten. Einige kühle Phasen, wie beispielsweise Ende September bis Mitte Oktober, zeichnen sich ab.

Parpart war nicht der erste, der die Kreisdarstellungsform für meteorologische Daten verwendete. Einige Jahre vorher, 1833, erschien Luke Howards zweite Auflage seines Buchs *The Climate of London*. Es enthält eine Figur (Abb. 5), welche die Temperatur in London in Kreisform zeigt. Hier handelt es sich um eine mittlere Klimakurve aus 10 Jahren, nicht um ein konkretes einzelnes Jahr. Daher ist auch die Darstellung der Zeit als Winkel möglich, da der 1. Januar tatsächlich an den 31. Dezember anschließt. In Howards Grafik liegt links die Wintersonnenwende, rechts die Sommersonnenwende, die Zeit verläuft im Gegenuhrzeigersinn. Die Temperaturskala ist hier so gewählt, dass, anders als in Parparts Grafik und dem «Weather Radial», warm innen und kalt außen liegt. Ebenfalls eingetragen ist hier die Sonnenhöhe. Vergleicht man diese Linie mit der Temperatur, wird ersichtlich, dass die Temperatur dem Sonnenstand mit ca. 6 Wochen Abstand nachfolgt. Howard hat in anderen Publikationen auch den Luftdruck in Kreisform dargestellt. Howards Grafiken gelten heute als Klassiker (noch bekannter ist Howard für seine Wolkenklassifikation). Es ist sehr gut möglich, dass Parpart von Howards Grafik Kenntnis hatte, und wir können davon ausgehen, dass auch Humboldt davon Kenntnis hatte.

Kreisdiagramme über Krieg und Krankheiten

Die Kreisform wurde auch für die Darstellung anderer jahreszeitenabhängiger Daten verwendet. Bekannt ist das *Rose Diagramm* von Florence Nightingale, welches die Mortalität während des Krimkrieges 1853–1856 darstellt und eindrücklich zeigt, dass Krankheiten und nicht Kriegshandlungen die meisten Opfer forderten. Ihr Diagramm aus dem Jahr 1858, also zwei Jahrzehnte nach Parparts Grafik, verhalf dieser Erkenntnis erst zum Durchbruch. Bereits 1852 kombinierte der britische Arzt und Medizinstatistiker William Farr in einer Analyse zur Cholerasterblichkeit den Jahresverlauf von Temperatur und Mortalität in London über elf Jahre in Form von elf Kreisdiagrammen (Abb. 6; das zwölfte Diagramm zeigt den Mittelwert der elf Jahre). Die Mortalität ist im äußeren Ring dargestellt, überdurchschnittliche Werte sind schwarz untermalt und nach außen gerichtet, unterdurchschnittliche Werte gelb untermalt und nach innen gerichtet. Der innere Kreis zeigt die Temperatur (rot die überdurchschnittlichen, schwarz die unterdurchschnittlichen Temperaturen). Diese Arbeit, wie später Florence Nightingales Diagramm, galt rasch als ein Klassiker der medizinischen Statistik.

Die *Meteorologische Karte* und «Weather Radials» wie auch Farrs Mortalitäts- und Temperaturdiagramme haben zwei offensichtliche Probleme oder Nachteile. Das eine ist die Skala: Diese ist nach innen begrenzt, und wegen des kleineren Umfangs erhalten tiefe Werte (innen) visuell weniger Gewicht als hohe Werte (außen). Wenn wie in Abb. 1 oder 5 Flächen verwendet werden, so sind diese für positive und negative Abweichungen nicht gleich. Das zweite Problem

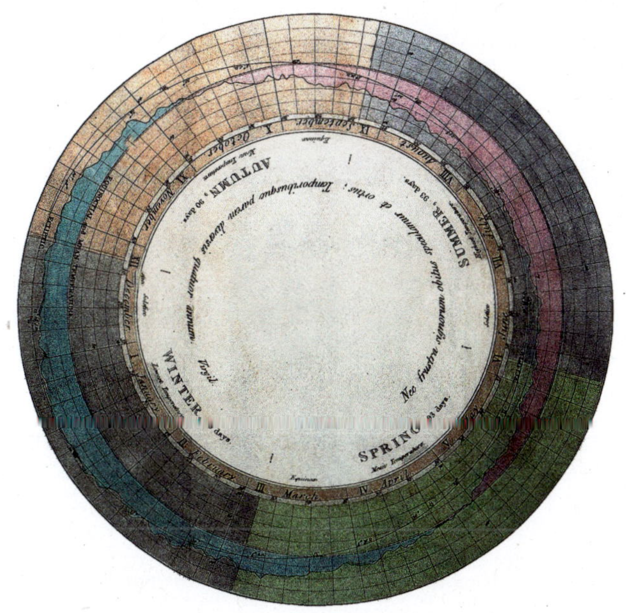

Abbildung 5 • Jahresverlauf der Temperatur (gekurvte Linie; die rote Fläche zeigt überdurchschnittliche, die blaue Fläche unterdurchschnittliche Temperaturen) und der Sonnenhöhe (zweite, glatte Linie) in London aus Luke Howards Buch *The Climate of London*, 1833.

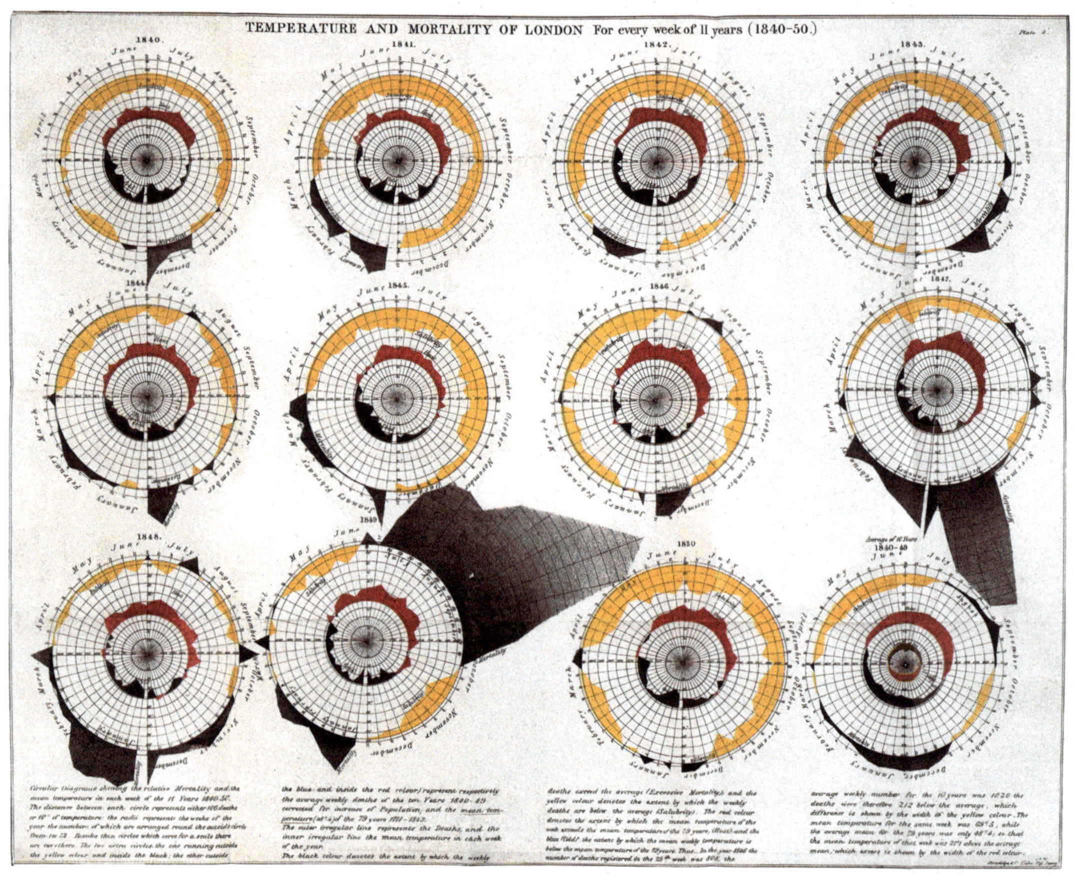

ist die Nahtstelle, an welcher die Zeit um ein Jahr springt. Eine Nebeneinanderstellung wie bei Farr löst das Problem nicht. Soll die Zeitachse über ein Jahr hinaus dargestellt werden, dann müsste die Linie fortgeführt werden und würde die Linie des Vorjahrs überlagern. Eine solche Grafik würde sehr schnell unübersichtlich, es entstünde ein Gewirr von übereinanderliegenden Kreislinien.

Allerdings kann diese Darstellungsform dann verwendet werden, wenn die Linien kurzfristig nur wenig variieren, also nahe an der Kreisform liegen, aber sich langfristig ändern. So überlagern sich die Linien verschiedener Jahre nur geringfügig. Dies gilt für monatlich und global gemittelte Temperaturanomalien (also nach Subtrahieren des mittleren Jahresgangs). Dann liegt die Variabilität innerhalb eines Jahres in derselben Größenordnung wie die Veränderung von Jahr zu Jahr. So kann dieses Konzept für Visualisierungen der Klimaänderung verwendet werden. Aus

Abbildung 6 • Temperatur und Mortalität in London aufgrund von wöchentlichen Daten für die Jahre 1840 bis 1850 von William Farr (1852). Der innere Kreis zeigt die Temperatur (überdurchschnittliche in Rot, unterdurchschnittliche in Schwarz), der äußere Kreis zeigt die Mortalität (überdurchschnittliche in Schwarz, unterdurchschnittliche in Gelb). Das zwölfte Diagramm zeigt den Mittelwert über die elf Jahre.

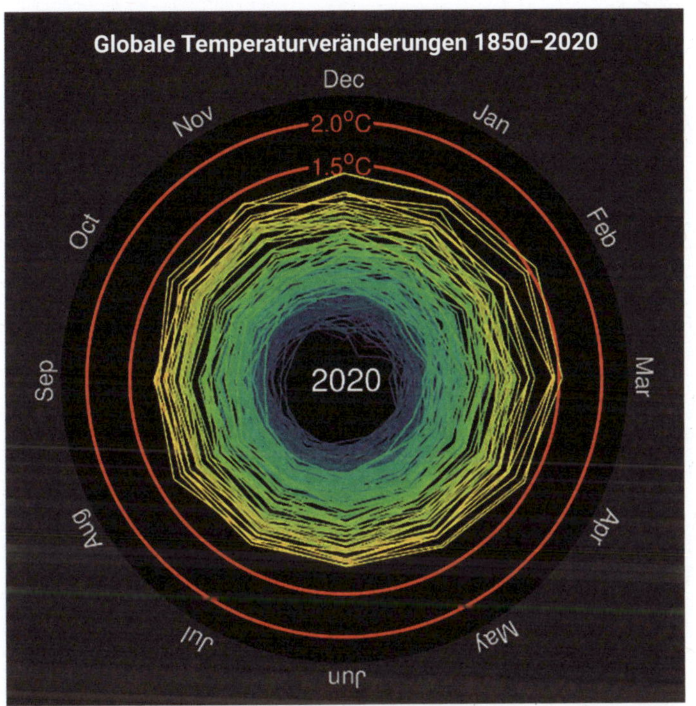

einer Kreisform wird dann eine Spirale. Die globale Temperaturzunahme – ikonisch als eine immer schneller ansteigende Linie dargestellt – wird in dieser Darstellungsform zu einer sich immer weiter nach außen schraubenden Spirale. Bekannt sind Ed Hawkins *Climate Spirals*, welche die globale Mitteltemperatur im Jahresverlauf zeigen (Abb. 7). Dezember ist oben und die Zeit verläuft im Uhrzeigersinn. Die Farbe (von violett über grün bis gelb) gibt hier die Zeit wieder, die Klimaziele sind als Kreise in Rot dargestellt. Heute, im visuell-virtuellen Zeitalter, ist die Figur schnell begreifbar und verbreitete sich schnell. Es ist aber an sich keine wissenschaftliche Grafik, Temperaturwerte können nur schwer abgelesen werden, Linien nur schwer über längere Zeit verfolgt werden, und die Zeitachse ist nicht sichtbar. Trotzdem ist die Botschaft auf den ersten Blick klar.

Abbildung 7 • Ed Hawkins' *Climate Spiral* für 2020.

Diese Klarheit der Botschaft, kombiniert mit der Kreisdarstellung, mag auch gewesen sein, was Humboldt an der Grafik von Parpart faszinierte. Oder ihn zumindest dazu bewogen hat, dieses Blatt aufzubewahren.

35. 1

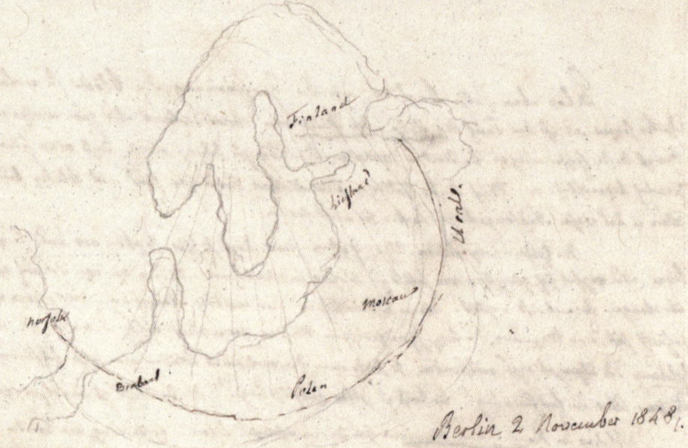

Berlin 2 November 1848.

Nordische Blöcke.

Wie man alles anstaunt, was man nicht begreift, so sehe ich immer wieder in freundlichem Erstaunen, wenn der Zufall mich wieder einer Masse nordischer Blöcke entgegenführt. Ich habe dies lebhaft empfunden zwischen Hamburg und Wandsbeck, wo Berge von Blöcken gesammelt sind, um die Stadt zu bauen, zu pflastern und zu verzieren. Die Erscheinung ist in meinen Augen viel größer, viel wichtiger, viel eingreifender, als die erdachten, scheinbaren Ursachen von Überschiffung durch Brücken von Eis und Holz, von Gletschern und Eisschollen [illegible] glauben machen. Ich wage es nicht sie auf ihre ersten Ursachen zurückzuführen, denn auf dem geognostischen Wege, dem ich stets gefolgt bin, und den ich noch immer für den einzig richtigen halte, werde ich gleich verlassen, und weiß nicht wohin [illegible]. Ich denke wesentlich, man müsse von der Erscheinung anfangen wie sie sich darbietet, und von einem zum andern fortschreiten, um sie sich gegenseitig erläutern zu lassen; – nicht aber aus der vorausgesetzten Ursache die Erscheinung herzuleiten, welche doch nur ein Wahn ist, und nur Einzelheiten, nie das Ganze umfasst. –

Die Grenze der Blöcke liegt in einem Halbzirkel um die Scandinavische Halbinsel als Mittelpunkt; das ist ein Ergebniss genauer Beobachtungen. Außer dieser Grenze [illegible] die nordische Erscheinung gänzlich verschwunden und keine andere, [illegible]. Auch im Norden im Ost des Urals, am Altai kommt Nichts mehr vom Norden herab. [illegible] von den Alpen, [illegible] an ihrem Rande. [illegible] Verhältniss aus der Lagerung der Blöcke in Dämmen und Linien. Selbst aus ihrer Zerspaltung, wenn sie den Boden erreichen, schließe ich: die Ursache ihrer Verbreitung ist eine gemeinschaftliche, eine gleichzeitige. Keinen jeden Block besonders eigenthümlichen, wie jede Eisbrücke, jede Gletscher moraine sagen würde. Alle Blöcke von Norfolk bis Petschora stehen in wesentlicher Beziehung zu einander. Ihrer Masse oder ihrer Zusammensetzung ist aber sehr übereinstimmend mit den Gebirgsarten der Scandinavischen Halbinsel, welche in gerader Linie verliegen im Radius des Halbzirkels. Forchhammer hat gezeigt, dass Jütland mit Gesteinen bedeckt sey, welche nur in Norwegen vorkommen, [illegible]. In Schlesien, in Mecklenburg, in Polen hält man ein großer Theil des Silur Kalksteins von Westgothland, von Öland und Gothland herbeigeführt glauben. In Polen, sagt Girard sind alle nordischen krystallinischen Gesteine leicht von den märkischen zu unterscheiden, denn gewiss mehr als ein Viertheil der Gneissblöcke ist von Granitgängen durchsetzt. Bey Berlin erscheinen diese nur selten. Aber bey Stockholm und auch den Scheeren laufen solche Granitgänge überall durch den Gneiss. In dem nordischen russischen Gouvernement Vologda, Olonez sind Hornblendgesteine überwiegend, aber auch in Finland in Felsen. – Murchison. Keyserling.

14. (Keine) Eiszeit

Konkrete Messungen, die Humboldt in Texten, Listen und Tabellen selbst notierte oder die ihm von anderen Forschern zugesendet wurden, sind eine Seite seiner Klimaforschung. Theorien darüber, wie das Klima zustande kommt und wie es sich in der Vergangenheit entwickelte, eine andere. Einige für uns heute selbstverständliche Ansichten wurden zu Humboldts Zeit heiß diskutiert. Zu diesen gehört die Frage, ob es in der Erdgeschichte Epochen gab, in denen das Klima bedeutend kälter und weite Teile Europas von Eis bedeckt waren. Wie kaum eine andere Frage spaltete die nach der Eiszeit die Lager der Geologen und Klimatologen.

Abbildung 1 • Leopold von Buch denkt im November 1848 über «Nordische Blöcke» und «Alpengeschiebe» nach, kann sich deren Ursprung aber nicht erklären.

Auch Leopold von Buch, ein enger Freund Humboldts, trieb diese Frage um. Kennengelernt hatten sich die beiden im Studium bei Abraham Gottlob Werner an der Bergakademie in Freiberg zu Beginn der 1790er-Jahre. Zeitlebens blieben sie in Kontakt, um sich über geologisch-klimatologische Fragen auszutauschen – auch über die Eiszeittheorie. Davon zeugt ein Manuskript von Buch in den Kollektaneen zum Kosmos (Abb. 1), das Humboldt in einem Umschlag aufbewahrte, dem er den Titel «Die Perle von Buch, Gebirgsfolgen» gegeben hat. Offenbar maß er den in dieser Mappe liegenden Papieren eine große Bedeutung bei. Das Manuskript selbst ist auf den 2. November 1848 datiert, mitten in die Deutsche Revolution von 1848/1849. Unter einer Zeichnung des skandinavischen Raums und dem Titel «Nordische Blöcke» ist zu lesen: «Wie man alles anstaunt, was man nicht begreift, so stehe ich immer wieder in heilloßem Erstaunen, wenn der Zufall mir wieder eine Masse nordischer Blöcke entgegenführt.»[181] Worüber Buch so verwundert ist, ist eines der deutlichsten Indizien für die Eiszeit: nämlich, dass in ganz Nordeuropa (und in den Alpen, die Buch in seinem Manuskript ebenfalls behandelt) Felsen von zum Teil erheblicher Größe zu finden sind, die an den Orten, an denen sie liegen, nicht ihren Ursprung haben. Für sie gab es viele Namen: umhergewanderte Steine, Findlinge, Irrblöcke, erratische Blöcke oder – wenn sie, wie von Buch beschrieben, offensichtlich aus Skandinavien stammten – nordische Blöcke. Dass die Felsen da lagen, wo sie lagen, war von alters her eine Tatsache. Wie sie dahin gekommen waren, seit Langem ein Rätsel. Bis zu Beginn des 19. Jahrhunderts konnte sich niemand

Fig. 297. Déluge du nord de l'Europe.

die Ursache genau erklären und es kursierten verschiedene, teils recht skurrile Ideen darüber. Manch einer hielt die Findlinge für verwitterte Reste einstiger Gebirge. Der Geologe Louis Bourguet glaubte in der ersten Hälfte des 18. Jahrhunderts, die Steine wären vom Himmel gefallen. Andere Forscher gingen von einem einst höheren Meeresspiegel aus, auf dem Eisschollen schwammen, mit denen die Findlinge verdriftet waren und an den vormaligen Ufern der Meere abgelagert wurden (Abb. 2).

Jean-André Deluc behauptete gegen Ende der 1770er-Jahre, Explosionen hätten die Felsen aus ihrer ursprünglichen Position weggeschleudert. Déodat Gratet de Dolomieu wiederum glaubte, dass die Findlinge der Alpen von diesen auf einer schiefen, später erodierten Fläche herabgerutscht seien, während Horace-Bénédict Saussure ungeheure Fluten bei der Entstehung der Alpen annahm, die die Findlinge im Alpenraum verteilt hätten. Eben dieser Annahme neigte auch Leopold von Buch zu. Auf der Rückseite seiner Ausführungen über «Nordische Blöcke» notierte er:

> Die Erscheinung aus den Alpenthälern […] liegt so klar, so offen vor uns, […] daß man von ihr auf ähnliche Erscheinungen wohl Analogien zu übertragen Erlaubnis erhält.

> Wenn in den Alpen eine *muddy Ströhmung une boue volante* die Blöcke zu den Thälern herausgeführt hat, eine Meinung die trotz schweizerischem Unsinn geognostisch völlig bewiesen ist, Strömungen welche wohl durch die plötzliche Erhebung des Alpengebietes entstanden, so sollte man den nordischen Blöcken eine solche Entstehung durch ähnliche Strömungen wohl zuschreiben dürfen. Aber die Entfernung!! Die Kraft zu solcher Entführung!! Diese Kluft zu überspringen habe ich weder Muth noch Geschick.[182]

Die Ursache, die zu den in Nordeuropa und in den Alpen herumliegenden Findlingen und Blöcken führte, musste demnach in lokal begrenzten, gleichwohl exorbitanten Naturkatastrophen zu suchen sein. Beispielsweise Schlamm- oder, wie Buch sie nannte, «Rollsteinfluten», die, wenn auch in einem kleineren Maßstab, noch in der Gegenwart beobachtet werden konnten.

Abbildung 2 • Die Drifttheorie, der zufolge die erratischen Blöcke Nordeuropas auf Eisschollen von Norden her durch eine katastrophale Flut angeschwemmt worden seien, hielt sich lange. Noch 1863 ließ der Wissenschaftspopularisator Louis Figuier in seinem Buch *La Terre avant le Déluge* die Theorie durch den Zeichner Édouard Riou illustrieren.

Buch hatte seine Rollsteintheorie schon eine ganze Weile vertreten, bevor er das Manuskript über «Nordische Blöcke» 1848 schrieb und Humboldt überreichte. Bereits 1811 hatte er vor der Berliner Akademie der Wissenschaften einen Vortrag *Ueber die Ursachen der Verbreitung großer Alpengeschiebe*[183] gehalten und darin nahezu identische Ansichten über den Ursprung der erratischen Blöcke geäußert wie in seinem knapp vier Jahrzehnte später geschriebenen Manuskript. Und schon damals waren ihm Bedenken gekommen, ob es eine derart große Kraft überhaupt geben könne, die in der Lage wäre, große Felsen «nicht bloß über die naheliegenden Flächen und Hügel, sondern weit umher über Meere und Länder»[184] zu verteilen. Letzten Endes stand Buch, den Humboldt in der Widmung seiner 1853 erschienenen Aufsatzsammlung *Kleinere Schriften* als den «größten Geognosten unseres Zeitalters»[185] betitelte, ratlos vor dem Phänomen. Genau wie Humboldt selbst.

Die eigentliche Ursache der Verbreitung der erratischen Blöcke war zu der Zeit, als Buch sein Manuskript schrieb, allerdings längst gefunden: die Eiszeit. Nur schenkten weder er noch Humboldt der jüngeren Geologengeneration, die sie gefunden hatte, Glauben. Die alten Gelehrten konnten sich nicht vorstellen, dass der Ursprung der Blöcke in einer oder gar mehreren großflächigen Vereisungen der Erde zu suchen wäre. Denn Buch ging davon aus – wie Humboldt und viele andere geologisch und klimatologisch interessierte Zeitgenossen – dass das Klima auf der Erde früher bedeutend wärmer gewesen sei und es sich seitdem kontinuierlich abkühle. Da passten große Klimaschwankungen einfach nicht ins Konzept (vgl. Kapitel «Über vormalige Tropenwärme»). Obwohl alle Indizien, die für die Eiszeittheorie sprachen, auch vor ihrer Berliner Haustüre zu finden waren, vermochten sie nicht zu sehen, was laut ihrer Theorie nicht sein durfte. Die Kontroversen um die Eiszeit, die damals entbrannten, zeigen damit auch, wie abhängig wissenschaftliche Erkenntnis von Theoriebildung sein kann. Doch wie war es überhaupt zu den Meinungsverschiedenheiten und zur Entdeckung der Eiszeit gekommen?

Auch die Forscher, die 1848 längst überzeugt waren, dass die mitunter gewaltigen erratischen Blöcke durch Gletscher von ihrem Herkunftsort in ihre heutige Lage versetzt worden waren, hatten mit dem Gedanken am Anfang mehrheitlich Mühe gehabt. Vermutungen über den Transport der Geschiebe durch Gletscher und den Zusammenhang zwischen Klimaschwankungen und Gletscherwachstum wurde von Geologen vereinzelt zwar schon um die Mitte des 18. Jahrhunderts diskutiert. Doch erst nach der Jahrhundertwende begannen die Forscher sich systematischer mit dem Thema zu befassen.

Ein Gutteil der Geschichte der Entdeckung der Eiszeit spielte sich in der Schweiz ab. Verständlicherweise, denn dort waren die Gletscher als Anschauungsmaterial im Gegensatz zu den längst abgeschmolzenen Inlandeisschilden Nordeuropas noch vorhanden. Es waren aber nicht die Forscher, die zuerst auf den Gedanken kamen, dass die Gletscher einst einen viel größeren Raum eingenommen und die erratischen Blöcke transportiert hatten. Den Bewohnern der Alpentäler war das Phänomen aus ihrem täglichen Anblick längst bekannt.[186]

Einer von ihnen, der Zimmermann und spätere Walliser Großrat Jean-Pierre Perraudin aus dem Val de Bagnes, gehörte zu denen, die die frühen Eiszeittheoretiker inspirierten, etwa den damaligen Salinendirektor von Bex, Jean de Charpentier. Auf einer Reise im Sommer 1815 verbrachte er eine Nacht in dem kleinen Gebirgsort Lourtier im Haus von Perraudin. Das Gespräch der Männer kreiste um die erratischen Blöcke, von denen Perraudin behauptete, sie seien von Gletschern transportiert worden, die ehemals das ganze Tal erfüllt hätten. Charpentier schenkte der Erzählung damals wenig Aufmerksamkeit und erinnert sich erst 40 Jahre später an das Gespräch, als er längst von der Existenz einer Eiszeit überzeugt war.

Ein Jahr später, im «Jahr ohne Sommer», fiel das Gletscherwachstum in der Schweiz ungewöhnlich stark aus (vgl. Kapitel «(K)ein Jahr ohne Sommer»). So wuchs der Untere Grindelwaldgletscher, der heute verschwunden ist, in den Jahren zwischen 1814 und 1822 um mehr als 500 Meter[187] (vgl. Kasten «Die Zukunft der Gletscher»). Offenbar stimulierte die globale Abkühlung infolge des Tambora-Vulkanausbruchs im fernen Indonesien auch die Eiszeitforschung in der Schweiz. Der Walliser Naturforscher Ignaz Venetz wurde jedenfalls durch die vorübergehende Klimaverschlechterung angeregt, sich mit glaziologischen und klimahistorischen Fragen zu beschäftigen, bevor er 1818 in seiner Funktion als Kantonsingenieur ins Val de Bagnes gerufen wurde.

Abbildung 3 • Der Schweizer Caspar Wolf, einer der Pioniere der Hochgebirgsmalerei, malte schon im ausgehenden 18. Jahrhundert Bilder, die die Vermutung nahelegen, dass erratische Blöcke durch Gletscher transportiert werden können. *La grosse Pierre sur le Glacier de Vorderaar* (posthum veröffentlicht 1785).

Dort war der Giétrozgletscher durch die anhaltende Kälte und den Niederschlag so stark gewachsen, dass er den Abfluss des Flusses Dranse blockierte (Abb. 4). Das Phänomen war

LA GROSSE PIERRE SUR LE GLACIER DE VORDERAAR

Canton de Berne Province d'Oberhaßi.

Dediée à M.r le Comte de Meuron Chambellan de S. M.té Prussienne.

Colonel proprietaire d'un Régiment Suisse au Service de Hollande.

Par son tres humble Serviteur et Ami B. Hentzi.

Abbildung 4 • Etwa einen Monat nach der Flutkatastrophe im Val de Bagnes im Jahr 1818 zeichnete der Universalgelehrte Hans Conrad Escher von der Linth den Eiskeil des Giétrozgletschers, der den Fluss Dranse zu einem See aufgestaut hatte.

während der kleinen Eiszeit schon mehrmals vorgekommen. Diesmal war der Fluss durch den Eiskeil jedoch zu einem immensen, dreieinhalb Kilometer langen und 60 Meter tiefen See aufgestaut worden. Venetz beschloss, einen Stollen bohren zu lassen, um den Druck auf das Eis zu vermindern. Am 13. Juni 1818 war der Stollen fertiggestellt, ein Teil des Wassers konnte abfließen. Dennoch brach drei Tage später die Eisbarriere und löste eine Flutkatastrophe aus. Ludwig Wilhelm Gilbert berichtete in seinen *Annalen der Physik* 1819 darüber Folgendes:

> Das Wasser des Sees drängte sich durch die entstandne Oeffnung mit ungestümer Wuth, stieg in der engen Schlucht des Mauvoisin bis zu einer Höhe von 100 Fuß und zerstörte die Brücke über derselben, die es um 24 Fuß überstieg, ergoß sich über die Trift von *Mazeira*, deren auf einem Hügel stehende Alpenhütte davon überschwemmt wurde, und stürzte sich in die tiefe Schlucht von *Ceppi*, aus der es die ungeheuren Felsenstücke, die hier in dem Flußbette lagen, alle mit sich fortriß. In dem Thale von *Bonatschissa* erschien es wieder, überdeckte die Wiesen desselben mit Geröll und mit Felsblöcken und riß die 42 Alpenhütten mit sich fort. Mit ihren Trüm-

> mern beladen stürzte sich die Fluth aufs neue in eine Schlucht, in der sie verschwand, riß einige 30 Alpenhütten zu *Brecholai*, wo sie wieder zum Vorschein kam, mit fort, und dann den Wald von *Livounaire* mit seinen gewaltigen Tannen, stürzte eine Felsmasse ein, die sie unterhöhlte und zugleich die Heerstraße, und erschien wieder auf den Wiesengründen von *Fionain*, deren 57 Alpenhütten sie mitnahm. Hier ereilte die Fluth Hrn. Venetsch und seine beiden Arbeiter, doch hatten sie noch Zeit sich auf die Höhe zu retten.[188]

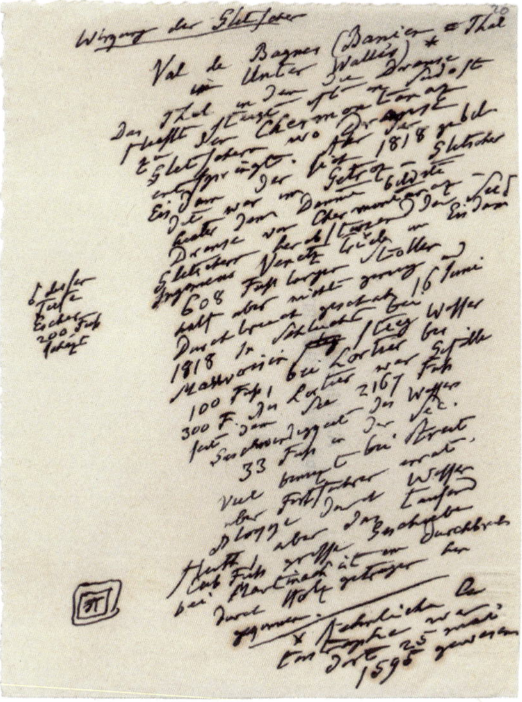

Um ein Haar hätte die Flutwelle Venetz das Leben gekostet, so wie etwa 40 Menschen aus den Dörfern des Val de Bagnes. Spätestens seit diesem Erlebnis suchte er den Alpenraum systematisch nach Spuren einst größerer Vergletscherung ab, obwohl die Katastrophe, deren Opfer er beinahe geworden war, eigentlich die herkömmlichere Annahme zu belegen schien, der auch Buch folgte, dass für die Verlagerung von erratischen Blöcken Schlammfluten verantwortlich waren.

Venetz wurde fündig und trat im Frühjahr 1829 an Jean de Charpentier heran, um ihm über seine Entdeckung zu berichten. Einst, so Venetz, sei das ganze Wallis von einem Gletscher bedeckt gewesen, der sich zwischen Genf und Solothurn bis zum Jura erstreckt habe. Er, und nicht irgendwelche Fluten, seien die Ursache der herumliegenden erratischen Blöcke. Im Juli trug Venetz seine Gletschertheorie auf der Tagung der «Schweizerischen Naturforschenden Gesellschaft» vor. Doch er erntete Spott und massive Kritik. Leopold von Buch, der ebenfalls anwesend war, soll heftig protestiert haben. Auch Charpentier schenkte Venetz Ausführungen keinen Glauben und machte ihm Vorwürfe, die wissenschaftlichen Autoritäten seiner Zeit, Leopold von Buch, Alexander von Humboldt und Élie de Beaumont, vor den Kopf zu stoßen. Anders als seine Kollegen ignorierte er Venetz aber nicht einfach, sondern machte sich daran, dessen Behauptung zu überprüfen und die Spuren früherer Vergletscherung, auf die dieser hingewiesen hatte, selbst in Augenschein zu nehmen. Fünf Jahre später kam er zu dem Schluss, dass Venetz mit seinen Annahmen Recht haben musste.

Abbildung 5 • Auch Humboldt hatte die Nachrichten über die Katastrophe von 1818 im Val de Bagnes gelesen. Auf einem Zettel in den Kollektaneen findet sich unter dem Titel «Wirkung der Gletscher» hierzu ein ausführlicher Literaturauszug. Welchem Bericht Humboldt sie entnahm, lässt sich aus der Notiz allerdings nicht erfahren.

Abermals war es die «Schweizerische Naturforschende Gesellschaft», vor der die neuen Ansichten über die Gletscher der Alpen vorgetragen wurden. Am 29. Juli 1834 berichtete Charpentier dort über seine Feldforschungen, die ihn zur Überzeugung gebracht hatten, dass die erratischen Blöcke nicht von großen Fluten an die Orte gebracht worden waren, an denen sie nun lagen. Stattdessen, so meinte er, wiesen alle Spuren darauf hin, dass es Gletscher waren, welche die Alpentäler ausgeschliffen, die erratischen Blöcke bewegt und die Moränen aufgeworfen hatten. Doch wie sollte dies geschehen sein, wo weiterhin die Annahme im Raum stand, dass das Klima auch in der Schweiz einst wärmer gewesen war? Schließlich fanden sich in Sedimentgesteinen des Jura Überreste einer tropischen Flora und Fauna, die genau das zu belegen schienen. Doch Charpentier argumentierte, dass die Schweiz einst ein flaches Küstenland gewesen war, nicht hoch über der Meeresfläche gelegen, und mit palmenbewachsenem Gestade. «Während dieses Zustandes [...] fand die grosse und wahrscheinlich letzte Erhebung der Alpen statt, ein Ereignis, welches durch die gelehrten Arbeiten der Herren Leopold von Buch und Elie de Beaumont als eine der gewissesten Thatsachen der Geologie nachgewiesen worden ist.»[189] Charpentier ging allerdings davon aus, dass die Gipfel der Alpen einst beträchtlich höher lagen als gegenwärtig. Und eben diese Höhe hätte in Verbindung mit einer allgemeinen Abnahme der «eigenen Wärme der Erde»[190] zu einer deutlichen Erkaltung des lokalen Klimas geführt. «[D]ie Alpen bedeckten sich mit Schnee», so Charpentier, «welcher, indem er unaufhörlich in die Thäler hinabstürzte, jene ungeheuren Gletscher bildete, die nach und nach die ganze niedrige Schweiz überzogen».[191] So einfach und einleuchtend war die Erklärung des exorbitanten Gletscherwachstums in der Vorzeit. Es handelte sich schlichtweg um eine historische geologische Besonderheit. Gestützt auf Berechnungen konnte Charpentier sogar die einstige Erhebung der Alpen angeben. Der Gipfel des Montblanc sei einst 6278 Meter hoch gewesen, ein paar Meter höher als der Gipfel des Chimborazo. Damit hatte Charpentier eine vorübergehende, lokale Erklärung für den Ursprung der Findlinge im Alpenraum gefunden.

Abbildung 6 • Jean de Charpentiers Karte der maximalen Ausdehnung des Rhonegletschers aus seinem 1841 erschienenen *Essai sur les glaciers et sur le terrain erratique du bassin du Rhône*.

In den folgenden Jahren verbreitete er seine Ansichten in französischen, englischen und deutschen Zeitschriften und weiteren Vorträgen. Als die «Schweizerische Naturforschende Gesellschaft» 1836 zur Jahreshauptversammlung nach Solothurn lud, war er selbstredend zugegen und traf dort zwei Forscher, die für die weitere Entwicklung der Gletschertheorie entscheidend sein würde: den Botaniker, frühen Paläoklimatologen und Dichter Karl Friedrich Schimper und Louis Agassiz, der mit seinen Arbeiten über fossile Fische unter den Naturforschern seiner Zeit, insbesondere bei Humboldt und Buch, Aufsehen erregt hatte. Agassiz hörte sich Charpentiers Ideen über die einstige Vergletscherung an und war anfangs keineswegs von ihnen überzeugt. Er glaubte an die Drifttheorie, daran, dass die erratischen Blöcke der Alpen auf Eisschollen aus den Bergen dahergeschwommen und an den Hängen des Juras gestrandet waren.

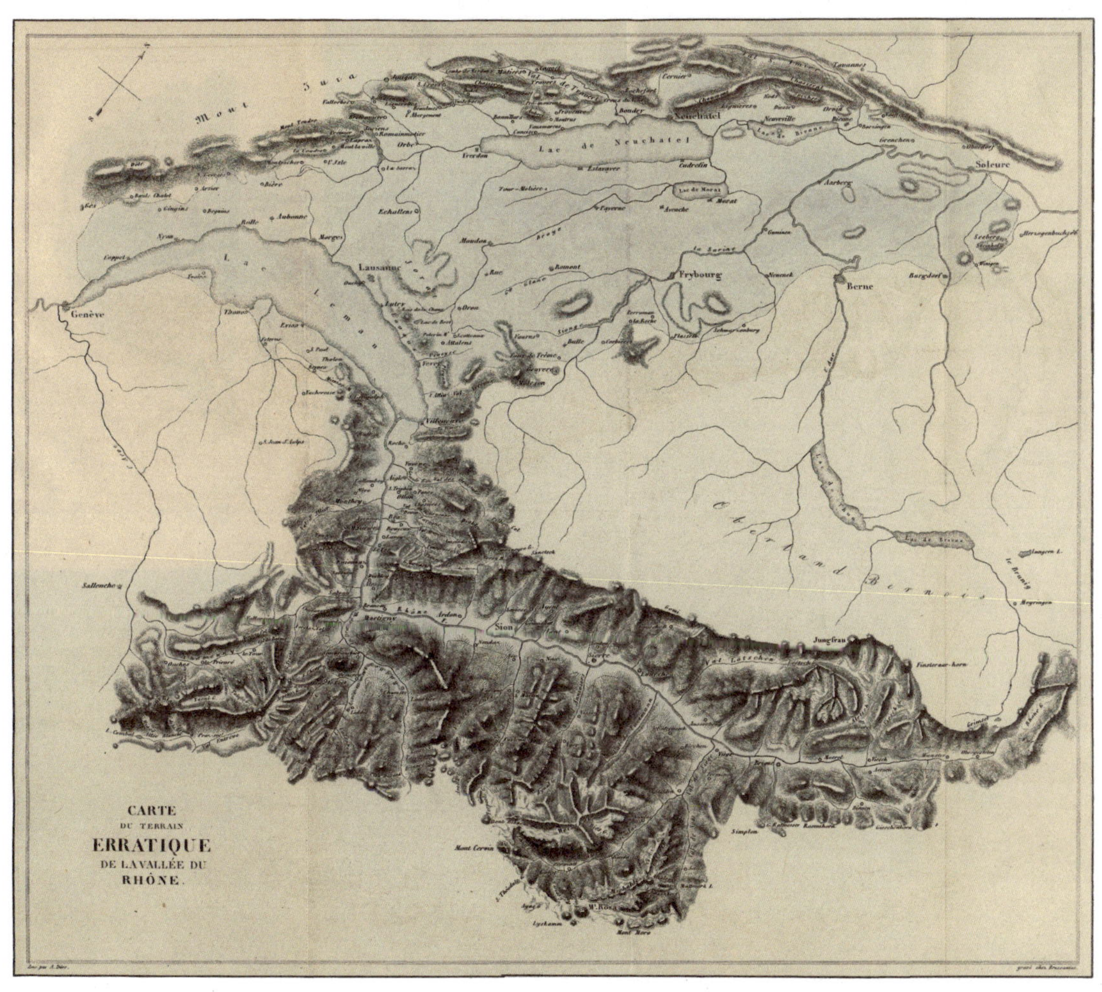

Um ihn zu bewegen, seine Ansichten zu vertreten, lud Charpentier Agassiz kurzerhand zu sich nach Bex ein und zeigte ihm die Spuren der einstigen Vergletscherung im Rhonetal. Im Lauf des Sommers reiste auch Schimper nach und schlussendlich gelang es Charpentier, die beiden Forscher von seiner Theorie zu überzeugen.

Die Eiszeit erscheint

Den folgenden Winter verbrachte Schimper bei Agassiz in Neuenburg. Fieberhaft arbeiteten sie das, was sie bei Charpentier gesehen und gehört hatten, zu ihrer ganz eigenen Synthese aus, indem sie verschiedene zeitgenössische geologische Konzepte kreativ miteinander kombinierten.

Von Venetz und Charpentier übernahmen sie die Erkenntnis einer ehemals großräumigen Vergletscherung des Alpenraumes. Allerdings gingen Agassiz und Schimper im Unterschied zu ihren Vorgängern nicht mehr von einem alpinen Riesengletscher aus, sondern von einer weit größeren, von Norden her kommenden und bis zum Mittelmeer reichenden polaren Eiskappe. Diese Idee entlehnten sie aller Wahrscheinlichkeit nach den Arbeiten des Geologen Albrecht Reinhard Bernhardi, der bereits 1832 die These der Inlandsvereisung Nordeuropas aufgestellt hatte. Als die Alpen sich aufwölbten, so Agassiz und Schimper, durchbrachen sie den Eisschild, woraufhin die Geschiebe auf den Eisflanken bis zu ihren heutigen Standorten herabrutschten. Die beiden Forscher gingen zudem nicht mehr von nur einer Vergletscherungsphase aus, sondern von mehreren – und zwar ganz ohne dabei den Gedanken an die fortwährende Abkühlung des Erdklimas aufzugeben. Zu guter Letzt integrierten sie in ihr Konzept Elemente einer an Georges Cuvier angelehnten Katastrophentheorie. Demnach soll es am Ende jeder geologischen Epoche zu einem Kälteeinbruch gekommen sein, der das Leben auf der Erde ausgelöscht habe, das jedoch in der nächsten Warmzeit in komplexeren Lebensformen wieder erschien. Insbesondere Agassiz wollte mit dieser Hypothese nicht nur die Herkunft alpiner Geschiebe erklären: Er meinte vielmehr mit ihr eine der wesentlichen Ursachen biologischer Entwicklung gefunden zu haben. Diese Annahme hatte keinen Bestand. Anders der bis heute benutzte Begriff der Eiszeit, den der musisch begabte Schimper im Laufe ihrer Überlegungen fand und sogleich mit einer 22 Strophen langen Ode an *Die Eiszeit* zu feiern wusste.

Schimper war allerdings nicht dabei, als Agassiz ihre gemeinsame Theorie als Eröffnungsrede der Jahresversammlung der «Schweizerischen Naturforschenden Gesellschaft» in seinem Wohnort Neuenburg am 24. Juli 1837 vortrug. Offenbar hatte er sich im Datum des Tagungsbeginns geirrt und reiste nicht an. Um seinen Anteil an der Entdeckung der Eiszeit zu sichern, sandte Schimper im letzten Moment einen Brief, den Agassiz den Anwesenden am folgenden Sitzungstag vorlas. Unter dem Titel *Ueber die Eiszeit* wurde dieser später auszugsweise in den Sitzungsberichten der Versammlung abgedruckt.[192] Im Unterschied zum Miturheber der Eiszeit-Theorie Schimper beehrten die Berühmtheiten der zeitgenössischen Geologie die Jahresversammlung mit ihrer Anwesenheit: darunter Leopold von Buch und Élie de Beaumont. Ihre Reaktionen auf den Vortrag reichten den Berichten nach von Belustigung bis Ärgernis. Außer Charpentier, der Agassiz verteidigte, nahm ihn kaum einer ernst. Buch, der auf Reisen stets Tagebuch führte, notierte am 24. Juli lakonisch: «9 Uhr macht Agassiz einen kalten Vortrag. Eröffnungsrede vorm Museum […] von Alpenblöcken und Eiß mit viel Selbstverständnis und Eitelkeit. […] Mittag in der Orangerie.»[193] Abgesehen von dem Hinweis auf die Gefallsucht von Agassiz scheint Buch, dem Tonfall der Aufzeichnungen nach zu urteilen, den Vortrag gleichgültig zur Kenntnis genommen zu haben. Dass er innerlich kochte und den Vortrag als persönlichen Angriff wertete, lässt sich aus anderen Quellen erfahren. Eine davon befindet sich in Humboldts Kollektaneen.

«Une bonne dose de légèreté Neuchâteloise»

Um die Zeit des Neuenburger Vortrags von Agassiz schrieb Buch eine Mitteilung an Humboldt auf einen Zettel, in der er seinem Unmut über dessen Eiszeittheorie freien Lauf ließ (Abb. 7). In sarkastischem Unterton bescheinigt er Agassiz darin «une bonne dose de légèreté Neuchâteloise» [«eine ordentliche Dosis Neuenburger Leichtfertigkeit»] und fährt dann spottend fort, dass er das Ganze für einen «poisson d'Avril» [einen «Aprilscherz»] halte, der «plus que blâmable» [«mehr als blamabel»], der schlechterdings «absurde» [«absurd»] sei. Verächtlich empfiehlt er, Agassiz solle sich doch lieber mit seinen fossilen Fischen beschäftigen, von denen er wenigstens etwas verstünde, als mit dem Phänomen der erratischen Blöcke, das längst hinreichend geklärt sei. Um seine Ansicht zu untermauern, fertigte Buch eine Zeichnung an. Mit ihr wollte er verdeutlichen, wie die im nördlichen Alpenvorland herumliegenden Gneisgeschiebe durch eine Schlamm- und

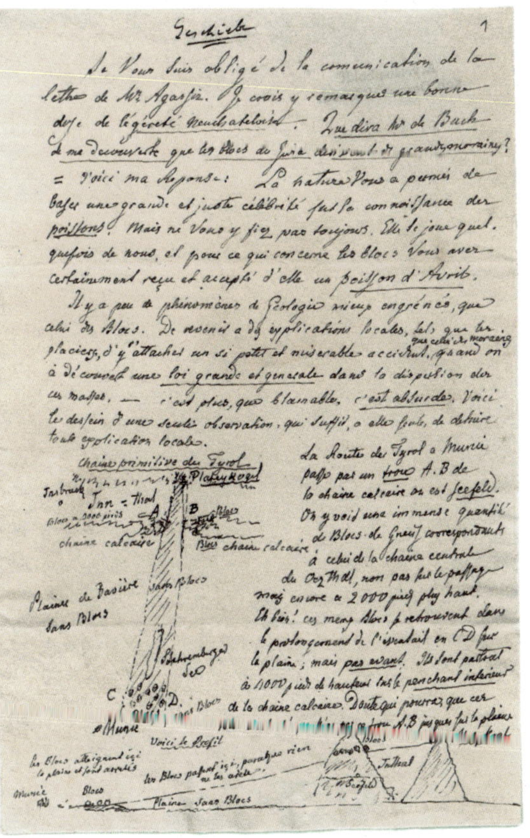
Geschiebe

Je Vous suis obligé de la communication de la lettre de Mr Agassiz. J'y crois y remarquer une bonne dose de légèreté Neuchateloise. Que dira Mr de Buch de ma decouverte que les blocs du Jura derivent de grandes moraines? = Voici ma Reponse: La nature Vous a permis de baser une grande et juste célébrité sur la connaissance des poissons! Mais ne Vous y fiez pas toujours. Elle se joue quelquefois de nous, et pour ce qui concerne les blocs Vous avez certainement reçu et accepté d'elle un poisson d'Avril.

Il y a peu de phénomènes de Geologie mieux engrénés, que celui des Blocs. De revenir a des explications locales, tels que les glaciers, d'y attacher un si petit et miserable accident, que celui des moraines, quand on a découvert une loi grande et generale dans la disposition des ces masses, — c'est plus, que blamable, c'est absurde. Voici le dessein d'une seule observation, qui suffit, a elle seule, de detruire toute explication locale.

Chaine primitive du Tyrol

La Route du Tyrol a Munic passe par un trou A.B de la chaine calcaire ou est Seefeld. On y voit une immense quantité de Blocs de Gneiss correspondants à celui de la chaine centrale du Oezthal, non pas sur le passage mais encore a 2000 pieds plus haut. Eh bien! ces memes Blocs se retrouvent dans le prolongement de l'ouverture en CD sur la plaine; mais pas avant. Ils sont partout à 1100 pieds de hauteur sur le penchant interieur de la chaine calcaire.

Abbildung 7 • Leopold von Buchs Spottsucht war legendär. Hier wettert er in einer Mitteilung an Humboldt über die Eiszeittheorie von Louis Agassiz, die er für absurd hält.

Rollsteinflut aus den inneren Alpen durch eine Lücke in den nördlichen Kalkalpen gespült wurden und auf den Hügeln des Allgäu liegen geblieben sind. Eine ähnliche Profilzeichnung hatte er bereits 1818 in einen Brief an den Geologen und Mineralogen André Jean Marie Brochant de Villiers eingefügt. Damals, um zu illustrieren, wie die erratischen Blöcke des Jura in ihre heutige Lage geraten seien.[194]

Vermutlich geht der Zettel, in dem Buch über Agassiz Theorie spottet, auf eine Anfrage Humboldts zurück, der sich in geologischen Fragen immer wieder mit Buch beriet. Und höchstwahrscheinlich war es dieser Zettel, auf den sich Humboldt bezog, als er Agassiz im Sommer 1837 einen langen Brief schrieb. In ihm heißt es:

> Über Ihre und Charpentier's Moränen wüthet, wie Sie schon vorher wissen konnten, Leopold von Buch, da er die Geschiebe als seinen alleinigen Besitze glaubt: Aber auch ich, der ich so scharfsinnigen neuen Ansichten nie abhold bin und glaube, die Blöcke sind nicht alle auf dieselbe Weise bewegt worden, auch ich bin geneigt, die Erklärung durch Moränen für mehr local zu halten. Für Stoß spricht doch wohl der Umstand, daß den Öffnungen der Alpen gegenüber die Blökke in abnehmendem Niveau liegen, auf Hügeln, nicht in der Ebene der Bernerlandes. Mir fehlt es an engerer Beobachtung: ich urteile nach Thatsachen, die man mir als wahr gegeben, und Sie wissen, daß man eine Hypothese leichter als eine falsche Thatsache los wird.[195]

Auch Humboldt, der sich versöhnlich und durchaus offen gegenüber alternativen Erklärungsansätzen zeigt, verdeutlicht in dem Brief seine Ansicht durch eine schematische Zeichnung von drei erratischen Blöcken, die auf Hügeln liegen geblieben sind. Danach kommt er ausführlich auf das «classische Fischwerk», die zwischen 1833 und 1843 publizierten, mit zahlreichen Illustrationen versehenen *Recherches sur les poissons fossiles*[196] zu sprechen und regt Agassiz an, sich doch lieber diesem Forschungsgegenstand zuzuwenden. Das ist auch der Tenor der weiteren Schreiben Humboldts. Alles in allem ist er der neuen Eiszeittheorie gegenüber aber aufgeschlossener als Buch. Und er lehnt dessen angriffslustige Verteidigung seiner Rollsteintheorie sogar ab, wie sich einem weiteren Brief Humboldts an Agassiz vom Sommer 1838 entnehmen lässt:

> [...] Ich bin weit davon entfernt, die Ursache der Furchen zu leugnen, die Sie im Eis und andere in den Blöcken suchen: aber die Idee, die Sie über den Wechsel zwischen einem eisigen und einem tropischen Zustand zu äußern schienen, schien mir durch die mir bekannten Tatsachen, einschließlich der Phänomene in Sibirien, in keiner Weise gerechtfertigt zu sein. Wenn ich in diesem Punkt Zweifel habe, teile ich keineswegs die kriegerische und verächtliche Stimmung unseres Freundes L. von B. zu diesem Thema. [...] Man sollte sich nicht vom Beobachten entmutigen lassen, und die Sache mit den Furchen und polierten Oberflächen ist äußerst kurios.[197]

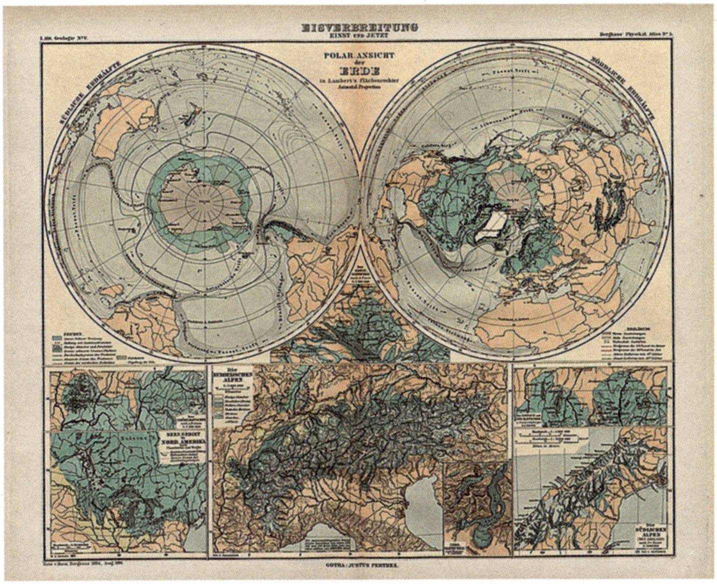

Offensichtlich erkennt Humboldt an, dass es gewichtige Indizien, wie beispielsweise den Gletscherschliff (die im Brief erwähnten «Furchen und polierten Oberflächen») gibt, die dafürsprechen, dass die Gletscher einst eine größere Ausdehnung hatten. Der Hauptgrund, warum er sich dennoch nicht ohne Weiteres von der Eiszeit überzeugen ließ, war sein Widerstand gegen die Vorstellung, dass es in der Geschichte der Erde zu erheblichen Klimaschwankungen gekommen sein soll. Anders als Buch zeigte sich Humboldt aber nicht dogmatisch. Im Frühjahr 1840 forderte er Agassiz sogar dazu auf, seine Beobachtungen und Ansichten niederzuschreiben, zu publizieren und ihm eines der Bücher zukommen zu lassen. Zumindest aus seinen Briefen lässt sich demnach schließen, dass er ernsthaft erwog, die Eiszeittheorie genauer zu durchdenken. Agassiz konnte Humboldts Wunsch nahezu umgehend befriedigen. Noch im selben Jahr erschienen seine *Études sur les glaciers*,[198] in denen er seine zwischenzeitlich intensivierten Gletscherforschungen darlegte und sich unumwunden als Entdecker der Eiszeit präsentierte. Mit seinem Studienfreund Schimper hatte er sich zu dieser Zeit längst überworfen. Agassiz nennt ihn in seinem Buch genau einmal, an einer völlig unbedeutenden Stelle. Und auch mit Charpentier kam es zum Bruch, denn Agassiz war ihm, der ihn auf das Phänomen überhaupt erst aufmerksam gemacht hatte, mit seiner Gletscherstudie zuvorgekommen. Charpentiers *Essai sur les glaciers et sur le terrain erratique du bassin du Rhône*[199] erschien wenige Wochen nach dem Buch von Agassiz. Es erreichte nie dessen Wirkung.

Abbildung 8 • Wenige Jahre nach Humboldts Tod 1859 hatte sich die Annahme, dass einst große Teile der Nordhemisphäre vergletschert waren, durchgesetzt. 1884 konnte Herrmann Berghaus, in der dritten Ausgabe des von seinem Onkel auf Anregung Humboldts begründeten *Physikalischen Atlas*, die Welt bereits unter dem Eisschild präsentieren.

In den nächsten Jahren konnte Agassiz seine Ansichten international in Artikeln und Vorträgen popularisieren. Und plötzlich fanden die Forscher überall Spuren ehemaliger großflächiger Vergletscherungen: Gletscherschrammen, glattpolierte Felsplatten, Moränen und andere mehr. Ab Anfang der 1840er-Jahre wurde die Eiszeit einem breiteren Publikum bekannt. In den einschlägigen Zeitungen waren damals Artikel über die Eiszeit und ihre Entdecker zu lesen. Doch es dauerte noch eine ganze Weile, bis sich keine Widersprüche mehr gegen die reale Existenz der Eiszeit regten und auch die nordischen Blöcke als Spuren einer einstigen

Inlandsvereisung gedeutet wurden – in Deutschland länger als im übrigen Europa, was auch auf Buchs vehemente Ablehnung der Theorie zurückgeführt wird. Vor diesem Hintergrund lässt es sich verstehen, dass Humboldt bis zu seinem Tod nur schwer von der Eiszeit zu überzeugen war. Aber immerhin: Er arbeitete an seiner Bekehrung.

Eine langsame Bekehrung

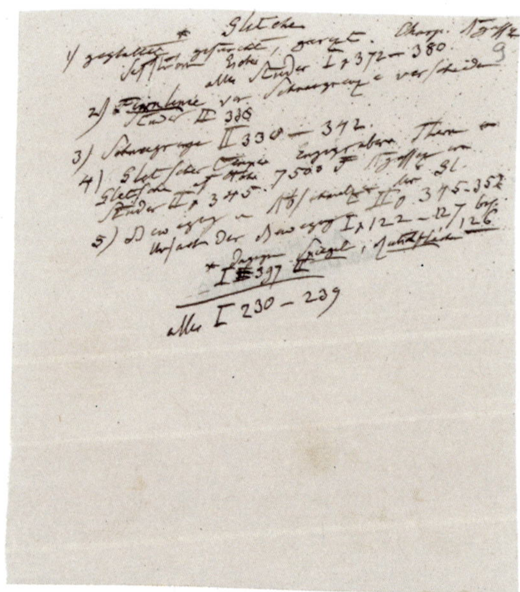

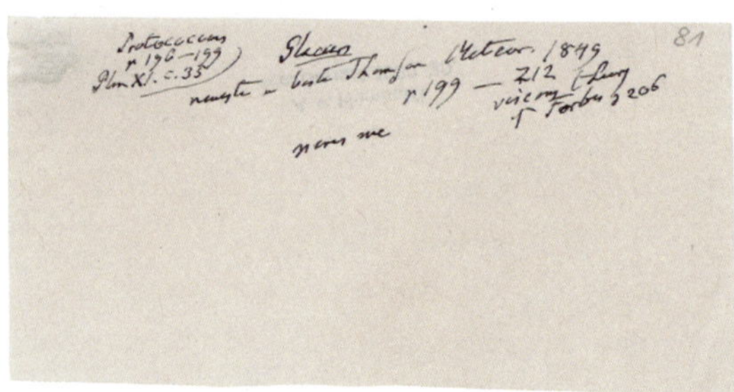

Abbildung 9 und 10 • Zwei der tausenden für die Kollektaneen typischen Zettel, hier mit Literaturhinweisen zu glaziologischen Passagen in Werken von Bernhard Studer (1844) und David Purdie Thomson (1849).

Dass Humboldt sich mit der Eiszeit intensiv befasste, zeigt ein Blick in den Katalog seiner Privatbibliothek. Er besaß alle einschlägigen Titel zum Thema. Von Agassiz hatte er nicht nur die *Etudes sur les glaciers*, sondern auch das 1847 erschienene *Système glaciaire ou recherches sur les glaciers*.[200] Von Charpentier standen der *Essai sur les glaciers et sur le terrain erratique du bassin du Rhône* und noch drei weitere Abhandlungen zur Gletschertheorie unter den mehr als 10 000 Bänden seiner später verloren gegangenen Büchersammlung.[201] Humboldt war sehr gut über die Gletscherforschung und Eiszeittheorie informiert. Er selbst meinte, «alles gelesen und verglichen zu haben, was für und gegen die Eiszeit wie über den Transport der Blöcke durch Stoß, Flösse und Rutschbahnen geschrieben ist.»[202] Das waren nicht nur die Schriften von Agassiz und Charpentier, wie sich aus den Kollektaneen erfahren lässt, sondern auch die einschlägigen Passagen aus dem *Lehrbuch der physikalischen Geographie und Geologie* des Berner Geologen

Bernhard Studer von 1844 (Abb. 9) und aus der *Introduction to Meteorology* von David Purdie Thomson (Abb. 10), der Agassiz Eiszeittheorie bereits 1849 für eine «interessante geologische Spekulation»[203] hielt.

Die Eiszeit beschäftigte Humboldt anhaltend: «Je travaille lentement à ma conversion, j'y travaille toujours»[204] [«Ich arbeite langsam an meiner Bekehrung, ich arbeite noch immer daran»], schrieb er am 2. März 1842 an Agassiz. Letzten Endes konnte er sich jedoch nicht zu einer ‹Bekehrung› durchringen. Schuld daran war nach wie vor die «plötzliche Irruption der Bärenkälte»[205], die mit der Eiszeit einhergehen musste, deren Ursache aber niemand sinnvoll zu erklären wusste. Und so kam es, dass Humboldt in keinem seiner publizierten Texte die Eiszeit auch nur erwähnte. Betrachtet man seine gedruckten Schriften und Werke, dann gibt es die Eiszeit bei Humboldt nicht. In seinem Arbeitszimmer, an seinem Schreibtisch, existierte sie aber doch. An diesem war Humboldt mit seinen geologischen und klimatologischen Ansichten deutlich weiter gekommen als in seinen Publikationen. Und es hätte wohl nur noch ein klein wenig mehr Zeit gebraucht, bis auch er sich von der Existenz der Eiszeit(en) und einer dynamischen Klimageschichte der Erde hätte überzeugen lassen. Doch darüber ist Humboldt gestorben.

«Diese ehrwürdigen Denkmäler [...]»

Wer weiterhin ausgesprochen kühl und störrisch gegenüber der Eiszeit blieb, war Leopold von Buch. Bis zu seinem Tod im Frühjahr 1853 nutzte er jede Gelegenheit, um gegen die Eiszeittheorie zu wüten und seine Rollsteine entschieden zu verteidigen. Nicht nur gegenüber den immer zahlreicher werdenden Eiszeitanhängern unter den Forschern, auch gegenüber seinen praktisch veranlagten und kunstsinnigen Mitmenschen. Gerade in Norddeutschland nutzten sie, in Ermangelung anderer Quellen, die herumliegenden Steine und Blöcke als Rohstoff für ihre Straßen und Skulpturen. Für Buch war dies ein Gräuel, da so die geologischen Belege zusehends verschwanden, aus denen sich das Rätsel ihrer Herkunft ergründen ließe. Niedergeschlagen resümierte er in einem für einen Vortrag verfassten Manuskript, das erst nach seinem Tod gedruckt wurde:

> Diese ehrwürdigen Denkmäler theilen das Schicksal der Welt. Geschlechter werden von Geschlechtern verdrängt und jedes von ihnen reißt irgend ein Document der Vorwelt mit in den Abgrund. Auf den Capitälen des Parthenon kochen die Soldaten des Pascha ihren Pilaw. Aus dem Dache des Parthenon hat Pabst Urban VIII. Barberini

> den Baldachin des heiligen Petrus gebaut; was die Barbaren nicht, das thaten die Barberini. Aus dem Markgrafenstein bei Rauen wird eine Riesenschale gemacht.[206]

Der oder besser die Markgrafensteine, auf die Buch hier anspielt, sind die zwei größten nordischen Blöcke Brandenburgs. Während der Saale- oder Weichseleiszeit transportierten Gletscher sie aus Karlshamm in Südschweden bis in die etwas südlich des Berliner Urstromtals gelegenen Rauenschen Berge. Ende der 1820er-Jahre wurde der größere der beiden Steine gespalten, um aus ihm eine Granitschale herzustellen. Das sogenannte «Biedermeierweltwunder» wurde im Berliner Lustgarten aufgestellt (Abb. 11), wo es noch heute zu bewundern ist. Mit so etwas konnte Buch wenig anfangen. Aus seiner ganz eigenen Misanthropie heraus war er ein früher Vertreter des Geotopenschutzes in Deutschland. Und über Eiszeiten nachzudenken war für ihn genauso absurd, wie polierte Schalen aus Granitgeschiebe herzustellen und öffentlich zur Schau zu stellen. Seine Rollsteintheorie überlebte ihn übrigens nur um wenige Jahre. Die Eiszeit kannte am Ende des Jahrhunderts jedes Kind.

Abbildung 11 • Johann Erdmann Hummel malte das sogenannte «Biedermeierweltwunder» gleich dreimal. Einmal beim Polieren «in der mit Dampf angetriebenen Schleifanlage», einmal beim Umdrehen und einmal beim Aufstellen der Schale im Lustgarten im Jahr 1831.

Die Zukunft der Gletscher

Das schnelle und zum Teil erhebliche Vorrücken der Alpengletscher infolge des Ausbruchs des Tambora im «Jahr ohne Sommer» 1816 zeigt deren große Sensitivität für klimatische Veränderungen. Der wichtigste Faktor für das Gletscherwachstum ist die sogenannte Schneebilanz. Ist sie positiv, das heißt, fällt im Winter mehr Schnee, als im Sommer schmilzt, wachsen die Gletscher. Ist die Bilanz umgekehrt, ziehen sie sich zurück. Gegenwärtig schwinden die Gletscher weltweit, was einen der sichtbarsten Belege für den Klimawandel darstellt. Die Auswertung von Satellitenbildern hat ergeben, dass die Gletscher in den Jahren zwischen 2000 und 2019 weltweit jährlich bis zu 267 Gigatonnen an Masse verloren haben und sich diese Abschmelzrate in den vergangenen Jahren zusehends erhöhte.[207]

Diese Beschleunigung hängt unter anderem mit der Eis-Albedo-Rückkopplung zusammen. Die Albedo kennzeichnet ein Maß für das Rückstrahlungsvermögen von Sonnenenergie durch verschiedene Oberflächen. Während Eis und frisch gefallener Schnee ein sehr hohes Rückstrahlungsvermögen von bis zu 90 % haben, verringert sich dieses bei anderen Oberflächenarten deutlich. Wüsten haben ein Rückstrahlungsvermögen von 30 %, Nadelwald von bis zu 12 %, Wasser, je nach Einfallswinkel der Strahlung, zwischen 5 % und 22 %. Wie der Begriff es andeutet, ist die Eis-Albedo-Rückkopplung ein sich selbst verstärkender Prozess: Je geringer die Fläche ist, die mit Eis und Schnee bedeckt ist, desto mehr Sonnenenergie wird von der Erde absorbiert und in das Klimasystem eingetragen, was das Abschmelzen der Gletscher zusätzlich beschleunigt.

Ein Effekt des weltweiten Gletscherschwundes ist die Erhöhung der Meeresspiegel. Sie ist vor allem durch das Abschmelzen der Eisschilde in den Polarregionen und Grönland bedingt. Im Jahr 2021 lag die jährliche Erhöhung der Meeresspiegel bei durchschnittlich 3,7 mm, wobei sich auch dieser Anstieg zuletzt deutlich beschleunigte. Im Vergleich zum Beginn der Industrialisierung haben sich die Meeresspiegel im Schnitt um 20 cm erhöht. Allerdings gibt es regionale Unterschiede, weshalb die Forschung von den Meeresspiegeln im Plural spricht. Prognosen gehen je nach Klimaszenario von einer weiteren Erhöhung um 30–110 cm bis zum Jahr 2100 aus. Dabei hängt die Meeresspiegelerhöhung nicht allein vom Abschmelzen der Eisschilde ab, sondern auch von der Ausdehnung des Meerwassers infolge seiner Erwärmung. Beide Faktoren haben zur bisherigen Meeresspiegelerhöhung in etwa gleich viel beigetragen.

Neben globalen Veränderungen birgt das Schmelzen der Gletscher zudem lokale Risiken. Eine 2023 veröffentliche Studie zu Gletscherseeausbrüchen, wie jenem am Walliser Giétrozgletscher im Jahr 1818, kommt zu dem Schluss, dass gegenwärtig bis zu 15 Millionen Menschen mittelbar und ca. 1 Million Menschen unmittelbar von solchen Naturkatastrophen bedroht sind. Als gefährdet gelten vor allem Regionen in den Hochgebirgen Indiens, Afghanistans und Pakistans, wo solche potentiellen Katastrophen auf vulnerable gesellschaftliche Strukturen treffen. Der Alpenraum und Neuseeland sind hingegen nur gering gefährdet. Der Klimawandel ist also nur einer von mehreren Faktoren. Andere sind sozioökonomischer und geographischer Art. So werden beispielsweise auch die Bevölkerungszunahme und Besiedelungsdichte in potenziell betroffenen Gebieten, der allgemeine Lebensstandard, der Zustand des Katastrophenmanagements und weitere Faktoren mehr bei der Beurteilung des Gefährdungspotenzials von Gletscherseeausbrüchen berücksichtigt[illegible] (vgl. Kasten «Vulkanausbrüche und Mensch-Umwelt-System» im Kapitel «(K)ein ‹Jahr ohne Sommer›»).

XIV. *Bemerkungen in Beziehung auf die Temperaturverhältnisse des Peiſsenberges;* *von Herm. Schlagintweit.*

Gesetzt der Radius der Erde würde um ein Tausendstel vergröſsert, ohne daſs dadurch an der Oberfläche weder die Gestalt der Meere und Continent noch die gegenseitigen Höhenverhältnisse einzelner Theile verändert würden, so hätte eine solche Vergröſserung des Radius auf die Temperatur der Luft gewiſs ungemein wenig Einfluſs. Und doch wäre dadurch die Oberfläche der Erde in eine Entfernung vom Mittelpunkte (d. h. in eine Höhe) versetzt, die jetzt Berge von 19,000 bis 20,000 Fuſs einnehmen.

Die Luft in der Nähe hoher Gipfel ist deswegen kalt, weil sie von der allgemeinen Oberfläche der Erde, der vorzüglichsten Quelle für atmosphärische Wärme, entfernt ist. Auf den Gipfeln selbst kann die Besonnung nur auf eine *kleine Oberfläche* wirken, zugleich wird ihnen die Wärme der Erde weniger zugeleitet. Die geringe Menge der Luft, welche also hier in Berührung mit dem Boden erwärmt wird, verschwindet fast spurlos in der ungleich gröſsern Masse der kalten Luft, welche solche Gipfel umgiebt.

Es vereinen sich mit dem Einflusse der insolirten Ober-

15. Der Weg zur dritten Dimension

Nirgends sind unterschiedliche Klimata so nah beieinander wie in Gebirgen. Je höher man stiegt, desto niedriger die Temperatur, gleichzeitig verändert sich der Niederschlag. Es erstaunt also nicht, dass mit dem Aufkommen meteorologischer Messungen die Gebirge stets besondere Beachtung fanden. Mit der Höhe verändert sich natürlich auch die Vegetation. Humboldt, der die Verbreitung der Pflanzen über den Erdball verstehen wollte, sah im Studium der Gebirge einen Schlüssel zur globalen Sicht. Das Klima verschiedener Höhenstufen könnte die Vegetationsverteilung erklären. Aber wenn Klima ein bedingender Faktor der Vegetation ist, dann zeigt die Vegetation auch das Klima. In seiner Schrift *Beobachtungen über das Gesetz der Wärmeabnahme in den höhern Regionen der Atmosphäre, und über die untern Gränzen des ewigen Schnees* notierte Humboldt 1806: «[...] so stellt der Abhang des Gebirges gleichsam die umgekehrte Scale eines botanischen Thermometers dar, [...]».[209]

Abbildung 1 • Erste Seite einer Publikation von Hermann von Schlagintweit, *Bemerkungen in Beziehung auf die Temperaturverhältnisse des Peissenberges*.

Aber die Temperaturabnahme mit der Höhe reicht nicht aus, um Gebirgsklimata zu beschreiben. Und nicht immer nimmt die Temperatur mit der Höhe ab. Während der häufigen winterlichen Hochdrucklagen ist die Temperatur in den Voralpen auf 1000 m oft höher als im Flachland auf 500 m. Eine solche Temperaturschichtung nennt man Inversion. Außerdem ändert sich auch der Niederschlag zuweilen sehr kleinräumig, wie auch die Alpen zeigen. Am Alpenrand wird das Klima mit zunehmender Höhe feuchter, im Inneren gibt es ausgeprägte Trockentäler. Gebirge generieren ihr eigenes Klima.

Um all diese Effekte mit Messdaten zu studieren, braucht es permanente Wetterstationen in Gebirgen. Eine der ältesten behandelt die vorliegende Quelle (Abb. 1): den Hohen Peißenberg. Zwar ist dieser Berg in Bayern nicht mal ganz 1000 m hoch, doch er steht relativ frei, 20 km vom Alpenrand entfernt, und erhebt sich 400 m über das umliegende Land (Abb. 2). Auf dem Gipfel stand ein Gebäude eines Augustinerklosters. Hier begannen am 1. Januar 1782 meteorologische Messungen, die bis heute fortdauern. Die Station war Teil des Messnetzes der «Societas Meteorologica Palatina» (vgl. Kapitel «Das Klima wird global»), die einzige, die bis heute am selben Standort geblieben ist.[210] Dieser Artikel

Abbildung 2 • Hoher Peißenberg von Süden.

beleuchtet die Geschichte der dritten Dimension in der Klimatologie, die für Humboldts Werk so entscheidend war.

Die abgebildete Quelle ist die erste Seite einer Publikation über die Temperaturverhältnisse auf dem Hohen Peißenberg.[211] Verfasst wurde sie von Hermann von Schlagintweit. Die Publikation beginnt mit der Theorie der Wärmeabnahme. Grund für die Temperaturabnahme mit der Höhe sei die fehlende Oberfläche, welche sonst die Quelle der Wärme sei. Auf Gipfelhöhe sei kaum noch Oberfläche vorhanden, welche die Strahlung absorbieren könne. Das stimmt zwar für Vergleiche zwischen lokalen Klimata, aber aus heutiger Sicht erstaunt, dass nicht zunächst die Temperaturabnahme in der freien Atmosphäre erklärt wird: Die Tatsache nämlich, dass sich Luft bei Ausdehnung abkühlt. Die Schwerkraft der darüberliegenden Luftsäule drückt die Luft am Boden stärker zusammen als in der Höhe, daher ist sie wärmer als in der Höhe. Der Einfluss der Oberfläche – sie ist nicht nur Heizfläche, sondern auch Kühlfläche – führt dann zu einer Modifikation der Temperatur im Tages- und Jahresverlauf. Auf diese Weise entstehen Hangwinde sowie Berg- und Talwinde.

Zur Zeit der Verfassung des Artikels, im Jahr 1853, gab es aber noch keine Theorie zur Wärmeabnahme mit der Höhe. Die atmosphärische Thermodynamik steckte noch in den Kinderschuhen. Erst einige Jahre später beschrieb William Thomson (später Lord Kelvin) eine Theorie der Temperaturabnahme in der Luft mit und ohne Kondensation. Letztere ist als trockenadiabatischer Temperaturgradient bekannt und die Formel dazu ist nichts anderes als das Verhältnis der Schwerebeschleunigung der Erde und der spezifischen Wärmekapazität der Luft bei konstantem Druck. Rechnerisch ergibt dies fast exakt 1 °C Temperaturabnahme pro 100 m Höhe in trockener Luft.

Dass die reale Situation komplizierter ist, zeigt auch die handschriftliche Notiz unter dem Ausschnitt «Januar oben wärmer»: Tatsächlich ist die Temperatur auf dem Hohen Peißenberg im Jahresmittel zwar 1,5 °C kühler als im 450 m tiefer gelegenen München, aber im Januar ganz leicht wärmer. Im Winter sammelt sich über dem Alpenvorland Kaltluft, welche zu tiefen Temperaturen in München führt, oft durch eine Stratuswolke (in der Schweiz «Hochnebel» genannt) abgegrenzt. Der Hohe Peißenberg ragt manchmal darüber hinaus, eine klassische Inversionssituation.

Mit Messinstrumenten ins Gebirge

Humboldt und die Gebrüder Schlagintweit waren natürlich nicht die ersten, welche sich für die Veränderungen mit der Höhe in der Atmosphäre interessierten. Die Geschichte der dritten Dimension in der Klimatologie ist in Abb. 3. schematisch gezeigt. Die Figur beginnt mit der Entwicklung meteorologischer Instrumente (selbstverständlich wurden anhand von Wolken schon früher Mutmaßungen angestellt). Mit Instrumenten konnten nämlich einige grundlegende Ansichten zur Physik der Erde überprüft werden. Blaise Pascal regte 1648 an, eines seiner Barometer von Clermont-Ferrand auf den Puy de Dôme (1465 m ü. M., ca. 1000 Meter Höhendifferenz) zu tragen, um zu zeigen, dass der Luftdruck nichts anderes ist als das Gewicht der Luftsäule und deshalb mit der Höhe abnimmt. Robert Boyle und Edme Mariotte beschäftigten sich in der Folge mit den Ursachen der Druckabnahme in Gasen und fanden, dass der Druck idealer Gase bei gleichbleibender Temperatur umgekehrt proportional zum Volumen ist. Auf diesen Grundlagen wurde die barometrische Höhenmessung möglich, in welcher aus dem Luftdruck die Höhe eines Punkts geschätzt werden konnte. In der Schweiz erwarb Johann Jakob Scheuchzer um 1700 ein Barometer und nahm es 1705 auf eine Alpenreise mit, um genau solche

Abbildung 3 • Entwicklung der Erforschung der dritten Dimension der Atmosphäre.

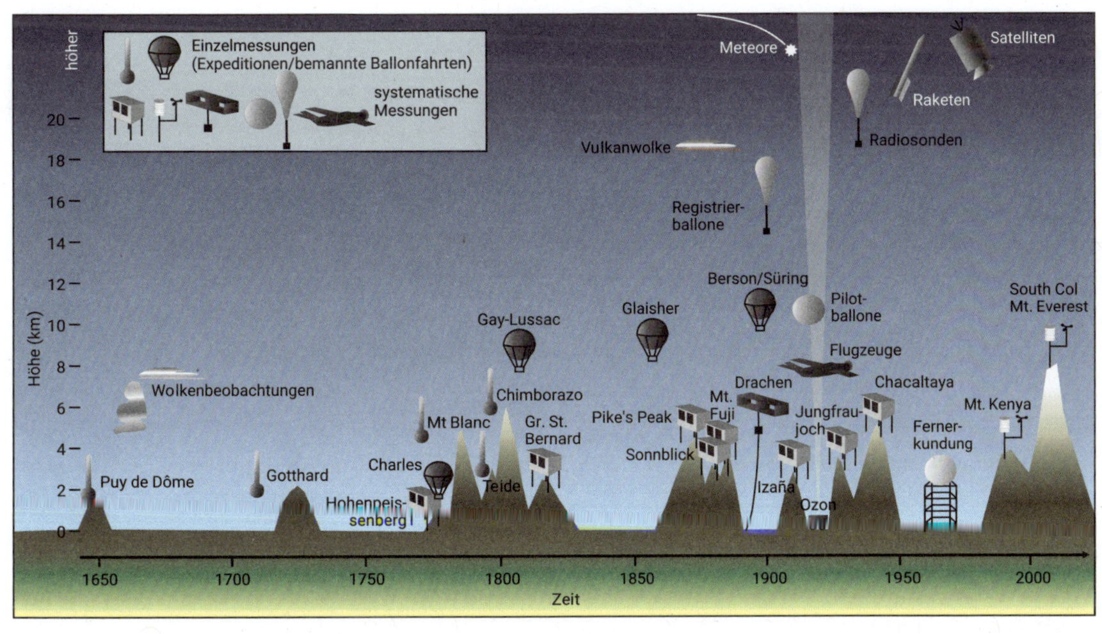

barometrischen Höhenbestimmungen durchzuführen.[212] Dabei handelt es sich um die ersten Luftdruckmessungen in der Schweiz.

Dass der Luftdruck nicht nur von der Höhe, sondern auch vom Wetter abhängt, hatte ebenfalls bereits Blaise Pascal bemerkt. Die ältesten, bis heute fortgesetzten Luftdruckmessreihen begannen im späten 17. Jahrhundert in Paris und im Raum London und gehen auf Physiker wie Boyle zurück. Scheuchzer begann 1708 mit regelmäßigen Luftdruckmessungen in Zürich. Er regte aber auch Messungen auf dem Gotthard-Hospiz an (2093 m ü. M.). Dort maß Joseph da Sessa dann von 1728 bis 1731 täglich den Luftdruck und begründete damit die älteste Gebirgsmessreihe, wenngleich diese nur kurz Bestand hatte. Der Gotthard wurde später, von 1781 bis 1792, auch eine der Stationen der «Societas Meteorologica Palatina». Dabei handelt es sich aber nicht um eine kontinuierliche Messreihe.

Noch weiter hinauf drängte der Genfer Alpenforscher Horace-Bénédict de Saussure. 1787, nur ein Jahr nach der Erstbesteigung des Mont Blanc (für die er selbst einen Preis ausgesetzt hatte), bestieg er den Berg in wissenschaftlicher Mission und führte Barometer und Thermometer mit sich. Alexander von Humboldt war davon begeistert. Von de Saussure, den er 1795 in Genf traf, übernahm er das Messinstrument für Luftfeuchtigkeit (das Haarhygrometer) sowie das Cyanometer, eine einfache Vorrichtung zum Messen des Himmelsblaus. Diese Instrumente führte er nebst vielen anderen auf seiner Südamerikareise mit sich. Den Umgang mit den Messgeräten trainierte er während eines Alpenaufenthalts mit Basis in Salzburg, 1797 bis 1798 (vgl. Kasten «Übung macht den Meister»).

Humboldt selbst trug Barometer und Thermometer bald noch höher hinauf. Auf seiner Südamerikareise, beim gescheiterten Versuch der Besteigung des Chimborazos, erreichte er 5350 m und damit eine Höhe, die kein anderer bekannter Mensch vor ihm je erreicht hatte. Sein späterer Freund Joseph Gay-Lussac brach diesen Rekord wenig später in einem Ballon, mit welchem er in 7000 m Höhe aufstieg (Abb. 3). Die Höhenrekorde von Humboldt und Gay-Lussac waren nicht nur damals ein Thema (Goethe, der 1807 in Erwartung von Humboldts *Tableau physique des Andes et pays voisins* selbst eine Zeichnung der Gebirge im Vergleich anfertigte, trug hier auch beide Rekorde ein), sondern auch noch 50 Jahre später. Beide sind beispielsweise 1854 in einem Schulbuch in die Tafel «Berghöhen der Erde» eingetragen – als einzige, obschon Humboldts Rekord bereits 1831 gebrochen wurde (Abb. 4).

Abbildung 4 • Die höchsten Berge auf verschiedenen Kontinenten. Illustration aus einem Schulbuch aus dem Jahr 1854. Interessant ist die Darstellung der Höhenrekorde von Humboldt am Chimborazo (kaum lesbar) und von Gay-Lussac in einer Ballonfahrt.

Doch zurück zu Hermann Schlagintweits Artikel (Abb. 1). Hermann Schlagintweit, oft in einem Atemzug mit seinen Brüdern, Adolph und Robert, genannt, war ein deutscher Naturforscher. Er habilitierte 1851 in Berlin in Physischer Geographie und unternahm verschiedene Reisen in die Alpen. Humboldt nahm 1849 brieflich mit den Gebrüdern Schlagintweit Kontakt auf und lud sie zu sich ein.[213] Den Gebrüdern Schlagintweit war es vergönnt, Humboldts lang ersehnten Plan auszuführen: Eine Erforschung des Himalaya in

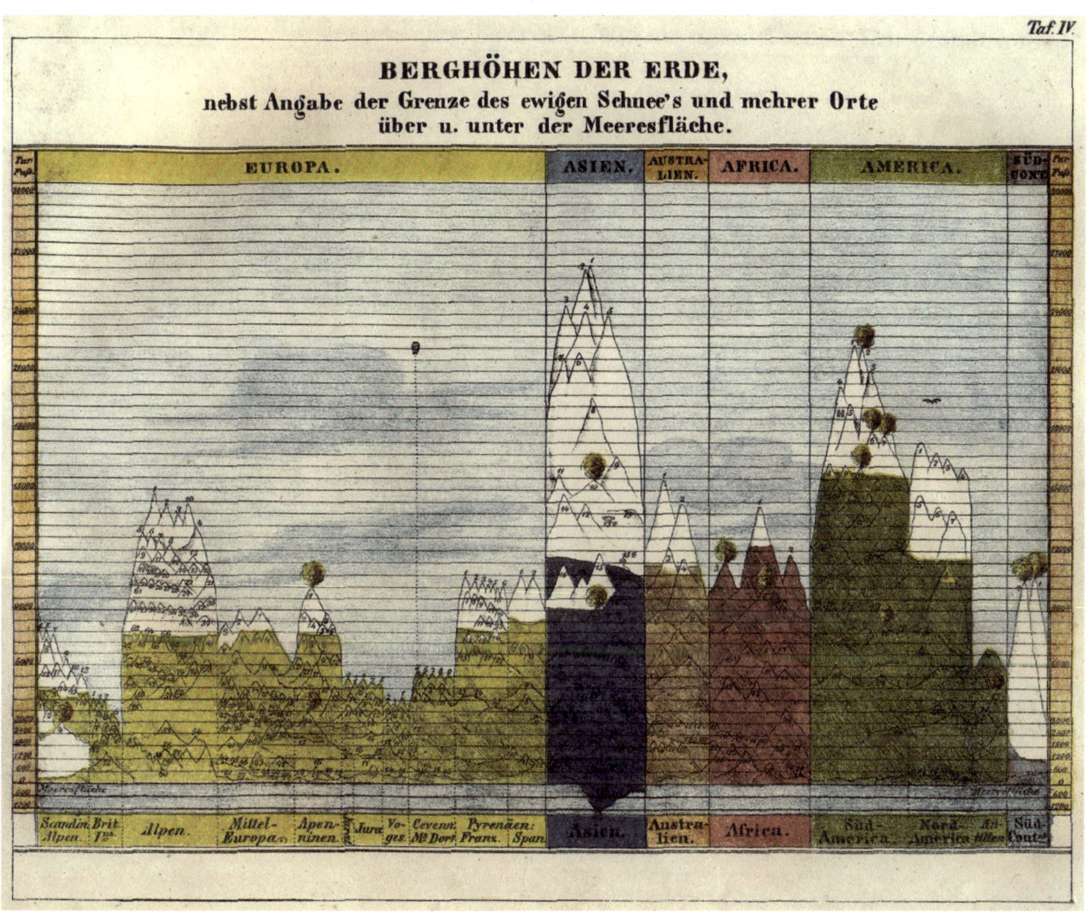

Humboldt'scher Manier.[214] Humboldt unterstützte die drei denn auch, wo er konnte. 1854 bis 1858 begaben sich die drei Brüder auf die Reise, auf welcher Adolph starb. Hermann und Robert kehrten mit reichhaltigem Material zurück, das sie in den folgenden Jahren publizierten. Eine weitere Parallele: Im Himalaya erreichten die Brüder die Höhe von 6785 m ü. M. und stellten damit einen Höhenrekord für Bergbesteigungen auf (Gay-Lussacs Ballonrekord wurde erst 1862 durch James Glashier gebrochen, der geschätzte 11 270 m erreichte). Nach der Rückkehr berichteten Hermann und Robert Schlagintweit Humboldt von ihren Beobachtungen der Schneegrenze, wenige Wochen vor Humboldts Tod.[215]

Zwanzig Jahre später, auf dem Weltkongress für Meteorologie in Rom 1879, wurde die

Beobachtung der höheren Luftschichten zu einem Hauptthema. Es wurde angeregt, mehr Gebirgsobservatorien zu eröffnen. In der Schweiz wurde daher 1884 die Station auf dem Säntis auf 2500 m ü. M. in Betrieb genommen, in Österreich 1886 die Station auf dem Sonnblick auf 3102 m ü. M. Andere Bergstationen folgten, so auch in Izaña am Teide auf Teneriffa, den Humboldt 1799 bestiegen hatte. Heute liegt die höchste Wetterstation nur wenige Meter unterhalb des Gipfels des Mount Everest. Ein umfassendes Messprogramm, inklusive detaillierter luftchemischer Messungen, wird auch an der Station Chacaltaya in Bolivien auf 5240 m ü. M. durchgeführt (Abb. 5); ungefähr auf der gleichen Höhe, welche Humboldt am Chimborazo erreichte.

Messungen in der freien Atmosphäre

Gleichzeitig wurde aber auch die Messung in der freien Atmosphäre vorangetrieben. Abbott Lawrence Rotch experimentierte in den USA mit Drachen als Messplattform und Meteografen als Messgeräte. Diese zeichnen Messungen der Temperatur und des Luftdrucks während des Flugs grafisch auf eine Trommel. Louis Teisserenc de Bort entwickelte in Frankreich Wetterballone. Richard Assmann führte in Deutschland zunächst bemannte Ballonfahrten und dann auch Sondierungen mit frei fliegenden Ballonen durch. Nachdem das Problem des Strahlungsfehlers der Temperaturmessung (in der dünnen Luft erhitzten sich die recht großen Geräte stark) zumindest abgeschwächt werden konnte, erlaubten diese neuen Messplattformen die eigentliche Entdeckung der dritten Dimension der Atmosphäre: Die Stratosphäre, in welcher die Temperatur mit der Höhe zunimmt, wurde entdeckt. Dies war eine Überraschung, war man doch davon ausgegangen, dass die Temperatur mit der Höhe immer weiter abnehmen würde. Messungen in den Tropen zeigten bald, dass dort die Tropopause, also die Grenze zwischen der Troposphäre (der untersten, ca. 8–16 km dicken Schicht der Atmosphäre) und der Stratosphäre, viel höher liegt als über den Mittelbreiten.[216]

Abbildung 5 • Die Station Chacaltaya in Bolivien auf 5240 m ü. M.

Pilotballone, das sind Ballone ohne Messgerät, deren Pfad vom Erdboden aus verfolgt wurde, erlaubten die Untersuchung der Höhenwinde. So begann in den 1920er-Jahren die dreidimensionale Klimatologie. Flugzeuge stiegen in den Himmel und markierten die Präsenz des Menschen in der dritten Dimension. Sie wurden auch für Messungen genutzt. Gleichzeitig begann die Erforschung der höheren Atmosphärenschichten von der Erde aus mit Fernerkundungsmethoden. Bereits früher schlossen Forschende anhand der Beobachtung von Meteoren auf eine warme Schicht in 60 km Höhe, und der reduzierte Anteil ultravioletter Strahlung im Sonnenlicht wurde durch eine Ozonschicht erklärt. Diese musste sich in großer Höhe befinden, da Messungen in Bodennähe nur wenig Ozon zeigten. Mit spektroskopischen Methoden wurde die Menge an Ozon über einem Standort, also die «Dicke» der Ozonschicht, bald routinemäßig vermessen. Diese ist eng verknüpft mit der Höhe der Tropopause und wurde daher auch als meteorologischer Indikator interessant.[217] Schließlich konnte die Ozonschicht mit einem cleveren Versuchsaufbau auch vom Erdboden aus vertikal vermessen werden; man fand, dass die Ozonmassenkonzentration ihr Maximum in ca. 20 km Höhe erreicht.

Der Durchbruch der Messung in der freien Atmosphäre gelang mit der Radiosonde. Bis dahin hatten Wetterballone selbstregistrierende Geräte, welche die Daten auf Messstreifen aufzeichneten. Das heißt, dass die Geräte nach dem Platzen des Ballons gesucht und gefunden werden mussten. Das mag zwar für die Forschung angehen, aber für die Wettervorhersage konnten die Daten natürlich nicht verwendet werden. Erst mit der Radioübertragung wurde dies möglich. In Finnland und Russland stiegen ab 1934 Wetterballone mit Radioübertragung auf. Zum Rückgrat des weltweiten meteorologischen Messnetzes wurden die Wetterballone aber erst nach dem Zweiten Weltkrieg und vor allem mit dem Internationalen Geophysikalischen Jahr 1957/1958. In diesem weltweiten Großprojekt wurden Messnetze aufgebaut, Standards festgelegt, Vergleichskampagnen durchgeführt und internationale Datenzentren gegründet, sodass alle Daten jeweils in mindestens zwei Datenzentren verfügbar waren (in der Regel in den Zentren in der Sowjetunion und den USA sowie einem über Europa, Japan und Australien verteilten Zentrum).[218] Noch heute sind diese Weltdatenzentren in Betrieb. Die im Kalten Krieg geschaffenen Strukturen leben fort.

Abbildung 6 • Haus Schanzlgasse 14 mit Gedenktafel zum Aufenthalt Alexander von Humboldts 1797–1798 in Salzburg, Österreich.

Im Weltraum

Das Internationale Geophysikalische Jahr markierte mit dem Start des sowjetischen Satelliten Sputnik auch den Beginn des Weltraumzeitalters. Bereits seit dem Zweiten Weltkrieg war auch mit meteorologischen Messungen mittels Raketen experimentiert worden. Mit dem Internationalen Geophysikalischen Jahr entstand daraus ein Programm, und bald wurden auch Satelliten für die Meteorologie verwendet. Anfänglich waren dies Aufnahmen mit einer Fernsehkamera, welche eine Interpretation von Wolkenstrukturen erlaubte. Spätestens ab 1970 kamen aber Messungen zum Wasserdampfgehalt, dem Ozongehalt und vielen weiteren Größen dazu. Satellitenmessungen erlauben auch die Messungen von Vertikalprofilen der Atmosphäre. Spätestens seit dieser Zeit ist Klimatologie und Meteorologie dreidimensional.

Aber zurück zum eingangs erwähnten botanischen Thermometer. Mit dem Klimawandel wird das Konzept des botanischen Thermometers wieder aktuell. Denn die Pflanzenverteilung ist auch ein Anzeiger des Klimawandels. Die Grenzen, für die sich Humboldt interessiert hatte – Schneegrenze, Baumgrenze, Vegetationsgrenzen – verschieben sich nach oben. Heute zeigt sich dies sehr deutlich: In den hohen Lagen der Alpen wird die Schneedauer kürzer und die Vegetationsperiode länger. Diese Lagen werden grüner, weil sich hier viele, normalerweise in tieferen Lagen vorkommende Pflanzen nun etablieren können. Gleichzeitig wird damit die angestammte Vegetation zurückgedrängt. Auch für Humboldts berühmtes *Tableau physique des Andes et pays voisins* wurde anlässlich seines 250. Geburtstags ein Vergleich mit der heutigen Situation durchgeführt: Am Chimborazo ist die Vegetation seit Humboldts Besuch um 200–500 m angestiegen (der Betrag ist aber umstritten). Auf diese Weise kann anhand der Höhe auch der Klimawandel illustriert werden, als botanisches Thermometer, genau wie von Humboldt vorgeschlagen. Eine Temperaturerhöhung von 1,5 °C bedeutet demnach, dass der Hohe Peißenberg das Klima von München haben wird. Plus 2 °C bedeutet, dass Chateau d'Oex das Klima von Bern haben wird. Die Temperaturzunahme in den letzten 50 Jahren liegt in ungefähr dieser Größenordnung, und der weitere Anstieg bis zum Ende des Jahrhunderts könnte sogar noch höher liegen. Das Klima von Bern wird dann ähnlich sein wie das heutige Klima in Kroatien. Humboldts Höhen- und Klimazonen verschieben sich.

Abbildung 7 • Abweichungen der Temperatur und des Luftdrucks auf Meereshöhe (Kontourintervall 2 hPa, zentriert um 0, gestrichelt = negativ) im November 1797 bis März 1798 im Vergleich zu den 30 Jahren zuvor.[219]

Abbildung 8 • Humboldts Messungen in Salzburg sowie Schweizer Wetterlagen.

Übung macht den Meister

Von Oktober 1797 bis April 1798 weilte Alexander von Humboldt in Salzburg (Abb. 2). Er bereitete sich auf seine große Reise vor, übte sich im Umgang mit den Messinstrumenten und beobachtete von hier aus die sich ständig ändernde politische Lage mit großer Sorge. Denn noch wusste er nicht, wann, wohin und mit wem er reisen würde. Gemeinsam mit ihm weilte auch sein Studienfreund, der Geologe Leopold von Buch, in Salzburg (vgl. Kapitel «(Keine) Eiszeit»).

In Salzburg (Abb. 6) führte Humboldt zahlreiche meteorologische Messungen durch. Insbesondere maß Humboldt mit seinem Eudiometer täglich den Sauerstoffgehalt der Atmosphäre. Diese luftchemischen Messungen sind zwar historisch interessant, doch für die heutige Forschung nicht relevant. Aber Humboldt maß gleichzeitig auch andere meteorologische Größen. Seine Daten sowie heutige Rekonstruktionen (Abb. 7 und 8) zeigen, dass der Winter in Mitteleuropa eher mild war, abgesehen von zwei Kältephasen im Januar. Der Winter reiht sich in eine Folge warmer Winter wie bereits 1795/1796 (vgl. Kapitel «Ein eisiger Winter»). Südwesteuropa war unter Hochdruckeinfluss, über Skandinavien war der Druck tief, Mitteleuropa lag in einer West- oder Nordweströmung. Eine tägliche Wetterlagenklassifikation für die Schweiz zeigt häufige Hochdruck- und Westlagen, dagegen seltene Ost- und Nordostlagen. In guter Übereinstimmung mit den Wetterlagen zeigen Humboldts Druckmessungen die Hochdrucklagen, die immer wieder durch den Durchzug von Wettersystemen unterbrochen wurden. Alles in allem also kein besonderer Winter. Auch das ist Klimatologie.

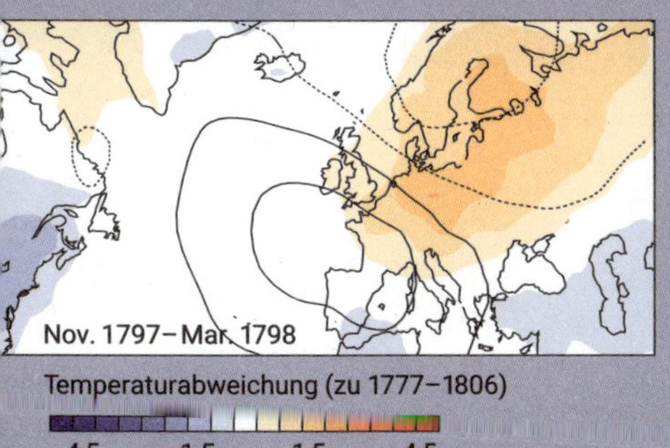

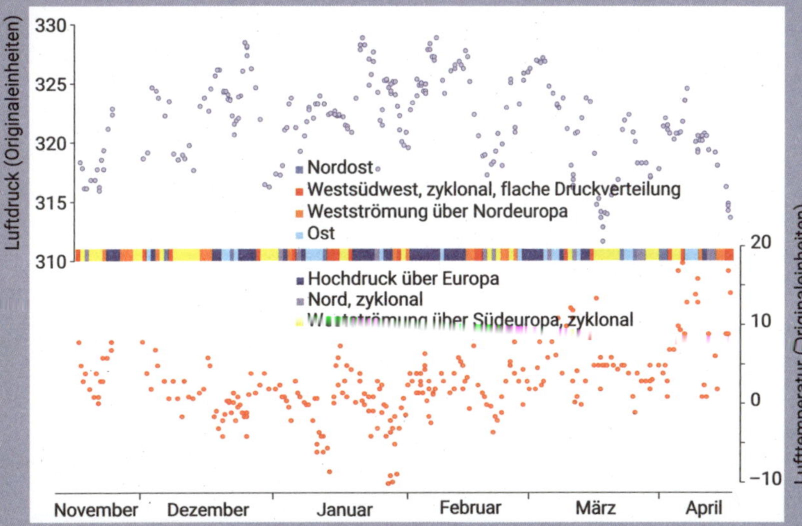

Temperatur der Luft und des Wassers der Südsee, aufgenommen an Bord des Dampfschiffes Panama, auf der Reise von Panama nach S. Francisco. 21. 2

Dat. u. zurückgel. Meilenzahl	Zeit.	Grad.	Nach Fahrenheit: Temp. der Luft.	Temp. des Wassers	Wind.	
Oct. 2.	6 Uh. N.M.	Hafen von Panama	82°	86° 6/10.	N.W.	
3.	12 M.	7°9' L.	81°, 6/10	83, 7/10	N.W.	
		80°53' L.				
(149 M.)	6 Nm.	. . . . .	84°, 8	83, 7	N.W.	
4.	6. V.M.	8° 20' L.	88°	82, 4	N.W.	
	12 M.	83° 55' L.	87°	82, 7	N.W.	
(203 M.)	6. Ab.		80°, 5/10	82, 4	N.W.	
5.	8. V.M.	9° 53' L.	87, 2	82, 6	W.	Starker Wind u. Regen
	12. M.	86° 30' L	84, 3	83, 7	W.	
(181 M.)	6. Ab.		84	83, 7	W.	
6.	6. V.M.	11° 9' L.	83, 6	82, 4	W.	Sturm u. Regen
	12. M.	88° 45' L	83, 8	82, 3	W.	
(157 M.)	6. A.		83, 5	83, 4	W.	
7.	7. V.M.	12° 35' L	82, 2	83, 7	W.	Sturm u. Regen
(186 M.)	12. M.	91° 34' L	83, 8	83, 6	W.	
	Heftiger Sturm hinderte am Beobachten					
8.	12. M.	14° 06' L.	81	82, 7	W.N.W.	
(187 M.)		94° 15' L				
	Ununterbrochener heftiger Sturm und Regen					
9	6. V.M.	15° 00' L	82	84, 2	W.	Sturm u. Regen
(150 M.)	12. M.	96° 25' L	82	84, 2	W.	
	6. A.		82	84, 2	W.	
10.	6. V.M.	Keine	82	84, 2	W.	Schwacher Wind
	12. M.	Observationen	83	85, 6	W.	
	6. A.		84, 7	85, 6	W.	

16. Reisethermometer, Dampfschiffe und die Kolonisierung des Westens

Ohne die Industrialisierung und den technischen Fortschritt im 19. Jahrhundert wäre Humboldt in seinen klimatologischen Studien nicht so weit gekommen, wie er es ist. Durch die Dampfschifffahrt und Eisenbahn beschleunigte sich der Weltverkehr an Waren, Menschen und Briefen, mit denen ihm aus zusehends entlegeneren Gebieten Informationen über das Klima zugetragen wurden. Die sich beschleunigende Vermessung der Welt hatte allerdings ihre Schattenseiten. Denn sie förderte nicht nur neue Erkenntnisse zutage, sondern beförderte auch die Ausbeutung und Unterdrückung der Menschen, die in den neu entdeckten und beforschten Gebieten seit je ansässig waren. Dieser Zwiespalt spiegelt sich in einigen Dokumenten aus Humboldts Kollektaneen zum Kosmos. Allerdings nicht vordergründig, sondern unterschwellig. Er muss aus der Geschichte der Dokumente rekonstruiert werden.

Abbildung 1 • Die Vorderseite der Tabelle mit Luft und Wassertemperaturen, die Balduin Möllhausen auf seiner stürmischen Überfahrt von Panama nach San Francisco im Oktober 1857 für Humboldt gemessen hatte.

Ein solches Dokument landete im Dezember 1857 auf Humboldts Schreibtisch in der Oranienburger Straße Nr. 67. Es handelt sich um einen kleinen blauen Zettel mit Temperaturdaten «der Luft und des Wassers der Südsee»[220] (Abb. 1). Gemessen hatte sie der Abenteurer, Naturforscher und spätere Romanschriftsteller Balduin Möllhausen «an Bord des Dampfbootes Panama», das sich zwischen dem 2. und 22. Oktober 1857 auf der Überfahrt von Panama nach San Francisco befand. Auf Empfehlung Humboldts und im Auftrag der amerikanischen Regierung war der 1825 in Bonn geborene, naturwissenschaftliche Autodidakt Möllhausen als Mitglied einer Expedition zur Erkundung des Colorado River unter dem Kommando von Lieutenant Joseph Christmas Ives dorthin unterwegs. In der zweiseitigen Tabelle verzeichnete Möllhausen neben dem Datum die zurückgelegte Distanz, die Zeitpunkte seiner Messungen, die geographische Position, an der sie stattfanden, die Temperatur der Luft, die Temperatur des Wassers sowie die Richtung, aus der der Wind wehte. Die Messungen führte Möllhausen jeweils um 6 Uhr morgens, 12 Uhr mittags und 6 Uhr abends durch und benutzte dafür ein Thermometer mit Fahrenheit-Skala. Ob er dabei das von dem Londoner Instrumentenbauer William Cary gebaute Reisethermometer benutzt hat, welches er Anfang der 1850er-Jahre von Humboldt

geschenkt bekommen hat, ist nicht überliefert (Abb. 2).

Aus der Tabelle lässt sich erfahren, dass die Reise zum Teil recht unangenehm gewesen sein muss. Am 5. Oktober, das Schiff war auf der Höhe der Nicoya-Halbinsel in Costa Rica, setzte «[s]tarker Wind und Regen» ein, der sich am Folgetag zum Sturm auswuchs. Dadurch konnte Möllhausen am 7. Oktober keine abendliche Messung durchführen. Am 8. Oktober, als sich das Schiff vor der Küste von Chiapas befand, notierte Möllhausen, dass «[u]nunterbrochen heftiger Sturm und Regen» ihn daran hinderte, Temperaturen zu messen. Erst am 10. Oktober flaute der Sturm in der Nähe des Hafens von Acapulco ab. Bis auf einen weiteren Regentag verlief der Rest der Fahrt ruhig. Das saubere Schriftbild der Tabelle lässt aber den Schluss zu, dass Möllhausen sie erst nach seiner letzten Messung am 22. Oktober um 5 Uhr morgens in seinem Zielhafen San Francisco in Reinschrift gebracht hat.

Nur knapp zwei Monate später hielt Humboldt die Tabelle in den Händen. Mit einiger Sicherheit hat er sie als Begleitschreiben eines Briefes von Möllhausen an dessen Frau Caroline erhalten. Mit ihr stand Humboldt in engem Kontakt, war sie doch die Tochter seines Kammerdieners Johann Seifert. Humboldt las die Tabelle von Möllhausen genau, datierte sie auf der Rückseite aber erst auf das falsche Jahr und musste sich korrigieren (Abb. 3). Die Tabelle hinterlegte er schließlich in einem eigenen Briefumschlag in seinen Kollektaneen, auf den er notierte, was ihm beim Auswerten der Tabelle besonders aufgefallen war: «[...], *grosse Wärme von Acapulco*, Oct[ober] 1857, Möllhausen».[221]

Humboldt antwortete Möllhausen umgehend am 21. Dezember 1857. Diesmal reiste sein Brief als Begleitschreiben einer Sendung von Caroline Möllhausen an ihren Mann. «Ihre Temperatur-Beobachtungen haben mich umso mehr gefreut», schrieb Humboldt in seiner Antwort, «als ich selbst genaue Register zwischen Callao und Acapulco vor einem halben Jahrhundert aufgezeichnet. Die warme Temperatur rührt gewöhnlich von der Richtung der Strömung her, von N. W. nach S. O. erkältend, von S. O. nach N. W. erwärmend wirkend.»[222]

1857 ~~1858~~

Dat.	Zeit.	Ortsbest.	Temp. d. Luft.	Temp. d. Wassers	Wind.
Oct. 11.	6. V.M.	vor Acapulco.	85°	82; 7/10	W.
	12. M.	im Hafen.	85°	84	W.
	6. A.	Ausserhalb d. Hafens.	86.	85, 7	W.
12.	6. V.M.		86°	85, 7	W.
	12. M.	9 St. M. von	90°	85, 7	W.
	6. A.	Acapulco	86°	85, 7	W
13.	6. V.M.	18°18' L	84° 5.	86.	W.
(161 m)	12. M.	103°53 L	87. 7	86.	W.
	6. A.		84. 3	85, 3	W. } Regen
14.	6. V.M.	19°52' L	84. 3	85. 3	S. O.
(153 m)	12. M.	106°7' L	85.	86.	S. W.
	6. A.		85. 3	85 3	W.
15.	6. V.M.	21°49 L	81.	84. 3	W.
(186 m)	12. M.	108°43 L	87. 9	83. 8	W.
	6. A.		83. 3	82. 3	W.
16.	6. V.	23°45' L	79.	80. 3	W.
(192 m)	12. M.	111°26'30" L	80.	81. 5	W.
	6. A.		79.	76.	W.
17.	6. V.	25°59' L	76. 4	75. 7	W.
(180 m)	12. M.	113°38' L	81.	76. 4	W.
	6. A.		77. 5	75	W.
18.	6. V.	28°20' L	76. 5	71	W. N. W.
(187 m)	12. M.	115°55 L	80	73. 3	W. N. W.
	6. A.		73	70.	W. N. W.
19.	6. V.	30°44' L	69. 3	67.	W. N. W.
(180 m)	12. M.	117°57 L	73.	67	W. N. W.
	6. A.		74. 6	66. 8.	W. N. W.
20	6. V.	33°27' L	73. 3	66.	N. W.
(198 m)	12. M.	120° 10 L.	74. 6	65. 6	N. W
	6. A.		71. 7	63. 5	W. N. W.
21.	6. V.	35°0' L	67. 6	62	W. N. W.
(170 m)	12. M.	121°43 L	69.	57. 8	W. N. W.
	6. A.		69. 9	59. 4	W. N. W.
22.	5 V.M.	im Hafen von San Francisco.	62. 8	63. 1.	

Thermometer auf Reisen

Der alte Humboldt erinnert sich hier an seine große Amerikareise. Ein halbes Jahrhundert bevor er den Brief an Möllhausen schrieb, hatte er selbst Temperaturaufzeichnungen im Pazifik angestellt. Am 24. Dezember 1802 war er im peruanischen Callao zusammen mit seinen Begleitern Aimé Bonpland und Carlos Montúfar an Bord der spanischen Fregatte *La Castora* gegangen und landete am 4. Januar 1803 zu einem Zwischenstopp in Guayaquil, im damaligen Vizekönigreich Neugranada, dem heutigen Ecuador. Humboldt zeichnete während dieses Aufenthalts den Entwurf seines berühmten Andenprofils *Géographie des plantes près de l'Equateur*, in dem er die wesentlichen Ergebnisse seiner bisherigen Reise zusammenfasste (vgl. Abb. 3 im Vorwort). Knapp eineinhalb Monate später setzten sie ihre Seereise in Richtung des mexikanischen Acapulco im Vizekönigreich Neuspanien fort, wo sie am 22. März 1803 ankamen – nachdem sie, genau wie Balduin Möllhausen, mehr als 50 Jahre später vor der costa-ricanischen Nicoya-Halbinsel in einen heftigen Sturm geraten waren. Dazu gleich mehr. Doch zunächst ein Wort zu den «genauen Registern», die Humboldt gegenüber Möllhausen erwähnt, und die sich im achten Band seines amerikanischen Reisetagebuchs finden. An ihnen lässt sich das Wetter nachvollziehen, das auf seiner Reise vorherrschte.

Abbildung 2 • Humboldts Reisethermometer mit Fahrenheit-Skala, welches er Möllhausen schenkte, ist eines der wenigen Originalinstrumente seiner amerikanischen Forschungsreise, das bis heute überliefert ist.

Abbildung 3 • Die Rückseite der Tabelle mit Humboldts zunächst falscher, dann auf das richtige Jahr korrigierten Datierung.

Es handelt sich um zwei Tabellen, die in der ursprünglichen Bindung des Tagebuchs mit einem Abstand von 25 Seiten folgten. Humboldt trennte sie später heraus, wahrscheinlich, um ihre Auswertung zu erleichtern. Heute liegen sie dem Tagebuch als lose Blätter bei. Die erste Tabelle[223] deckt den Abschnitt der Reise von Callao bis Guayaquil ab (Abb. 4). Sie ist größtenteils eine Fortsetzung der Messung der kalten Meeresströmung, die Humboldt an der peruanischen Küste erstmals aufgefallen war. Ihren Inhalt publizierte Humboldt 1837 in der *Allgemeinen Länder- und Völkerkunde* von Heinrich Berghaus,[224] der kurze Zeit später den Vorschlag machte, die kalte Strömung als «Humboldt'sche Strömung» zu bezeichnen. Humboldt protestierte zunächst. Im Februar 1840 schrieb er an Berghaus: «Die Strömung war 300 Jahre vor mir allen Fischerjungen von Chili bis Payta bekannt; ich habe bloß das Verdienst, die Temperatur des strömenden Wassers zuerst gemessen zu haben.»[225] Gleichwohl wird die Strömung bis heute als Humboldtstrom bezeichnet (vgl. Kasten «Die Klimaschaukel El Niño»).

In der Region, von der an die Strömung nicht mehr entlang der südamerikanischen Küste verläuft und sich nach Westen wendet, zwischen 4°42″ und 4°32″ südlicher Breite, vermerkte Humboldt dies am 30. Dezember 1802 in der ersten Tabelle mit dem Hinweis «so weit kalter Strohm». Seine Angabe ist selbst nach heutigen Maßstäben präzise. Von da an gerieten er und seine Reisebegleiter in den warmen äquatorialen

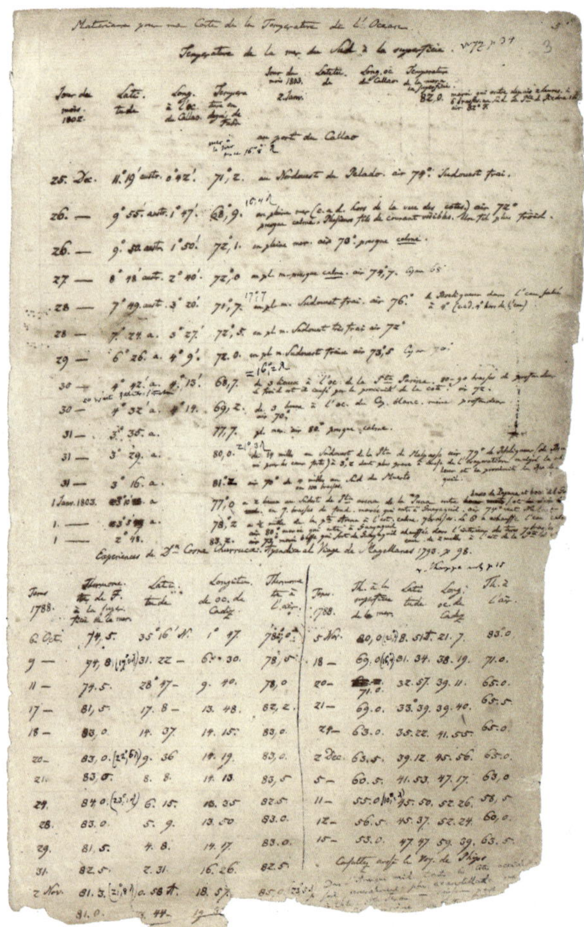

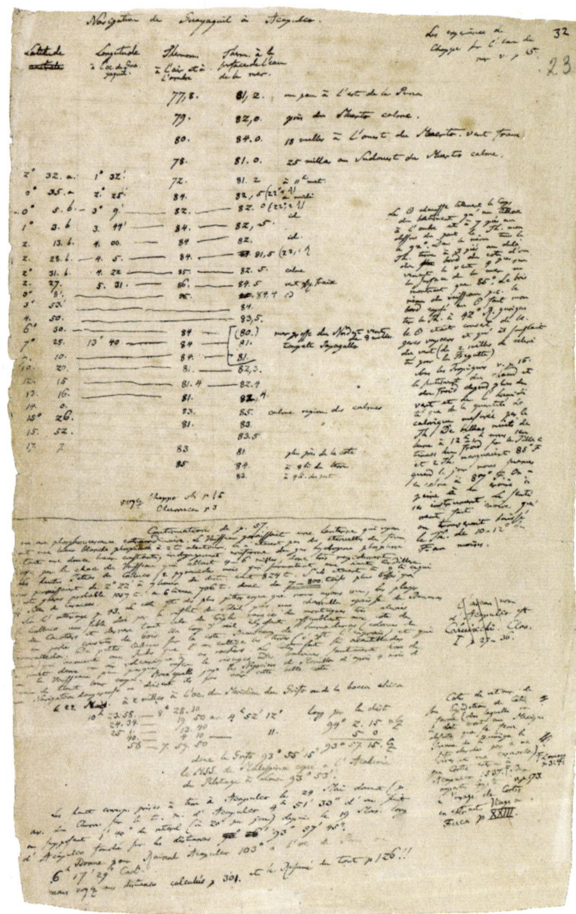

Gegenstrom. Humboldt dokumentierte auch diesen auf seiner Weiterfahrt von Guayaquil nach Acapulco. Die Messungen für diese Passage sind in der zweiten Tabelle festgehalten.[226] Aus ihnen lässt sich erfahren, dass die Temperatur des Meeres im Durchschnitt höher ist als die der Luft, allerdings nur geringfügig (Abb. 5). Das gleiche Ergebnis lässt sich aus der Tabelle Möllhausens ableiten. Nur für Acapulco verzeichnet Möllhausen eine besonders hohe Lufttemperatur. Dieser Umstand hat Humboldt besonders interessiert, was er, wie bereits bemerkt, auf dem Briefumschlag notiert, in dem er die Tabelle Möllhausens in den Kollektaneen aufbewahrte. Humboldt kam übrigens nicht mehr dazu, die Tabelle für eine seiner Schriften auszuwerten. Dafür hatte er sie schlicht zu spät erhalten. Nur etwas mehr als ein Jahr, nachdem er sie empfangen hatte, verstarb er im Mai 1859. Bis dahin arbeitete er an der Fertigstellung seines *Kosmos* und parallel an seiner Abhandlung *Ueber Meeresströmungen*, die aber beide ein Fragment blieben.

In seinem Reisetagebuch von 1803 findet sich an einer anderen Stelle aber ein Hinweis darauf, warum ihn die «große Wärme von Acapulco»[227] so interessiert haben könnte. Er berichtet dort über die bemerkenswerte Abkühlung der Stadt in der Nacht, die er mit Messungen vom 26. März 1803 belegt. Seinen Aufzeichnungen zufolge stieg das Thermometer tagsüber (Humboldt benutzte zur Messung eines seiner Thermometer mit Fahrenheit-Skala) auf bis zu 85 °F, kühlte in der Nacht bis kurz vor Sonnenaufgang aber auf 64 °F ab. Umgerechnet heißt das, dass die Temperatur im Tagesverlauf von ungefähr 29,4 °C um mehr als zehn Grad auf 17,7 °C gesunken war. Humboldt gibt im Tagebuch keine Erklärung für diesen großen Temperaturunterschied. Er stellt aber Überlegungen darüber an, ob er nicht die Ursache der ‹bösartigen, galligen Fieber› sein könne, die die Stadt regelmäßig heimsuchten[228] (vgl. Kapitel «Macht das Klima krank? Eine Klimareihe aus Veracruz»). Diese Vermutung wiederholt er im *Essai Politique sur le Royaume de la Nouvelle-Espagne*[229], seinem just zu Beginn des mexikanischen Unabhängigkeitskrieges 1811 herausgegebenen länderkundlichen Werk über das Königreich Neuspanien.

Abbildung 4 • Humboldts erste Tabelle mit Temperaturbeobachtungen der Luft- und Wassertemperaturen während der Schiffspassage von Callao nach Guayaquil vom 25.12.1802–2.1.1803.

Abbildung 5 • Humboldts zweite Tabelle mit Temperaturbeobachtungen der Luft- und Wassertemperaturen während der Schiffspassage von Guayaquil nach Acapulco vom 17.2.–22.3.1803.

In diesem Buch finden sich nun auch Hinweise, worauf die stürmische Überfahrt Balduin Möllhausens Jahrzehnte später, im Herbst 1857, zurückzuführen sein könnte. Humboldt schildert dort, dass im Golf von Papagayo und weiter nördlich im Isthmus von Tehuantepec, heftige intermittierende Stürme vorkommen, die vor allem in den Monaten von Oktober bis Februar wüten. Nach den Orten ihres Auftretens werden sie entweder als Papagayo oder als Tehuantepecer bezeichnet. Fast immer kommen diese Stürme aus Nordost, vom Golf von Mexiko, durch die Kordilleren und wüten eigenartigerweise, wie Humboldt im ersten Band der deutschen Übersetzung seines Werks über das Königreich Neuspanien schreibt, ohne Niederschlag, «bei heiterer Himmelsbläue».[230] Humboldt berichtet, dass er bei seiner eigenen Überfahrt im Frühjahr 1803 von diesen Stürmen betroffen war. Ein entsprechender Hinweis findet sich nicht nur im Neuspanien-Werk, sondern auch in der zweiten Tabelle seines Tagebuchs der Seereise von Guayaquil nach Acapulco. Die Winde, denen sich Möllhausen im Herbst 1857 ausgesetzt sah, kamen dessen Aufzeichnungen zufolge aber nicht aus Nordost, sondern aus West. Es kann sich daher nur um das zweite von Humboldt in seinem Neuspanien-Werk beschriebene Sturmphänomen handeln, die sogenannten Tapayaguas – «wahre Südwestwinde» nennt Humboldt sie, die von «Donner und heftigen Regengüssen begleitet» werden.[231] Selbst erlebt hat er sie allerdings nicht und Julius Ferdinand von Hann beschrieb sie 1910 im zweiten Band seines *Handbuchs der Klimatologie* im Unterschied zu Humboldt als reine «Westwinde»,[232] die, so Hann, in dem ansonsten überwiegend ruhigen Meer vor der Westküste Mexikos nur selten auftreten würden. Offensichtlich war es also dieses rare Wetterphänomen, dem Möllhausen bei seiner Reise nach San Francisco im Oktober 1857 ausgesetzt war und das ihn zeitweise am Beobachten der Meeres- und Lufttemperatur für Humboldt hinderte.

Der Brief, den Humboldt ein halbes Jahrhundert nach seiner Pazifiküberquerung als Antwort auf die Übersendung der Temperaturtabelle im Dezember 1857 schrieb, war einen Monat länger unterwegs als derjenige Möllhausens an ihn. Er und seine Begleiter waren zwischenzeitlich zu ihrer Colorado-Expedition aufgebrochen. Im März 1858 hielt Möllhausen den Brief Humboldts schließlich in Händen. «[A]m Colorado, weit oberhalb der Mohave-Dörfer»,[233] wie er in seinem Reisebericht schreibt. Von Fort Yuma aus war ihm das in Berlin auf die Post gegebene Schreiben «durch einen indianischen Läufer nachgesendet»[234] worden. Anders als man denken könnte, war das kein glücklicher Zufall. Nur wenige Wochen später erhielt Möllhausen einen zweiten, Mitte Januar geschriebenen Brief Humboldts, «noch tiefer in der Wildnis»,[235] wie er betont. Der Postverkehr zwischen der preußischen Hauptstadt und dem damals noch kaum von weißen Siedlern kolonisierten Westen der Vereinigten Staaten funktionierte Mitte des 19. Jahrhunderts einwandfrei und die Laufzeiten hatten sich deutlich verkürzt.

Näherungsweise lässt sich die Dimension der Verkürzung der Dauer einer Atlantiküberquerung von Passagieren und Briefen daran bemessen, wie lange Humboldt und Möllhausen jeweils brauchten, um von der Alten in die Neue Welt zu gelangen. Als Humboldt und Bonpland 1799 auf der Korvette *Pizarro* in La Coruña einschifften, konnte ihnen niemand sagen, wie viel Zeit sie für die Überfahrt benötigen würden. Letztendlich waren sie, den einwöchigen Aufenthalt auf Teneriffa abgerechnet, 37 Tage auf See unterwegs und legten dabei eine Distanz von 4150 Seemeilen zurück.[236] Dagegen brauchte Möllhausen 1857 auf dem Postdampfschiff *Asia* von Liverpool nach New York gerade einmal 15 Tage. Zwar ist die Distanz dieser Verbindung um gut eintausend Seemeilen kürzer, gleichwohl legte Möllhausen an einem Tag gut das Doppelte der Strecke zurück als Humboldt knapp sechzig Jahre zuvor. Diese Verkürzung der Überfahrt hängt natürlich mit der industriellen Revolution und dem technischen Fortschritt zusammen. Seitdem 1819 das unter US-amerikanischer Flagge fahrende Segeldampfschiff *Savannah* den Atlantik erstmals in rund 27 Tagen mit Unterstützung einer Dampfmaschine überquert hatte, hatten sich die Reisezeiten kontinuierlich verkürzt. Ein Nebeneffekt war, dass das Reisen kalkulierbar wurde. In der «günstigen Jahreszeit», schreibt Möllhausen in seinem Reisebericht der Colorado-Expedition, war es möglich, «ohne erheblichen Zeitverlust an einem bestimmten Tage von Europa aus in New York und anderen Hafenstädten Nord-Amerikas zu landen.»[237] Ein schneller und verlässlicher transatlantischer Austausch von Waren, Personen und Briefen, auch solchen, die Klimadaten enthielten, war Ende der 1850er-Jahre gewährleistet. Die Globalisierung der Klimatologie profitierte von diesen neuen technischen Möglichkeiten.

Gleichwohl bedeutete dies nicht, dass alle Menschen, Waren und Briefe den Ort ihrer Bestimmung auch erreichten. Der Sturm, in den

Möllhausen geriet und der in seiner Temperaturtabelle dokumentiert ist, belegt zur Genüge, dass Seereisen trotz der technischen Innovationen in der Seefahrt weiter gefährlich sein konnten. Wie gefährlich, zeigt Möllhausens Schilderung des Untergangs des Seitenraddampfers *Central America*, mit dem er eigentlich von New York nach Panama hätte fahren sollen. Nur wenige Tage nach seiner Ankunft in den USA geriet das von der U.S. Mail Steamship Company betriebene Schiff auf dem Weg von Panama nach New York vor der Küste der Carolinas in den zweiten Hurrikan der Saison (vgl. Kapitel «Tropische Wirbelstürme») und sank am 12. September 1857. Es war das bis dahin größte Unglück der nordamerikanischen Seefahrt: Mehr als 420 Menschen verloren dabei ihr Leben, etliche Tonnen kalifornischen Goldes sanken auf den Grund des Ozeans und zehntausende Briefe schwammen in den Wogen des Atlantiks.

Die Kolonisierung des Westens

Die Reise, von der Möllhausen seine Temperaturmessungen an Humboldt sandte, war bereits seine dritte (und letzte) Amerikareise. Das erste Mal war er kurz nach der Revolution von 1848/1849 in die Vereinigten Staaten gereist. Damals war er nicht im Auftrag der Wissenschaften unterwegs, sondern wollte als Abenteurer «seiner Neigung zum Reisen [...] und ganz besonders seiner Passion für das Jägerleben»[238] folgen und an der ‹Frontier› leben. Ganz ähnlich wie die Figuren der populären Lederstrumpf-Erzählungen von James Fenimore Cooper, die Möllhausen sicherlich kannte. Anfang 1851 traf er in Missouri den Forschungsreisenden Paul Wilhelm von Württemberg und folgte diesem als Naturaliensammler in den mittleren Westen. In Fort Laramie in Wyoming erreichten sie den westlichsten Punkt ihrer gemeinsamen Reise. Auf dem Rückweg trennten sich ihre Wege im November 1851 am Sandy Hill Creek, wo Möllhausen den Winter allein in einem ledernen Zelt verbrachte. In seiner Erinnerung die «schrecklichste Zeit meines Lebens»[239]. Während der ganzen Reise war es zu Begegnungen mit indigenen Bevölkerungsgruppen gekommen. Nicht alle davon waren friedlich. Als am Sandy Hill Creek eines Tages zwei Indigene vom Stamm der Pawnee auftauchten, kam es zum Kampf, den Möllhausen überlebte, nicht aber die beiden Indigenen. Für den Rest des Winters 1851/1852 fand er Zuflucht bei einer Gruppe des Volksstammes der Oto. Im Februar 1853 erreichte er dann Berlin mit einer kleinen Sammlung lebender Wildtiere, die für den Berliner Zoo bestimmt waren. Damals traf er zum ersten Mal auf Humboldt, der ihn fortan protegierte und ihm beim König Friedrich Wilhelm IV. eine Audienz verschaffte. Über sie berichtete Humboldt in den *Berlinischen Nachrichten von Staats- und gelehrten Sachen* am

10. September 1854 das Folgende: «Herr Möllhausen, dessen Vorträge in der Geographischen Gesellschaft mehrmals in diesen Blättern erwähnt worden sind, hat die Ehre genossen, Seiner Majestät dem König seine Zeichnungen des versteinerten Urwaldes bei Zuni, westlich von Neu-Mexico, von einem Californischen Riesenbaum (Höhe 300, Durchmesser 38 Fuß) und Darstellungen von Indianer-Stämmen in Sanssouci vorlegen zu dürfen. Seine Majestät haben diese Arbeiten mit huldreichstem Interesse anzunehmen gesucht.»[240]

Das Interesse des gelehrten Berlins an Möllhausens Nordamerika-Reise war so groß, dass sogleich Spenden gesammelt wurden, um ihm eine weitere Reise zu ermöglichen. Im April 1853 brach er zu seiner zweiten Amerikareise auf – versehen mit 300 Thalern aus der Kollekte, Reiseinstruktionen des Direktors des Berliner Zoologischen Gartens, Martin Hinrich Lichtenstein, und Empfehlungsschreiben Humboldts. Sie verhalfen ihm zu einer Anstellung als Zeichner und Naturaliensammler bei der Expedition von Lieutenant Amiel Weeks Whipple, die von der amerikanischen Regierung ausgesandt wurde, um die Möglichkeit einer Eisenbahntrasse zur Westküste entlang des 35. Breitengrades zu erkunden (Abb. 6).

Von Fort Smith in Arkansas führte die Reise, wie Möllhausen später schrieb, durch «Indianer-Territorium»[241] und die Rocky Mountains nach Los Angeles. Acht Monate war das Expeditionsteam unterwegs. Möllhausen sammelte Naturalien und fer-

Abbildung 6 • Reiseroute der Expedition von Amiel Weeks Whipple zur Erforschung der Bahntrasse zur Westküste entlang des 35. Breitengrades in Balduin Möllhausens Reisebericht *Tagebuch einer Reise vom Mississippi nach den Küsten der Südsee*.

Abbildung 7 • Der *Explorer* in einem Stich von J. Joung, nach einer Zeichnung Balduin Möllhausens.

tigte Zeichnungen sowohl der Landschaft als auch der indigenen Bevölkerung an, deren Territorien sie durchquerten. Als er im Spätsommer 1854 wieder in Berlin eintraf, erstattete er Humboldt Bericht von der Reise. Dieser wiederum ließ umgehend in einem enthusiastischen Brief seinen Sekretär Eduard Buschmann wissen: «Möllhausen ist überaus wohl und kräftig mit einem zahmen Waschbären und 2 wilden Füchsen und vielen Zeichnungen und Thierfellen vor 2 Tagen angekommen.»[242] Die Wildnis des nordamerikanischen Westens hielt Einzug in die Oranienburger Straße Nr. 67.

Zunächst sah alles so aus, als wollte sich Möllhausen nun in eine bürgerliche Existenz schicken: 1855 heiratete er Caroline Seifert, die Tochter von Humboldts Kammerdiener und erhielt auf Betreiben Humboldts eine gut besoldete Stelle in der Schlossbibliothek Friedrich Wilhelms IV. Gelegentlich unterhielt er die «Gesellschaft für Erdkunde» mit Vorträgen. Doch der Zeichenunterricht, den Möllhausen in dieser Zeit beim königlich preußischen Hofmaler Eduard Hildebrandt nahm, wies bereits darauf hin, dass es ihn nicht lange in Berlin halten würde. Anfang August 1857 war es dann so weit. Erneut wohlversorgt mit Empfehlungsschreiben Humboldts brach Möllhausen zu seiner dritten und letzten Amerikareise auf. Während dieser stellte er für Humboldt die Temperaturmessungen im Pazifik

an. Wieder sollte er an einer offiziellen Expedition des US-Kriegsministeriums teilnehmen. Unter der Führung von Lieutenant Ives, den Möllhausen von der Whipple-Expedition kannte, drang das Expeditionsteam in die Regionen jenseits der europäischen Siedlungsgrenze vor. Diesmal kamen sie allerdings nicht auf dem Landweg von Osten, sondern von Westen, auf dem Colorado River, in das damals noch weitgehend unbekannte und fast ausschließlich von indigenen Gruppen besiedelte Gebiet. In der Absicht, naturkundliche und ethnologische Objekte zu sammeln, die Schiffbarkeit des Flusses zu prüfen und seinen Verlauf zu kartieren. Zu diesem Zweck hatte die Expedition einen eigens konstruierten, zerlegbaren Raddampfer im Gepäck, der auf den sprechenden Namen *Explorer* getauft wurde (Abb. 7). Es war im Übrigen das erste Schiff, das die Landenge von Panama überquerte. Allerdings in Einzelteile zerlegt und auf Güterwagen der kurz zuvor eröffneten Panama-Eisenbahn gepackt.

Neben Möllhausen, der die Expedition als Zeichner und Naturaliensammler begleitete, nahmen an ihr Botaniker, Zoologen, Astronomen, Meteorologen sowie ein Topograf und ein Arzt teil. Die Aufgabe, die durchreiste Landschaft möglichst genau zu dokumentieren und zu kartieren, war, anders als bei Humboldts Amerikareise, arbeitsteilig organisiert. Die Expedition begann gegen Ende des Jahres 1857. Im März des folgenden Jahres hatte die Reisegesellschaft nach mehr als 500 Kilometern auf dem Colorado am Black Canyon den Punkt erreicht, an dem das Dampfboot nicht mehr weiterfahren konnte und umkehren musste. Die Reise wurde auf dem Landweg fortgesetzt, teilweise unter Zuhilfenahme indigener Führer. In Cleveland bei Newberry endete sie im Juli 1858. Bereits im Herbst des Jahres war Möllhausen zurück in Berlin, erneut beladen mit naturkundlichen und ethnologischen Objekten sowie mit 27 Zeichnungen, die er auf der Reise angefertigt hatte. Den überwiegenden Teil seiner Zeichnungen hatte er Lieutenant Ives übergeben. Einige von ihnen wurden zusammen mit den Karten, die der Topograf der Reise, Friedrich Wilhelm Egloffstein, zeichnete, im offiziellen Reisebericht *Report upon the Colorado River of the West*[243] publiziert. Ein Jahr vor seinem Tod, am 18. Februar 1904, übergab Möllhausen die 27 Zeichnungen aus seinem Besitz dem Berliner Kupferstichkabinett. Der Brief, den er damals als Begleitschreiben der Schenkung schrieb, ist überaus aufschlussreich, um zu beurteilen, was in den knapp 50 Jahren seit seiner Reise an den Colorado im Westen der Vereinigten Staaten geschehen war: «Sind es keine Meisterwerke» schrieb Möllhausen über die Zeichnungen, «so erhalten sie doch höheren Wert dadurch, dass sie aus Zeiten herstammen, in denen der fast gänzlich ausgerottete Bison noch zu Hunderttausenden die Prärien durchwanderte [und] die schmachvoll verminderten Eingeborenen noch mit stolzem Selbstbewußtsein die westlichen Wildnisse belebten. Sie bilden meinen kostbarsten Schatz.»[244]

Wissenschaft und Genozid

Schon viel früher hatte Möllhausen den Genozid an der indigenen Bevölkerung erkannt und scharf verurteilt. Am Ende des ersten Bandes seines 1861 publizierten Reiseberichts der Colorado-Expedition fragte er rhetorisch: «Wurde die indianische Race geschaffen, um mit Ueberlegung ausgerottet zu werden?»[245] Womöglich erschien das Buch wegen solcher Passagen nie in englischer Übersetzung. Zur Wahrheit gehört aber auch, dass es Expeditionen waren, wie die, auf denen sich Möllhausen befand, die die Voraussetzungen für die Kolonisation des Westens der USA schufen. Mithilfe technischer und wissenschaftlicher Geräte, die vom Dampfboot über den Theodoliten bis hin zum Thermometer reichten, wurden die zuvor unbekannten Räume umfassend vermessen und kartiert und eröffneten damit den nachfolgenden Siedlern erst den Weg, diese zu kolonisieren. Mit jenen katastrophalen Folgen für die indigene Bevölkerung, die Möllhausen später beklagte. Zehn Jahre, nachdem er die Temperaturen für Humboldt gemessen und nach Berlin gesendet hatte, lebte von den einstmals mehr als 300000 Indigenen Kaliforniens gerade einmal noch ein Zehntel. Der Rest wurde vertrieben, von eingeschleppten Krankheiten dahingerafft oder schlicht von den weißen Siedlern und der Armee ermordet.

Auch das gehört zu der Geschichte der Temperaturtabelle Möllhausens, die im Winter 1857 auf Humboldts Schreibtisch landete. Sie wäre nicht entstanden, hätte er nicht an der Erkundung des ‹Wilden Westens› teilgenommen – versehen mit Empfehlungsschreiben Humboldts. Die Tabelle steht dabei nur stellvertretend für eine Reihe weiterer Dokumente, deren Entstehungskontext mit dem Kolonialismus zusammenhängt, den Humboldt in seinen Werken allerdings stets anprangert und verurteilt (vgl. Kapitel «Das Klima wird global»). Er selbst war von der Einheit des Menschengeschlechts seit Langem überzeugt. Schon in seinen Kosmos-Vorlesungen von 1827–1828 vertrat er diese Meinung und verwarf damit die damals gängige Annahme einer Stufenleiterordnung des Menschen. Im ersten Band des *Kosmos* von 1845 stellt er fest: «Indem wir die Einheit des Menschengeschlechtes behaupten, widerstreben wir auch jeder unerfreulichen Annahme von höheren und niederen Menschenracen».[246] Humboldt ist, wie Möllhausen, des rassistischen Denkens unverdächtig. Ohne den Kolonialismus wäre er gleichwohl nicht an die Informationen gelangt, die er für sein Projekt einer globalen Klimatologie benötigte. Zu diesem Zwiespalt äußert sich Humboldt nicht, auch wenn wir annehmen dürfen, dass er ihm bewusst war.

Die Klimaschaukel El Niño

Während seines Aufenthalts in Peru beschäftigte sich Humboldt mit der kalten Meeresströmung vor der Küste und deren Einfluss auf das Klima Perus. Ihm war klar, dass sich hier klimatisch höchst relevante Prozesse abspielen, die er aber nicht ergründen konnte: «Nur der mehrjährige Aufenthalt eines Physikers an diesem Grenzpunkte, einer wahren Wetterscheide, würde uns befriedigen können».[247]

Damit hatte er recht: Die Meeresströmungen im äquatorialen Pazifik sind die wichtigste Klimaschaukel des globalen Klimas. Denn nicht immer ist das Meer vor der Küste Perus derart kalt. Alle 3–7 Jahre stellt sich eine besondere Situation ein, die El Niño (das Christkind) genannt wird. Um diese Situation zu verstehen, müssen wir zunächst den Normalzustand der ozeanischen und atmosphärischen Zirkulation entlang des Äquators im Pazifik betrachten. Angetrieben durch die Passatwinde, welche von Südamerika Richtung Indonesien wehen, entsteht eine Strömung, welche Wasser von der Küste Südamerikas wegführt. Dieses Wasser erwärmt sich auf seinem Weg nach Westen. Im tropischen Westpazifik werden die höchsten Meeresoberflächentemperaturen beobachtet, hier findet intensive Konvektion statt, es ist der Motor des weltweiten Klimasystems. Vor der Küste Perus wird das wegströmende Wasser dagegen durch kaltes Tiefenwasser und durch kaltes subpolares Wasser aus dem Humboldtstrom ersetzt. Der Temperaturunterschied zwischen dem kalten Ozean vor Südamerika und dem warmen Westpazifik treibt wiederum die Passatwinde an. Es entsteht eine positive Rückkopplung.

Trotzdem ist diese Situation nicht über längere Zeit stabil. Wenn es lokal zu einer Situation mit westlichen Winden kommt, lösen diese großräumige Wellen aus, welche sich langsam Richtung Südamerika ausbreiten. Dort angekommen, verhindern sie das Aufsteigen von Tiefenwasser. Das warme Wasser schwappt gewissermaßen zurück. Dadurch ist auch die Abkühlung nicht mehr gegeben. Der Temperatur-

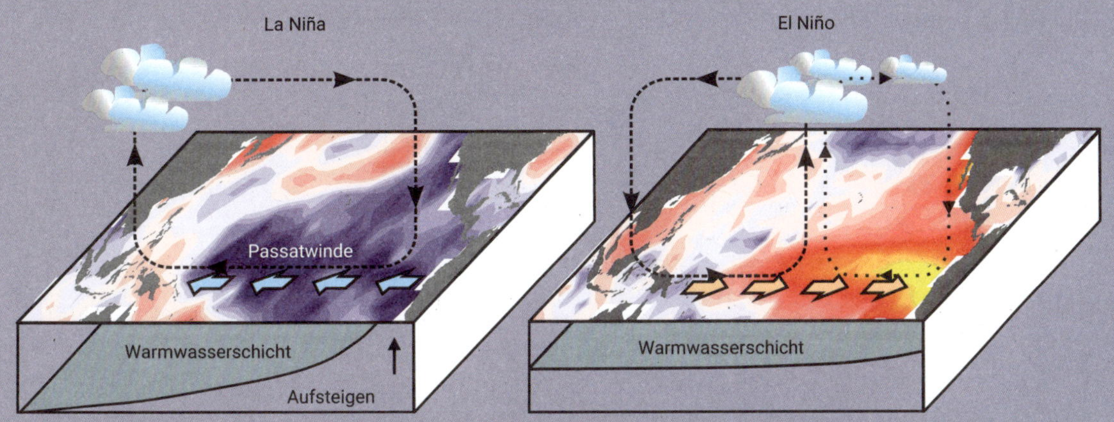

unterschied schwächt sich ab oder kehrt sich um, und somit auch der Passatwind. Die Konvektion verschiebt sich weg von Indonesien zum zentralen Pazifik oder sogar bis zur Küste Südamerikas. In Indonesien kommt es zu massiven Dürren, in Peru zu Starkniederschlägen und Überschwemmungen.

Weil die Konvektion der Motor des Klimasystems ist und sich um Tausende Kilometer verschiebt, verschieben sich auch andere Zirkulationssysteme weltweit. So wird der indische Monsun schwächer. Auch das Klima in Nord- und Südamerika, in Australien und Afrika verändert sich. Der Einfluss auf Europa ist gering. Es gibt eine leicht erhöhte Tendenz zu kalten Wintern in Nordosteuropa und mehr Niederschlag im Winter und Frühling in Westeuropa.

Ein El Niño-Ereignis dauert in der Regel ein Jahr, danach stellt sich wieder der ursprüngliche Zustand ein. Ist dieser stark ausgeprägt, spricht man oft von La Niña. Dieser Zustand dauert in der Regel länger, meist mehrere Jahre.

Abbildung 8 • Schematische Darstellung der atmosphärischen (gestrichelte Pfeile) und ozeanischen Zirkulation (farbige Pfeile), der Abweichungen der Meeresoberflächentemperatur (Farben) und der Dicke der Warmwasserschicht während La Niña (links) und El Niño (rechts).

106 25.

an Felsen anheften. (Neben dieser Fortpflanzung und Vermehrung [illegible] und [illegible] Erfahrungen [illegible] eine andere [illegible] fahren die abgeschnittenen Frondes der Thalassiophyten keineswegs fort zu treiben und sich in neuen blattartigen Lappen auszudehnen. Aber Meyen's neuere Beobachtungen, durch Analogien aus der Pflanzenphysiologie geschöpft, lassen vermuthen, daß der Seetang frei schwimmend vegetirt.

Herr Meyen**) findet das Tanggewebe dem der Conferven mannichfach verwandt, ja durch Verbindung der Zellen nähert sich das Tanggewebe selbst [illegible] der Conjugaten. Bei den Vaucherien und bei Polysperma glomerata hat der scharfsichtige Meyen gezeigt, daß zwei Fortpflanzungen**) statt finden: durch die Sporen der eigentlichen Früchte; und durch die, welche im Inneren der Schläuche selbst enthalten sind. Viele dieser Algen tragen nie Früchte; sondern die Entwickelung neuer Individuen beruht auf der Astbildung. „Die [illegible] [illegible] Exemplare der Tausende von Fucus natans (identisch mit Sargassum vulgare und Sargassum baccriferum) die ich Sargasso-Meer sammelte", heißt es in dem Berichte der Reise um die Erde auf dem preussischen Schiffe Prinzess Louise****), „habe ich Früchte gefunden, während die Pflanzen, die ich an den Küsten Brasiliens erlangte, immer mit Früchten bedeckt waren." [illegible] T. IV.

Agardh***)

ich glaube, daß jener schwimmende Tang [illegible] fortgerissen hat. Frei im Wasser [illegible] aber [illegible] ihre jungen Keime entwickelt [illegible] Wurzeln und Blätter, aber beide von gleicher Beschaffenheit nach allen Seiten ausgetrieben. Bei den Süsswasser-Algen bedingt [illegible] der Frucht und die Bildung der Wurzel. Die Wurzel verschwindet [illegible] wie [illegible] Conferven, nur ein [illegible] Frons."

[illegible] vegetirt und [illegible] in neue blattartige Lappen ausdehnt; eine Vermuthung, *) die schon Thunberg ausgesprochen, ohne sie physiologisch zu begründen. Bei

[illegible] Bildet [illegible] Wurzel [illegible] Frucht [illegible]

Bei gleichen freilich selteneren Exemplaren erkennt man den [illegible] Wachsthum [illegible] nach allen Seiten [illegible] Fruchtbildung [illegible]

* Voyages de Thunberg [illegible] p. 439.

**) Meyen über Physiologie der Algen in Nova Acta Acad. Leop. T. XIV. P. II. p. 457 und 496.

***) Spec. Algar. 1821. Vol. I P. 1 n. 3 und 7

****) Th. I. S. 35–39.

17. Schlusswort: Vielleicht noch zu Gebrauchen – Humboldts klimatologischer Nachlass

Alexander von Humboldt ist mit seinen Klimaforschungen nicht fertig geworden. Als er am 6. Mai 1859 nach kurzer Krankheit, um halb drei Uhr nachmittags, in der Oranienburger Straße Nr. 67, in dem an sein Arbeitszimmer angrenzenden Alkoven starb, lagen auf seinem Schreibtisch noch Manuskripte und Zettel, mit denen er an seinem *Kosmos*[248] weiterschreiben wollte. Das Werk ist ein Fragment geblieben, wie so vieles bei Humboldt. Die Erzählung seiner amerikanischen Reise, die *Relation historique*[249] blieb unvollendet, der letzte Band seines *Examen critique*[250] der großen Studie über die Entdeckungsgeschichte Amerikas fehlt und auch seine letzte klimatologische Arbeit *Ueber Meeresströmungen im allgemeinen; und über die kalte peruanische Strömung der Südsee, im Gegensatze zu dem warmen Golf- oder Florida-Strome*[251], blieb unvollendet in den Kollektaneen liegen (Abb. 1).

Humboldts Sekretär Eduard Buschmann fand das halbfertige Manuskript des Aufsatzes und umfangreiche dazugehörende Aufzeichnungen zu deren Fertigstellung Ende 1859 bei der Durchsicht von Humboldts Nachlass. Er war im Auftrag von dessen Verleger Johann Georg von Cotta auf der Suche nach Manuskripten, mit denen die angefangenen Werke fertiggestellt werden oder die posthum herausgegeben werden konnten. Ohne Erfolg. Aus Humboldts Nachlass sind keine Aufsätze und Werke mehr erschienen, obwohl sich einige fertig geschriebene Aufsätze in ihm befinden. Auch zu klimatologischen Themen (Abb. 2).

Auf einer der Mappen der Kollektaneen, die Buschmann im Winter 1859 durchsah, notierte er: «Material zu den Meeresströmungen, vorgefunden [den] 22. Nov. 1859, vielleicht noch zu benutzen».[252] Bis heute sind die darin liegenden Materialien nicht bearbeitet und publiziert. Dabei würde Humboldt vermutlich als einer der Gründerväter der modernen Ozeanografie gelten, wäre sein Aufsatz *Ueber Meeresströmungen* fertiggeschrieben und veröffentlicht worden. Vorgesehen war der Aufsatz für den zweiten Band der Aufsatzsammlung *Kleinere Schriften*,[253] deren erster Band 1853 erschienen war. Aber auch diese Schrift blieb ein Fragment. Der zweite Band ist nie erschienen und liegt heute in teilweise

Abbildung 1 • Eine typische Seite des Manuskripts der unvollendet gebliebenen Abhandlung *Ueber Meeresströmungen*. Die Schreibarbeit verlief bei Humboldt prozessual: Nachdem er seine Manuskripte von seinem Sekretär Eduard Buschmann abschreiben ließ, überarbeitete er sie nochmals intensiv, bevor sie in Druck gingen.

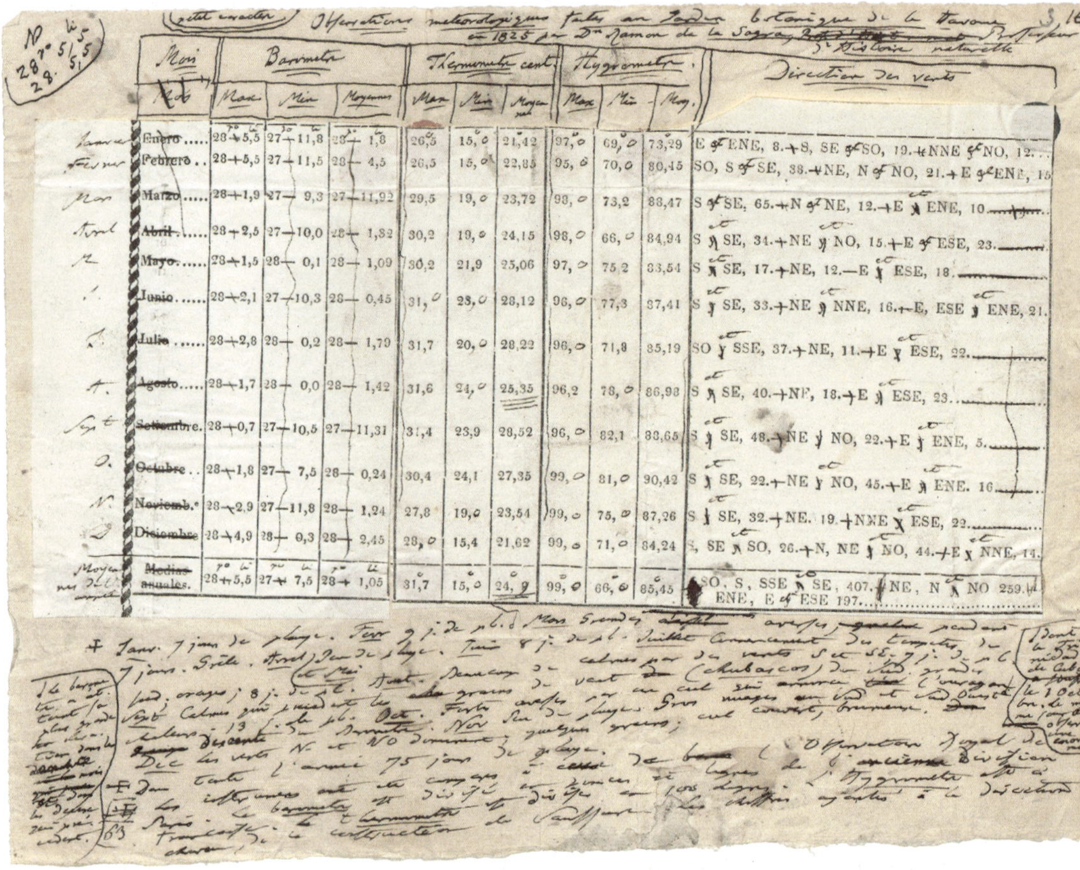

Mois	Barometre			Thermometre cent.			Hygrometre			Direction des vents
	Max	Min	Moyennes	Max	Min	Moyennes	Max	Min	Moy.	
Enero	28—5,5	27—11,8	28— 1,8	26,5	15,0	21,42	97,0	69,0	73,29	E y ENE, 8.—S, SE y SO, 19.—NNE y NO, 12...
Febrero	28—5,5	27—11,5	28— 4,5	26,5	15,0	22,85	95,0	70,0	80,45	SO, S y SE, 38.—NE, N y NO, 21.—E y ENE, 15
Marzo	28—1,9	27— 9,3	27—11,92	29,5	19,0	23,72	98,0	73,2	88,47	S y SE, 65.—N y NE, 12.—E y ENE, 10....
Abril	28—2,5	27—10,0	28— 1,82	30,2	19,0	24,15	98,0	66,0	84,94	S y SE, 34.—NE y NO, 15.—E y ESE, 23....
Mayo	28—1,5	28— 0,1	28— 1,09	30,2	21,9	25,06	97,0	75,2	83,54	S y SE, 17.—NE, 12.—E y ESE, 18....
Junio	28—2,1	27—10,3	28— 0,45	31,0	28,0	28,12	96,0	77,3	87,41	S y SE, 33.—NE y NNE, 16.—E, ESE y ENE, 21.
Julio	28—2,8	28— 0,2	28— 1,79	31,7	20,0	28,22	96,0	71,8	85,19	SO y SSE, 37.—NE, 11.—E y ESE, 22....
Agosto	28—1,7	28— 0,0	28— 1,42	31,6	24,0	25,35	96,2	78,0	86,98	S y SE, 40.—NE, 18.—E y ESE, 23....
Setiembre	28—0,7	27—10,5	27—11,31	31,4	23,9	28,52	96,0	82,1	88,65	S y SE, 48.—NE y NO, 22.—E y ENE, 5....
Octubre	28—1,8	27— 7,5	28— 0,24	30,4	24,1	27,35	99,0	81,0	90,42	S y SE, 22.—NE y NO, 45.—E y ENE. 16....
Noviemb.e	28—2,9	27—11,8	28— 1,24	27,8	19,0	23,54	99,0	75,0	87,26	S y SE, 32.—NE. 19.—NNE y ESE, 22....
Diciembre	28—4,9	28— 0,3	28— 2,45	28,0	15,4	21,62	99,0	71,0	84,24	S, SE y SO, 26.—N, NE y NO, 44.—E y NNE, 14.
Medias anuales.	28—5,5	27— 7,5	28— 1,05	31,7	15,0	24,9	99,0	66,0	85,45	SO, S, SSE y SE, 407.—NE, N y NO 259.—ENE, E y ESE 197....

bearbeiteten Druckfahnen im Deutschen Literaturarchiv in Marbach am Neckar.

Zu Beginn hatte Humboldt die Absicht gehabt, in seiner Aufsatzsammlung *Kleinere Schriften* nur ältere, zwischenzeitlich vergriffene oder schwer zugängliche seiner Aufsätze und Essays zu publizieren. Damit wollte er posthumen Veröffentlichungen dieser Arbeiten durch andere zuvorzukommen. Wie so oft entschied er sich dann aber während des Schreibens anders und plante schließlich, auch neu geschriebene, aktualisierte und erweiterte Überarbeitungen früher begonnener Texte in die Sammlung aufzunehmen. Der Aufsatz über Meeresströmungen war eine dieser Schriften. An seiner Vorgeschichte lässt sich eines der charakteristischen Merkmale von Humboldts Gesamtwerk exemplarisch beobachten: Themen und Texte, an denen er einmal zu forschen und zu schreiben begonnen hatte, verfolgte er oft ein Leben lang und publizierte zu diesen sowohl in seinen Aufsätzen und Essays als auch in seinen Buchwerken. Im Laufe der Zeit vernetzte er seine Schriften und Werke auf diese Weise zu einem einzigen großen Gesamtwerk über die Natur.

Mit den Meeresströmungen war Humboldt spätestens 1799, auf seiner Überfahrt nach Südamerika, zum ersten Mal in Kontakt gekommen. Schon auf der Hinreise maß er kontinuierlich die Oberflächentemperaturen des Meeres. Auf der Seefahrt von Südamerika nach Mexiko bestimmte er 1802 die Temperatur des nördlichen Endes des später nach ihm benannten Humboldtstromes und verzeichnete sie in seinem Tagebuch (vgl. Kapitel «Reisethermometer, Dampfschiffe und die Kolonisierung des Westens»). In der ersten Ausgabe der *Ansichten der Natur*, die 1808 erschien, behandelte Humboldt die Meeresströmungen und das Phänomen der «Fucus-Bänke» bzw. der «Sargasso-See» im Atlantik.[234] Auf beide Themen kommt er in seiner ab 1814 publizierten Beschreibung seiner Amerikareise zu sprechen. Dann erwähnte er die Meeresströmungen in seinen Berliner Kosmos-Vorlesungen 1827–1828. Im Sommer 1833 hielt Humboldt vor der Berliner Akademie der Wissenschaften zwei Vorträge, einen *Ueber Strömungen der Südsee* und einen *Ueber Meeresströmungen im Allgemeinen; und über die kalte peruanische Strömung der Südsee, im Gegensatze zu dem warmen Golf- oder Florida-Strome*. Der Titel des unvollendet im Nachlass liegen gebliebenen Aufsatzes war da bereits gefunden. Das nächste Mal kam er in seinem ab 1834 herausgegebenen *Examen critique* auf die Meeresströmungen und die Geschichte ihrer Entdeckung zu sprechen. Dabei erwähnte er gleich mehrmals das «Mer de Sargasso», ein Gebiet im westlichen Atlantik, in dem sich strömungsbedingt riesige Mengen an Braunalgen ansammeln und wo sich heute ein gigantischer Müllstrudel im Kreis dreht. Schließlich erschien 1837 ein Auszug aus Humboldts Manuskript über Meeresströmungen in der von Heinrich Berghaus herausgegebenen Schrift *Allgemeine Länder- und Völkerkunde*.[255] Und natürlich behandelte er das Thema im ab 1845 erscheinenden *Kosmos* und in der dritten, 1849 erschienenen Ausgabe seiner *Ansichten der Natur*.[256] Immer wieder kam er auf die Meeresströmungen und das, was er dazu bereits geschrieben hatte, zurück. Humboldt umkreiste sie förmlich, sammelte kontinuierlich neue Informationen zu ihnen und bekam laufend Briefe von Wissenschaftlern (Abb. 3) und Kapitänen mit Tabellen zu Wassertemperaturen aus der ganzen Welt zugesandt, die er in seine Kollektaneen einarbeitete und mit denen er bis an sein Lebensende weiter über die Meeresströmungen schrieb. Ein endloser, kreislaufartiger Erkenntnisprozess.

Abbildung 2 • Zuweilen klebte Humboldt ganze Artikel aus ausgeschnittenen Temperaturtabellen und handschriftlichen Ergänzungen zusammen. Hier ein bis heute nicht publizierter Artikel mit meteorologischen Beobachtungen aus dem botanischen Garten von Havanna (1825).

Humboldts Schreiben und Denken bewegte sich spiralförmig. Schrittweise erarbeitete er sich immer tiefere Einsichten in die Zusammenhänge der Natur. Dieses «work in progress» lässt sich an seinen Publikationen nachvollziehen. Die *Ansichten der Natur* gab er insgesamt dreimal in aktualisierten und erweiterten Neuausgaben heraus: 1808, 1826 und 1849. Für den *Kosmos* hatte Humboldt eine zweite aktualisierte Neuausgabe in Planung und sammelte in den Kollektaneen dafür bereits ganze Mappen mit Korrekturnotizen und Ergänzungen. Er glaubte sogar, der *Kosmos* könne nach seinem Tod durch andere Autoren aktualisiert werden und noch die nächsten

50 Jahre erscheinen. Diese Ansicht vertrat er gegenüber seinem Verleger Johann Georg von Cotta im Jahr 1850. Er stellte ihm damit in Aussicht, dass der Verlag das Buch noch bis zum Jahr 1900 aktuell halten und gewinnbringend verkaufen könne. Humboldt schlug sogar Personen vor, die diese Überarbeitungen vornehmen könnten. Für die klimatologischen Teile dachte er an den Begründer der heutigen Meteorologie, Heinrich Wilhelm Dove.[257]

Dass Humboldt mit seinen klimatologischen Studien zu keinem Ende gekommen ist, war also kein Unfall. Er wusste bereits früh, dass das Fertigwerden eine Illusion ist, und er hatte es in seinem Werk daher auch gar nicht erst versucht: «Erfahrungswissenschaften sind nie vollendet, die Fülle sinnlicher Wahrnehmungen ist nicht zu erschöpfen; keine Generation wird je sich rühmen können, die Totalität der Erscheinungen zu übersehen»,[258] schrieb er im ersten Band des *Kosmos*. Humboldts Werk war nicht auf den Abschluss, sondern auf die Öffnung der Wissenschaften angelegt. Er wollte Impulse geben, an die andere anschließen konnten. Auch und gerade in seinen Arbeiten zur Klimatologie.

Die Basis dieses beweglichen, multidisziplinären und zukunftsorientierten Schreibens und Denkens waren Humboldts Kollektaneen zum Kosmos. In ihrer flexiblen, anpassungsfähigen Struktur waren sie das kongeniale Werkzeug seiner Netzwerkwissenschaft, die auf die Erkenntnis der Wechelwirkungen und Zusammenhänge der ganzen Welt, des ganzen Kosmos gerichtet war. Humboldt hatte die Vorstellung, dass die Kollektaneen, die für ihn so produktiv waren, es auch für andere sein könnten. Daher sollten sie nach seinem Tod weiter für die Wissenschaft zugänglich sein. Wie er es verfügt hatte, wurden die Kästen in den 1860er-Jahren der damals noch in Berlin gelegenen Sternwarte übergeben. Doch seine Vision ging nicht in Erfüllung. Mit Humboldts Kollektaneen konnte nach seinem Tod niemand mehr etwas anfangen. Für den Historiker Alfred Dove, ein Sohn Heinrich Wilhelm Doves, waren sie bereits Anfang der 1870er-Jahre nichts weiter als «zu den wunderlichsten Schlangen der Gelehrsamkeit zusammengegliedert(e)»[259] Papiere. Weit eher ein Kuriosum als ein Werkzeug der Wissenschaft, mit dem Erkenntnisse über die Natur und das Weltklima gewonnen werden konnten.

Abbildung 3 • Auch Charles Darwin trug zu Humboldts Forschungen über die Meere bei und stellte ihm Temperaturmessungen des Humboldtstroms zur Verfügung, die er seinen Tagebüchern der Reise mit der *Beagle* entnahm.

Ähnlich erging es Humboldts Klimaverständnis im 19. Jahrhundert. Seine 1845 im ersten Band des *Kosmos* gegebene Definition, wonach der «Ausdruck Klima […] in seinem allgemeinsten Sinne alle Veränderungen in der Atmosphäre» bezeichne, «die unsre Organe merklich afficiren» und auf «die Gefühle und ganze Seelenstimmung des Menschen»[260] einwirken, war schon 1883 nicht mehr zeitgemäß. Julius von Hann definierte das Klima damals in seinem *Handbuch der Klimatologie* als «Langzeitstatistik von Wettervariablen»,[261] in der der empfindende Mensch keinen Platz hatte. Unter Klima verstand er «die Gesamtheit der meteorologsichen Erscheinungen, die den mittleren Zustand der Atmosphäre an irgend einer Stelle der Erdoberfläche kennzeichnen».[262] Heute gilt die Definition der World Meteorological Organization von 1979:

2

larger islets in the neighbourhood lowered it in a small degree diminished

Date	Hour	Depth in Fathoms	Temperature	
March 26th Lat. 18° 6' S. Long. 36° 8' W. at noon.	10 A.M.	230	82°	N.B. There was no change in the colour of the sea, in the distance of less than a mile, when the depth varied from 230 to 30 fathom. The colour was according to Werner's nomenclature (seen through a narrow orifice) "indigo with a little azure blue". —
	4 P.M.	30	82° (82°F = 28°R)	
	10 P.M.	250	81°	
27th Lat. 12° 43' Long. 36° 6' W. at noon.	8½ A.M.	180	81° ⅔	
	9 A.M.	150	81 ⅔	
	10 A.M.	200	81 ¼	
	1¼ P.M.	250	81 ⅔	
	2¼ P.M.	30	81 ⅔	
	3 P.M.	20	81 ⅔ !	
	4 P.M.	22	81 ⅔	
	5, 6, 7, 8 P.M.	25	81 ½ !	
	10 P.M.	27	81 ¼ !	
	11 P.M.	27	81 ½	
28th We were rapidly approaching the Abrolhos islands.	8 A.M.	28	79 ⅔	N.B. During this day the colour of the sea varied from dark Indigo blue to a bright green. — (76½°F = 19.7°R)
	10 A.M.	10 to 30	79 ¼	
	4 P.M.	ditto	78 ½	
	9 P.M. at anchor	20 at anchor	76 ½	

I must apologize for sending you such trivial observations: I should not have written, but I could not forbear thanking you for the great pleasure, you have given me by your letter. That the author of those passages in the Personal Narrative, which I have read over and over again, & have copied out, that they might ever be present in my mind, should have so honoured me, is a gratification of a kind, which can but seldom happen to anyone.

I have the honour to remain

Sir

Your obliged and respectful servant

Chas. Darwin

> Klima ist die Synthese des Wetters über ein Zeitintervall, das im Wesentlichen lang genug ist, um die Festlegung der statistischen Ensemble Charakteristika (Mittelwerte, Varianzen, Wahrscheinlichkeiten extremer Ereignisse usw.) zu ermöglichen und das weitgehend unabhängig bezüglich irgendwelcher augenblicklicher Zustände.[263]

Der Mensch ist auch in dieser Definition nur ein Zaungast. Tatsächlich steht er in der Gegenwart aber unübersehbar im Zentrum des Klimas. Diesmal nicht in erster Linie als empfindendes Subjekt, sondern als derjenige, der es beeinflusst und zusehends durch die von ihm hervorgerufenen Klimaveränderungen beeinflusst wird. Die Lösung der vom Menschen verursachten Klimakrise wird nicht allein politischer und technologischer Art sein. Sie wird nur gelingen, wenn der Mensch der Natur, in die er eigebettet ist, als ein empfindendes und sie daher achtendes Subjekt erneut begegnet. So wie Humboldt dies Mitte des 19. Jahrhunderts bereits dachte.

ZEITTAFEL ZU HUMBOLDTS LEBEN UND SEINEN KLIMATOLOGISCHEN PUBLIKATIONEN

1769 14. September: geboren in Berlin

1777–1787 Ausbildung durch Hauslehrer in Tegel

1779 6. Januar: Tod des Vaters, Alexander Georg von Humboldt

1787–1792 Studium in Frankfurt an der Oder, Göttingen, Hamburg und an der Bergakademie in Freiberg

1789 Französische Revolution

1790 Reise mit Georg Forster nach Holland, England und auf der Rückreise nach Paris

1792 Ernennung zum Assessor und später zum Oberbergmeister im preußischen Bergdepartement

1794 Schreiben an Johann Friedrich Pfaff über Gründe der Tropenwärme in nördlichen Breiten

1795 Publikation der Arbeit *Ueber Grubenwetter und die Verbreitung des Kohlenstoffs in geognostischer Hinsicht*

1795 Reise nach Norditalien und in die Schweiz

1796 19. November: Tod der Mutter, Marie Elisabeth von Humboldt, geborene Colomb

1797–1798 Aufenthalt in den Österreichischen Alpen zusammen mit Leopold von Buch. Humboldt übt sich im Umgang mit meteorologischen Instrumenten

1798 Publikation der Arbeit *Sur l'analyse de l'air atmosphérique, pris à la hauteur de 669 toises, avec un aérostat*

1798–1799 Bekanntschaft mit Aimé Bonpland in Paris, Reise durch Frankreich nach Spanien

1799 Publikation der Arbeiten *Lettre de Humboldt à J.-C. Delamétherie, sur la composition chimique de l'Atmosphère*, *Versuche über die chemische Zerlegung des Luftkreises* und der meteorologisch-agronomischen Arbeit *Ueber die Zersetzung der atmosphärischen Luft durch die reinen Erden, oder über die Oxydabilität der Erden*

1799–1804 Amerikanische Forschungsreise

1803 Zwischen dem 4. Januar und 22. März zeichnet Humboldt in Guayaquil die Vorlage für sein *Naturgemälde der Anden* mit dem Titel *Géographie des plantes près de l'Equateur*

1805 Reise nach Rom und Neapel zusammen mit Joseph Louis Gay-Lussac und Leopold von Buch, Aufstieg auf den Vesuv

1805 Vorlesung und Publikation der gemeinsam mit Joseph Louis Gay-Lussac in Paris verfassten Arbeit *Expériences sur les moyens eudiométriques et sur la proportion de principes constituans de l'atmosphère*. 16. November: Humboldt ist nach neunjähriger Abwesenheit erstmals wieder in Berlin

1806 Schlacht bei Jena und Auerstedt, Einmarsch Napoleons in Berlin. Publikation der Arbeit *Beobachtungen über das Gesetz der Wärmeabnahme in den hohern Regionen der Atmosphäre, und über die untern Gränzen des ewigen Schnees*

1807 Publikation der *Ideen zu einer Geographie der Pflanzen* mit der Datengrafik *Geographie der Pflanzen in den Tropenländern, ein Naturgemälde der Anden*

1807–1827 13. November: Humboldt verlässt Berlin und nimmt seinen festen Wohnsitz in Paris. Dort lebt er bis 1827 und publiziert einen Großteil seines Reisewerks

1808 Erscheinen der ersten Ausgabe der *Ansichten der Natur* und des *Essai sur les réfractions astronomiques dans la zone torride, correspondantes à des angles de hauteurs plus petits que dix degrés, et considérées comme effet du décroissement du calorique*

1813–1815 Befreiungskriege

1814–1831 Erscheinen der *Relation historique du Voyage aux régrions* équinoxiales *du Nouveau Continent*, in der Humboldt erstmals auf den von ihm beobachteten anthropogenen Einfluss auf das Klima durch Umweltzerstörung am Beispiel des Valenciasees im heutigen Venezuela hinweist

1816 Publikation der Arbeit *Sur les Lois que l'on observe dans la distribution des formes végétales*

1817 Vortrag und Publikation der Arbeit *Des lignes isothermes et de la distribution de la chaleur sur le globe* in den *Mémoires de physique et de chimie, de la société d'Arcueil.* Publikation der *Carte des lignes Isothermes* in den *Annales de Chimie et de Physique*

1818 Publikation der Arbeit *De l'influence de la déclinaison du Soleil sur le commencement des pluies équatoriales*

1820 Vorlesung der Abhandlung *Ueber die zunehmende Stärke des Schalls in der Nacht* in der Pariser Akademie der Wissenschaften

1822 Erneute Italienreise im Gefolge Friedrich Wilhelms III. mit drei Besteigungen des Vesuvs

1823 Humboldt ist zum ersten Mal seit 1807 wieder in Berlin

1825 Publikation der Arbeit *Ueber die Gestalt und das Klima des Hochlandes in der iberischen Halbinsel*

1826 Erscheinen der zweiten Ausgabe der *Ansichten der Natur*

1827 Übersiedelung nach Berlin. Publikation der Arbeit *Ueber die Hauptursachen der Temperatur-Verschiedenheit auf dem Erdkörper*

1827–1828 Humboldt hält seine Kosmos-Vorlesungen an der Berliner Universität und der benachbarten Singakademie

1828 Humboldt publiziert die Arbeiten *Ueber den mittleren Barometerstand am Meere unter den Tropen* und *Ueber die allgemeinen Gesetze der stündlichen Schwankungen des Barometers.* September: Humboldt leitet die 7. Versammlung der «Gesellschaft deutscher Naturforscher und Ärzte» in Berlin

1829 Reise nach Russland und Zentral-Asien, Humboldt regt erfolgreich die Einrichtung eines geophysikalischen Messnetzes in Russland an, unter anderem zum Sammeln meteorologischer Daten

1830–1848 Wiederholte diplomatische Missionen in Paris

1835 8. April: Tod seines Bruders Wilhelm von Humboldt

1837 Publikation eines Auszugs von Humboldts Arbeit *Über Meeresströmungen*

1842 Humboldt wird zum ersten Kanzler der Friedensklasse des von ihm angeregten und von Friedrich Wilhelm IV. gestifteten Ordens Pour le Mérite. 1. Juli: Bezug der letzten Wohnung in der Oranienburger Straße Nr. 67

1843 Erscheinen des Reisewerks *Asie centrale*, in dem Humboldt erneut den anthropogenen Einfluss auf das lokale Klima schildert

1845–1862 Erscheinen des *Kosmos – Entwurf einer physischen Weltbeschreibung*, in dem Humboldt den Begriff ‹Klima› definiert

1847 Unter Mitwirkung Humboldts wird der erste staatlich organisierte Wetterdienst Deutschlands, das Preußische Meteorologische Institut gegründet

1849 Erscheinen der dritten Ausgabe der *Ansichten der Natur*

1852 Publikation der Arbeit über *Klima-Veränderungen in der Hochebene von Santiago de Chile; und das große Erdbeben vom 2. April 1851*, in der Humboldt auf den (in diesem Fall positiven) Einfluss des Menschen auf das lokale Klima hinweist

1853 Erscheinen der Aufsatzsammlung *Kleinere Schriften* zusammen mit dem Atlas *Umrisse von Vulkanen aus den Cordilleren von Quito und Mexico: ein Beitrag zur Physiognomik der Natur*

1859 6. Mai: Humboldt stirbt in seiner Wohnung in der Oranienburger Straße Nr. 67. 11. Mai: Beisetzung im Familiengrab in Tegel

LITERATURVERZEICHNIS

Werke und Schriften Alexander von Humboldts

Humboldt, A. v. (1806) Beobachtungen über das Gesetz der Wärmeabnahme in den höhern Regionen der Atmosphäre, und über die untern Gränzen des ewigen Schnees (im Auszuge). Annalen der Physik, 24:1, 1–49. [Lubrich, O. und Nehrlich, T. (Hg.) (2021) Sämtliche Schriften digital. Bern. https://humboldt.unibe.ch/text/1806-Beobachtungen_ueber_das-1]

— (1807) Jagd und Kampf der electrischen Aale mit Pferden. Annalen der Physik, 25:1, 34–43. [Lubrich, O. und Nehrlich, T. (Hg.) (2021) Sämtliche Schriften digital. Bern. https://humboldt.unibe.ch/text/1807-Jagd_und_Kampf-1]

— 1808 Ansichten der Natur mit wissenschaftlichen Erläuterungen. Tübingen.

— ([1808–] 1811a) Essai politique sur le royaume de la Nouvelle-Espagne. Avec un atlas physique et géographique, fondé sur des observations astronomiques, des mesures trigonométriques, et des nivellemens barométriques. 2 Bände. Paris.

— (1809–1814) Versuch über den politischen Zustand des Königreichs Neu-Spanien. 5 Bände. Tübingen.

— ([1808–] 1811b) Atlas géographique et physique du royaume de la Nouvelle-Espagne, fondé sur des observations astronomiques, des mesures trigonométriques, et des nivellemens barométriques. Paris.

— (1813) Bemerkungen über das gelbe Fieber, und dessen Zusammenhang mit der Temperatur, von Alexander von Humboldt. Annalen der Physik, 43:1:3, 257–295. [Lubrich, O. und Nehrlich, T. (Hg.) (2021) Sämtliche Schriften digital. Bern. https://humboldt.unibe.ch/text/1811-Fragment_d_un-2]

— (1814–1817) Relation historique du Voyage aux régions équinoxiales du Nouveau Continent, fait en 1799, 1800, 1801, 1802, 1803 et 1804. 3 Bände. Paris.

— (1817a) Des lignes isothermes et de la distribution de la chaleur sur le globe. Mémoires de physique et de chimie, de la société d'Arcueil, 3, 462–602. [Lubrich, O. und Nehrlich, T. (Hg.) (2021) Sämtliche Schriften digital. Bern. https://humboldt.unibe.ch/text/1817-Des_lignes_isothermes-01]

— (1817b) Sur les lignes isothermes. Annales de chimie et de physique, 5, 102–111. [Lubrich, O. und Nehrlich, T. (Hg.) (2021) Sämtliche Schriften digital. Bern. https://humboldt.unibe.ch/text/1817-Des_lignes_isothermes-03]

— (1820) Sur l'Accroissement nocturne de l'intensité du son. (Mémoire lu à l'Academie des Sciences le 13 mars 1820). Annales de chimie et de physique, 13, 162–173. [Lubrich, O. und Nehrlich, T. (Hg.) (2021) Sämtliche Schriften digital. Bern. https://humboldt.unibe.ch/text/1820-Sur_l_accroissement-01]

— (1824a) Ueber den Bau und die Wirksamkeit der Vulkane in verschiedenen Erdstrichen. Mineralogisches Taschenbuch für das Jahr 1824, 18:1, 3–39. [Lubrich, O. und Nehrlich, T. (Hg.) (2021) Sämtliche Schriften digital. Bern. https://humboldt.unibe.ch/text/1823-Ueber_den_Bau-04]

— (1824b) Ueber vormalige Tropenwärme in nördlichen Breiten, isothermische Linien etc. Archiv für die gesammte Naturlehre, 1:3, 329–334. [Lubrich, O. und Nehrlich, T. (Hg.) (2021) Sämtliche Schriften digital. Bern. https://humboldt.unibe.ch/text/1824-Ueber_vormalige_Tropenwaerme-1]

— (1826) Ansichten der Natur mit wissenschaftlichen Erläuterungen. Zweite verbesserte und vermehrte Ausgabe. 2 Bände. Tübingen und Stuttgart.

— (1827) Ueber die Hauptursachen der Temperatur-Verschiedenheit auf dem Erdkörper. Annalen der Physik und Chemie, 11:1, 1–27. [Lubrich, O.

und Nehrlich, T. (Hg.) (2021) Sämtliche Schriften digital. Bern. https://humboldt.unibe.ch/text/1827-Ueber_die_Hauptursachen-1]

— (1828) Ueber die allgemeinen Gesetze der stündlichen Schwankungen des Barometers. Annalen der Physik und Chemie, 12:2, 299–307. [Lubrich, O. und Nehrlich, T. (Hg.) (2021) Sämtliche Schriften digital. Bern. https://humboldt.unibe.ch/text/1828-Ueber_die_allgemeinen-1]

— (1833– ca. 1855) Ueber Meeresströmungen im allgemeinen; und über die kalte peruanische Strömung der Südsee, im Gegensatze zu dem warmen Golf- oder Florida-Strome. [Korrekturbogen aus dem Schiller Nationalmuseum, Deutsches Literaturarchiv in Marbach am Neckar. Cotta-Archiv. http://www.deutschestextarchivonde/humboldt_meer_1833]

— (1836–1839) Examen critique de l'histoire de la géographie du Nouveau Continent et des progrès de l'astronomie nautique aux quinzième et seizième siècles. 5 Bände (Oktavausgabe). Paris.

— (1837) [Über Meeresströme]. In: Berghaus, H. Allgemeine Länder- und Völkerkunde. Nebst einem Abriß der physikalischen Erdbeschreibung. Ein Lehr- und Hausbuch für alle Stände. Band 1. Stuttgart, 415–423, 575–583, 586–592 und 610–611. [Lubrich, O. und Nehrlich, T. (Hg.) (2021) Sämtliche Schriften digital. Bern. https://humboldt.unibe.ch/text/1837-xxx_Ueber_Meeresstroeme-4]

— (1843) Asie centrale. Recherches sur les chaînes de montagnes et la climatologie comparée. 3 Bände. Paris.

— (1844) Central–Asien. Untersuchungen über die Gebirgsketten und die vergleichende Klimatologie. 2 Bände, 3 Theile. Berlin.

— (1845–1862) Kosmos. Entwurf einer physischen Weltbeschreibung. 5 Bände. Tübingen und Stuttgart.

— (1849) Ansichten der Natur mit wissenschaftlichen Erläuterungen. Dritte vermehrte und verbesserte Ausgabe. 2 Bände. Stuttgart und Tübingen.

— (1853) Kleinere Schriften. Geognostische und physikalische Erinnerungen. Tübingen und Stuttgart.

— (1859–1860) Reise in die Aequinoctial-Gegenden des neuen Continents. 4 Bände. Stuttgart.

— (1863) Briefwechsel Alexander von Humboldts mit Heinrich Berghaus aus den Jahren 1825–1858. 2. Band. Leipzig.

— (1880) Briefe Alexander's von Humboldt an seinen Bruder Wilhelm. Hg. von der Familie von Humboldt in Ottmachau. Stuttgart.

— (1977) Briefwechsel zwischen Alexander von Humboldt und Carl Friedrich Gauß. Hg. von Biermann, K.-R. Berlin.

— (2009) Alexander von Humboldt und Cotta. Briefwechsel. Hg. von Leitner, U. Berlin.

— (2013) Briefwechsel zwischen Alexander von Humboldt und Johann Franz Encke. Hg. von Schwarz, I. und Schwarz, O. Berlin.

Sonstige Quellen und Forschungsliteratur

Agassiz, L. (1840) Études sur les glaciers. Neuchâtel.

Alzate y Ramírez, J. A. (1770) Observaciones meteorologicas de los ultimos nueve meses de el año de mil setecientos sesenta y nueve. Mexico.

Arago, F. (1822) Résultats des expériences faites, par ordre du Bureau des Longitudes, pour la détermination de la vitesse du son dans l'Atmosphère. Annales de chimie et de physique, 20, 210–223.

Arrhenius, S. (1869) On the Influence of Carbonic Acid in the Air upon the Temperature of the Ground. The London, Edinburgh and Dublin Philosophical Magazine and Journal of Science, 5, 237–276.

Arrhenius, S. (1908) Das Werden der Welten. Leipzig.

Barth, H. (1855–1858) Reisen und Entdeckungen in Nord- und Centralafrika. 5 Bände. Gotha.

Beck, H. (2019) Alexander von Humboldt und die Eiszeit. (Mit einer Vorbemerkung von Ingo Schwarz). HiN, 20:38, 51–67. [https://doi.org/10.18443/279]

Berghaus, H. (1845) Physikalischer Atlas. 2 Bände. Gotha.

Berghaus, H. (1892) Berghaus' Physikalischer Atlas. (Begründet 1836 durch Heinrich Berghaus). Dritte Ausgabe. Gotha.

Biermann, K.-R. (1968) Alexander von Humboldts wissenschaftsorganisatorisches Programm bei der Übersiedelung nach Berlin. Monatsberichte der Deutschen Akademie der Wissenschaften zu Berlin, 10/2, 142–147.

Blankenstein, D. und Savoy, B. (2015) Frontale Präsenz. Zu einem unbekannten Porträt Alexander von Humboldts im Besitz des französischen Conseil d'État. HiN, 16:31, 105–112. [https://doi.org/10.18443/225]

Bode, J. E. (1797) Ueber vermuthete Verrückungen der Erdpole und Veränderungen der Neigung der Erdaxe. Astronomisches Jahrbuch für das Jahr 1800. Berlin, 192–208.

Bodenmann, T., et al. (2011) Perceiving, explaining, and observing climatic changes: An historical case study of the «year without a summer» 1816. Meteorologische Zeitschrift, 20:6, 577–587.

Bölsche, W. (1906) Im Steinkohlenwald. Stuttgart.

Boscani Leoni, S. (2018) Zwischen London und den Alpen. Johann Jakob Scheuchzer (1672–1733) und die ersten meteorlogischen Messungen in der Schweiz. GeoAgenda, 2018/3, 4–7.

Bossack, B. H. (2003) Early 19th Century U.S. Hurricanes. A GIS Tool and Climate Analysis. Florida State University, Tallahassee.

Bromme, T. (1851) Atlas zu Alex. v. Humboldt's Kosmos in zweiundvierzig Tafeln mit erläuterndem Texte. Stuttgart.

Brönnimann, S. und Stickler, A. (2013) Aerological observations in the Tropics in the Early Twentieth Century. Meteorologische Zeitschrift, 22:3, 349–358.

Brönnimann, S. und Krämer, D. (2016) Tambora und das «Jahr ohne Sommer» 1816. Klima, Mensch und Gesellschaft. Geographica Bernensia G90. [doi:10.4480/GB2016.G90.02]

Brönnimann, S. und Wintzer, J. (2019) Climate Data Empathy. WIREs Climate Change, 10, e559.

Brönnimann, S., et al. (2019a) Unlocking pre-1850 instrumental meteorological records: A global inventory. Bulletin of the American Meteorological Society, 100, ES389–ES413. [https://doi.org/10.1175/BAMS-D-19-0040.1]

Brönnimann, S., et al. (2019b) Last phase of the Little Ice Age forced by volcanic eruptions. Nature Geoscience, 12, 650–656.

Brönnimann, S., et al. (2019c) Historical Weather Data for Climate Risk Assessment. Annals of the New York Academy of Sciences, 1436, 121–137.

Brönnimann, S. (2020) Climate of the free troposphere and mountain peaks. Oxford Research Encyclopedia of Climate Science. [10.1093/acrefore/9780190228620.013.755]

Brönnimann, S. (2021) «Perpetuirliches Zusammenwirken» – Das Klima als System. In: Bloch, S. K., Lubrich, O. und Steineke, H. (Hg.), Alexander von Humboldt. Wissenschaften zusammendenken. Bern, 127–147.

Brönnimann, S., et al. (2022) Influence of Warming and Atmospheric Circulation Changes on Multidecadal European Flood Variability. Climate of the Past, 18, 919–933.

Brönnimann, S. und Claussen, M. (2023) Zur Aktualität von Humboldts Klimaforschung. In: Nehrlich, T. und Strobl, M. (Hg.), Alexander von Humboldt: Ueber die Hauptursachen der Temperatur-Verschiedenheit auf dem Erdkörper. Schriften zum Klima. Hannover, 9–28.

Buch, L. v. (1870) Ueber die Ursachen der Verbreitung großer Alpengeschiebe. In: Ewald, J. W., Roth, J. und Eck, H. v. (Hg.) Leopold von Buchs gesammelte Schriften. 2. Band. Berlin, 597–623.

Buch L. v. (1885) Rohsteine in der Gegend von Berlin. In: Ewald, J. W., Roth, J. und Eck, H. v. (Hg.) Leopold von Buchs gesammelte Schriften. 4. Band. Berlin, 1041–1051.

Buffon, G-L. L. (1778) Histoire naturelle, générale et particulière, contenant les époques de la nature. Paris.

LITERATURVERZEICHNIS

Burger, M., et al. (2022) Berns Westen im (Klima-)Wandel. Wie sich Stadtentwicklung und Klimawandel auf das sommerliche Mikroklima auswirken. Geographica Bernensia G99. [DOI:10.4480/GB2022.G99]

Camuffo, D. und Bertolin, C. (2012) The earliest temperature observations in the world: the Medici Network (1654–1670). Climatic Change, 111, 335–363.

CH2018 (2018) Climate Scenarios for Switzerland, Technical Report. National Centre for Climate Services. Zürich.

Charpentier, J. d. (1836) Anzeige eines der wichtigsten Ergebnisse der Untersuchungen des Herrn Venetz über den gegenwärtigen und früheren Zustand der Walliser Alpen. In: Fröbel, J. und Heer, O. (Hg.) Mittheilungen aus dem Gebiete der Theoretischen Erdkunde. 1. Band. Zürich, 482–495.

Charpentier, J. d. (1841) Essai sur les glaciers et sur le terrain erratique du bassin du Rhône. Lausanne.

Chenoweth, M. (2014) A New Compilation of North Atlantic Tropical Cyclones, 1851–98. Journal of Climate, 27, 8674–8685.

Claussen, M. (2019). Humboldt – Entdecker des anthropogenen Klimawandels? GeoAgenda, 2019/2, 26–29.

Coleman, J. S. M. und LaVoie, S. A. (2012) Reconstructing Atlantic Tropical Cyclone Tracks in the Pre-HURDAT Era. Modern Climatology, 6, 237–256.

Denham, D., Clapperton, H. und Oudnay, W. (1826) Narrative of Travels and Discoveries in Northern and Central Africa in the Years 1822, 1823 and 1824. Boston.

Diaz, H. F. und McCabe, G. J. (1999) A Possible Connection between the 1878 Yellow Fever Epidemic in the Southern United States and the 1877–78 El Niño Episode. Bulletin of the American Meteorological Society, 80, 21–28. [https://doi.org/10.1175/1520-0477(1999)080<0021:APCBTY>2.0.CO;2]

Domínguez-Castro, F., et al. (2014) Early Spanish meteorological records (1780–1850). International Journal of Climatology, 34, 593–603.

Dove, A. (1872) Alexander von Humboldt auf der Höhe seiner Jahre. In: Bruhns, K. (Hg.) Alexander von Humboldt. Eine wissenschaftliche Biographie. 2. Band. Leipzig, 95–484.

Edwards, P. (2010) A vast Machine. Computer Models, Climate Data, and the Politics of Global Warming. Cambridge.

Eimern, J. v. (1979) Zur Geschichte des Wetterdienstes in Bayern. Annalen der Meteorologie, N.F. 14, 7–17.

Erdmann, D. (2018) Der Nachlass. In: Ette, O. (Hg.) Alexander von Humboldt Handbuch. Leben, Werk, Wirkung. Stuttgart, 99–104.

Ertel, H. (1955) Ein Problem der meteorologischen Akustik (Die tagesperiodische Variation der Schallintensität). Sitzungen der Deutschen Akademie der Wissenschaften zu Berlin, Klasse für Mathematik, Physik und Technik, 2, 5–18.

Farr, W. (1852) Report on the Mortality from Cholera in England 1848–1849. London.

Figuier, L. (1863) La Terre avant le Déluge. 2. Auflage. Paris.

Foote, E. (1856) Circumstances Affecting the Heat of the Sun's Rays. The American Journal of Science and Arts, 22:65, 382–383.

Fritscher, B. (1987) Johann Nepomuk Fuchs' «Theorie der Erde». Sudhoffs Archiv, 71:2, 141–156.

Fuchs, J. N. (1838) Ueber die Theorie der Erde. Gelehrte Anzeigen, herausgegeben von den Mitgliedern der königlich bayrischen Akademie der Wissenschaften, 26, 211–216.

Gauß, C. F. (1976) Werke, Ergänzungsreihe IV, Briefwechsel Carl Friedrich Gauß – Heinrich Wilhelm Matthias Olbers. Hildesheim und New York.

García-Herrera, R., et al. (2007) Identification of Caribbean basin hurricanes from Spanish documentary sources. Climatic Change, 83, 55–85.

Gilbert, L. W. (1819) Der im Banien-Thale durch einen Gletscher entstandene See, und verwüstender Abfluß desselben beim Bruch des Eisdammes am 16. Juni 1818. Annalen der Physik und Chemie, N.F. 30, 331–354.

Graf, A. (1999) Der Tod der Wölfe. Das abenteuerliche und das bürgerliche Leben des Balduin Möllhausen. Berlin.

Gressler, F. G. L. (1854) Die Erde. Ihr Kleid, ihre Rinde und ihr Inneres durch Karten und Zeichnungen zur Anschauung gebracht. Langensalza.

Gubler, M. A., et al. (2021) Evaluation and application of a low-cost measurement network to study intra-urban temperature differences during summer 2018 in Bern, Switzerland. Urban Climate, 37, 100817. [https://doi.org/10.1016/j.uclim.2021.100817]

Halley, E. (1686) An Historical Account of the Trade Winds, and Monsoons, Observable in the Seas between and near the Tropicks, with an Attempt to Assign the Phisical Cause of the Said Wind. Philosophical Transactions of the Royal Society of London, 16, 153–168.

Hann, J. F. v. (1883) Handbuch der Klimatologie. Stuttgart.

Hann, J. F. v. (1910) Handbuch der Klimatologie. Stuttgart.

Heller, T. E. (1807–1809) Fortsetzung der Wetterbeobachtungen in Fulda aus den Jahren 1807, 1808, 1809. Stadtarchiv Fulda, Manuskripte, M 389.

Howard, L. (1833) The climate of London, deduced from meteorological observations, made in the Metropolis, and at various places around it. London.

Hugonnet, R. et al. (2021) Accelerated global glacier mass loss in the early twenty-first century. Nature, 592, 726–731.

Ives, J. C. (1861) Report upon the Colorado River of the West, explored in 1857 and 1858. Washington.

Kastner, K. W. G. (1823–1830) Handbuch der Meteorologie. Für Freunde der Naturwissenschaft. 3 Bände. Erlangen.

Kortum, G. (1999) Über A. v. Humboldts Atlantiküberquerung vor 200 Jahren. Deutsche Gesellschaft für Meeresforschung, 1, 3–9.

Krämer, D. (2016) «Menschen grasten nun mit dem Vieh». Die letzte grosse Hungerkrise der Schweiz 1816/17. Basel.

Krüger, T. (2008) Die Entdeckung der Eiszeiten. Internationale Rezeption und Konsequenzen für das Verständnis der Klimageschichte. Basel.

Leitzmann, A. (1917) Wilhelm von Humboldt und Frau von Stael. 6. Teil. *Deutsche Rundschau 170, 431–434.*

Liebig, J. und Kopp, H. (Hg.) (1856) Jahresbericht über die Fortschritte der reinen, pharmazeutischen und technischen Chemie, Physik, Mineralogie und Geologie. Giessen.

Lubrich, O. (2022) Humboldt, oder wie das Reisen das Denken verändert. Berlin.

Lüdecke, C. (2015a) Für Humboldt ins Hochgebirge. Der schulische und universitäre Hintergrund der Brüder Schlagintweit. In: Brescius, M. v., Kaiser, F. und Kleidt, S. (Hg.) Über den Himalaya. Die Expedition der Brüder Schlagintweit nach Indien und Zentralasien 1854 bis 1858. Köln, Weimar, Wien, 273–186.

Lüdecke, C. (2015b) «Indian heat and storm to the south, and the deserts of Central Asia to the north». Die meteorologischen Untersuchungen der Schlagintweits im Himalaya (1854–1857). In: Brescius, M. v., Kaiser, F. und Kleidt, S. (Hg.) Über den Himalaya. Die Expedition der Brüder Schlagintweit nach Indien und Zentralasien 1854 bis 1858. Köln, Weimar, Wien, 209–218.

Menne, M. J., et al. (2012) An Overview of the Global Historical Climatology Network-Daily Database. Journal of Atmospheric and Oceanic Technology, 29, 897–910.

Meinardus, W. (1899) Die Entwicklung der Karten der Jahres-Isothermen von Alexander von Humboldt bis auf Heinrich Wilhelm Dove. In: Gesellschaft für Erdkunde zu Berlin (Hg.) Wissenschaftliche Beiträge zum Gedächtniss der hundertjährigen Wiederkehr des Antritts von Alexander von Humboldt's Reise nach Amerika am 5. Juni 1799. Berlin, 3–32.

Möllhausen, B. (1858) Tagebuch einer Reise vom Mississippi nach den Küsten der Südsee. Leipzig.

Möllhausen, B. (1861) Reisen in die Felsengebirge Nord-Amerikas. Leipzig.

Nehrlich, T. und Strobl, M. (Hg.) (2023) Alexander von Humboldt. Ueber die Hauptursachen der Temperatur-Verschiedenheit auf dem Erdkörper. Schriften zum Klima. Hannover.

N.N. (14.10.1807) Aus Italien. Miscellen für die Neueste Weltkunde, 82, 328.

Oehlmann, E. (Hg.) (1901) E. v. Seydlitzsche Geographie in fünf Ausgaben. Ausgabe A: Grundzüge der Geographie. Breslau.

Pappert, D., et al. (2021) Unlocking weather observations from the Societas Meteorologica Palatina (1781–1792). Climate of the Past, 17, 2361–2379.

Parthey, G. (1827–1828) Alexander von Humboldt. Vorlesungen über physikalische Geographie. Berlin. https://www.deutschestextarchiv.de/parthey_msgermqu1711_1828/690

Pfister, C. (1975) Agrarkonjunktur und Witterungsverlauf im westlichen Schweizer Mittelland zur Zeit der Ökonomischen Patrioten 1755–1797. Geographica Bernensia G2. [doi:10.4480/GB2021.G2]

Pfister, C. und Wanner, H. (2021) Klima und Gesellschaft in Europa: Die letzten tausend Jahre. Bern.

Pino, J., et al. (2016) Using Proxy Records to Document Gulf of Mexico Tropical Cyclones from 1820–1915. PloS One, 11, e0167482.

Rees, J. (2019) Daten und Bilder. In: Lubrich, L. und Nehrlich, T. (Hg.) Alexander von Humboldt, Sämtliche Schriften. Band 10, Durchquerungen. München, 599–584.

Reiter, S. (Hg.) (1990) Friedrich August Wolf. Ein Leben in Briefen. Ergänzungsband I, die Texte. Wiesbaden.

Rendgen, S. und Wiedmann, J. (2019) History of Information Graphics. Köln.

Robertson, J. (2014) Jamaica's Ambivalent Cosmopolitanism. History, 99, 607–631.

Rose, G. (1837) Reise nach dem Ural, dem Altai und dem Kaspischen Meere. 1. Band. Berlin.

Rosenberg, D. und Grafton, A. (2018) Die Zeit in Karten – Eine Bilderreise durch die Geschichte. Deutsche Sonderausgabe, Darmstadt.

Ryan, S. J., et al. (2019) Global expansion and redistribution of Aedes-borne virus transmission risk with climate change. PLOS Neglected Tropical Diseases , 13:3, e0007213.

Scheitlin, K., et al. (2010) Toward Increased Utilization of Historical Hurricane Chronologies. Journal of Geophysical Research, 115, D03108.

Schicht, K. (2023) Alexander von Humboldts Klimatologie in der Zirkulation von Wissen. Historisch-kritische Edition der Berliner Briefe (1830–1859) und ihre Kontexte. Hildesheim.

Schimper, K.F. (1837) Ueber die Eiszeit. Actes de la Société Helvétique des Sciences Naturelles, 22e Session, Neuchâtel, 38–51.

Schlagintweit, H. (1853) Bemerkung in Beziehung auf die Temperaturverhältnisse des Peissenberges. Poggendorffs Annalen, 89, 159–164.

Schneider, B. (2018) Klimabilder. Eine Genealogie globaler Bildpolitiken von Klima und Klimawandel. Berlin.

Schwander, M., et al. (2017) Reconstruction of Central European daily weather types back to 1763. International Journal of Climatology, 37, 30–44.

Seibold, I. und Seibold, E. (2003) Erratische Blöcke – erratische Folgerungen: ein unbekannter Brief von Leopold von Buch von 1818. International Journal of Earth Sciences, 92:3, 426–439.

Slivinski, L.C., et al. (2019) Towards a more reliable historical reanalysis: Improvements to the Twentieth Century Reanalysis system. Quarterly Journal of the Royal Meteorological Society, 145, 2876–2908.

Smith, R.S. (1943) Shipping in the Port of Veracruz, 1790–1821. The Hispanic American Historical Review, 23, 5–20.

Stephenson, D., et al. (2003) The history of scientific research on the North Atlantic Oscillation. American Geophysical Union, Geophysical Monograph Series, 134, 37–50.

Stevens, H. und Bohn, J. (1863) The Humboldt Library. A Catalogue of the library of Alexander von Humboldt. London.

Strobl, M. (2023) Alexander von Humboldts Klima-Forschung. In: Nehrlich, T. und Strobl, M. (Hg.) Alexander von Humboldt: Ueber die Hauptursachen der Temperatur-Verschiedenheit auf dem Erdkörper. Schriften zum Klima. Hannover, 391–434.

Sydow, A. v. (Hg.) (1913) Gabriele von Bülow. Tochter Wilhelm von Humboldts. Ein Lebensbild aus den Familienpapieren Wilhelm von Humboldts und seiner Kinder 1791–1887. Berlin.

Sydow, A. v. (Hg.) (1920) Wilhelm und Caroline von Humboldt in ihren Briefen 1788–1835. Gekürzte Ausgabe in einem Bande. Berlin.
Tannehill, I. R. (1939) The Hurricane. United States Department of Agriculture. Miscellaneous Publication Nr. 197. Washington D. C.
Taylor, C. et al. (2023) Glacial lake outburst floods threaten millions globally. Nature Communications, 14:487, 1–10. https://doi.org/10.1038/s41467-023-36033-x
Thomson, D. P. (1849) Introduction to Meteorology. Edinburgh und London.
Trabert, W. (1901) Meteorologie. Leipzig.
Usteri, P. (1817) Eröffnungsrede der Jahresversammlung der Allgemeinen Schweizerischen Gesellschaft für die gesamten Naturwissenschaften. Verhandlungen der Schweizerischen Naturforschenden Gesellschaft, 3, 3–59.
Valler, V., et al. (2022) An updated global atmospheric paleo-reanalysis covering the last 400 years. Geoscience Data Journal, 9, 89–107.
Wanner, H., et al. (2001) North Atlantic oscillation. Concepts and studies. Surveys in Geophysics, 22, 321–382.
Weber, C. O., (1852) Die Tertiärflora der Niederrheinischen Braunkohlenformation. In: Palaeontographica. 2. Band. In: Duncker, W. und Meyer, H. v. (Hg.) Beiträge zur Naturgeschichte der Vorwelt. Cassel, 115–236 sowie Tafeln XVIII–XXV.
Winkler, P. (2006) Hohenpeißenberg 1781–2006. Das älteste Bergobservatorium der Welt. Deutscher Wetterdienst. Offenbach am Main.
Wolfers, J. P. (1847) Über strenge und gelinde Winter. Archiv für Mathematik und Physik, 10:3, 331.
Zeuske, M. (2020) Die Krankheit der anderen, in: VierzigTageBuch, Rotpunkt Verlag. [https://rotpunktverlag.ch/blog/die-krankheit-der-anderen]
Zschokke, H. (1817) Meteorologische Beobachtungen vom zweiten Halbjahr 1816; nebst den Krankheitsgeschichten dieses Zeitraums. Archiv der Medizin, Chirurgie und Pharmazie, 3, 209–227.
Zumbühl, H. (1980) Die Schwankungen der Grindelwaldgletscher in den historischen Bild- und Schriftquellen des 12. bis 19. Jahrhunderts. Ein Beitrag zur Gletschergeschichte und Erforschung des Alpenraumes. Basel.

ABBILDUNGSVERZEICHNIS

KAPITEL 1
VORWORT: DAS KLIMA AN HUMBOLDTS SCHREIBTISCH

Abb. 1: Hildebrandt, E. (1845) Alexander von Humboldt in seinem Arbeitszimmer. Berlin. [bpk-Bildagentur/Staatsbibliothek zu Berlin, Preußischer Kulturbesitz]

Abb. 2: Schreibtisch Alexander von Humboldts. [Bibliothèque de L'observatoire de Paris (Inv.I. 473)] [Bibliothèque de l'Observatoire de Paris, Sylvain Pelly]

Abb. 3: Humboldt, A. v. (1803) Géographie des plantes près de l'Equateur. Tableau physique des Andes et pais voisins. Guayaquil. [Museo Nacional de Colombia, Bogota/Oscar Monsalve Pino]

Abb. 4: Notizzettel Humboldts zur täglichen Schwankung des Barometers. [SBB-PK, IIIA, Nachl. Alexander von Humboldt, gr. Kasten 5, Nr. 31a, Blatt 16–23. bpk-Bildagentur/Staatsbibliothek zu Berlin, Preußischer Kulturbesitz]

KAPITEL 2
KLIMAREIHEN ALS SPIEGEL VON GESCHICHTE UND GESCHICHTEN

Abb. 1 links: Buch, L. v. Temperature moyenne du Mexique en 1769. [SBB-PK, IIIA, Nachl. Alexander von Humboldt, gr. Kasten 5, Nr. 30, Blatt 3. bpk-Bildagentur/Staatsbibliothek zu Berlin, Preußischer Kulturbesitz]

Abb. 1 rechts: Schneider, C., Wetter-Beobachtungen zu Berlin, 1855/1856. [SBB-PK, IIIA, Nachl. Alexander von Humboldt, gr. Kasten 12, Nr. 76. bpk-Bildagentur/Staatsbibliothek zu Berlin, Preußischer Kulturbesitz]

Abb. 2: N.N. Ansicht von Mexico Stadt vom Kloster San Cosme aus [Currier & Ives: a catalogue raisonné / compiled by Gale Research. Detroit, MI: Gale Research, c1983, no. 1211)]

Abb. 3: Entwicklung der Anzahl der Messungen weltweit zur Zeit Humboldts. [Stefan Brönnimann]

Abb. 4: Quecksilberthermometer von Pierre Casati. [Wikimedia Commons]

Abb. 5: Bauanleitung für den Regenmesser. [Der Schweizerischen Gesellschaft in Bern Sammlungen von landwirthschaftlichen Dingen, 2:3 (1761), 729]

Abb. 6: Alzates Temperaturmessungen in Mexiko City, 1769. [Stefan Brönnimann]

Abb. 7: Temperaturkarte für den 2. Februar 1830. [Stefan Brönnimann]

KAPITEL 3

ÜBER VORMALIGE TROPENWÄRME

Abb. 1: Notizzettel zu Johann Nepomuk Fuchs. [SBB-PK, IIIA, Nachl. Alexander von Humboldt, gr. Kasten 12, Nr. 66–69a, Blatt 25r. bpk-Bildagentur/Staatsbibliothek zu Berlin, Preußischer Kulturbesitz]

Abb. 2: Notizzettel zu Carl Otto Weber. [SBB-PK, IIIA, Nachl. Alexander von Humboldt, kl. Kasten 14, Nr. 10, Blatt 56r. bpk-Bildagentur/Staatsbibliothek zu Berlin, Preußischer Kulturbesitz]

Abb. 3: Tertiärflora der Niederrheinischen Braunkohlenformation [Weber (1852), Tafel 24]

Abb. 4: Tagebau der Gewerkschaft Humboldt. [Postkarte, Privat]

Abb. 5: Biermann, K. E. (1847) Borsig's Maschinenbau-Anstalt zu Berlin in der Chausseestraße. Berlin. 1847. [Wikimedia Commons]

KAPITEL 4

TROPISCHE WIRBELSTÜRME

Abb. 1: Tabelle mit Thermometer- und Barometerständen für den Hurrikan von Havanna vom 27.–28. August 1794. [BJ, Krakau, Nachlass Alexander von Humboldt, Bd. 3/1, Blatt 167–169. Jagiellonische Bibliothek, Krakau]

Abb. 2: Wind, Temperatur und Druck in Havanna vom 25.–28. August 1794. [Stefan Brönnimann, basierend auf García-Herrera et al. (2007)]

Abb. 3: Hurricane Irma über Havanna, 10 Sept. 2017. [NASA/NOAA GOES Project]

Abb. 4: Einflussfaktoren auf Entstehung, Entwicklung und Zugbahn von Hurrikanen. [Stefan Brönnimann]

Abb. 5 links: Zugbahnen tropischer Stürme aus dem Berghaus Atlas. [Berghaus (1845)]

Abb. 5 rechts: Zugbahnen tropischer Stürme und Hurrikane. [NOAA]

Abb. 6: Zugbahnen von zwölf Hurrikanen aus dem Berghaus-Atlas verglichen mit anderen Rekonstruktionen. [Stefan Brönnimann]

Abb. 7: Mögliche Zugbahn des Hurrikans von 1794. [Stefan Brönnimann]

KAPITEL 5

MACHT DAS KLIMA KRANK?

Abb. 1: Temperaturtabelle aus Veracruz. [SBB-PK, IIIA, Nachl. Alexander von Humboldt, gr. Kasten 1, Mappe 5, Nr. 4. bpk-Bildagentur/Staatsbibliothek zu Berlin, Preußischer Kulturbesitz]

Abb. 2: Karte des Hafens von Veracruz um 1800. [Humboldt (1811)]

Abb. 3: Nossi-Bé, Madagaskar, auf einer alten Postkarte. [Privat]

Abb. 4: Anzahl der Tropennächte in Bern, 2022. [Darstellung von Moritz Burger]

Abb. 5 links: Temperatur und geopotenzielle Höhe der 500 hPa Fläche. [Stefan Brönnimann]

Abb. 5 rechts: Niederschlag in einer Klimarekonstruktion für die Jahre 1790–1794 [Stefan Brönnimann]

KAPITEL 6

EIN JAHRHUNDERTSOMMER IN ROM

Abb. 1: Temperaturtabelle von Giuseppe Calandrelli für Rom, 1807. [SBB-PK, IIIA, Nachl. Alexander von Humboldt, gr. Kasten 1, Mappe 4, Nr. 4, Blatt 2. bpk-Bildagentur/Staatsbibliothek zu Berlin, Preußischer Kulturbesitz]

Abb. 2: Temperaturtabelle von Wilhelm von Humboldt für Rom, 1807. [SBB-PK, IIIA, Nachl. Alexander von Humboldt, gr. Kasten 1, Mappe 4, Nr. 4, Blatt 3. bpk-Bildagentur/Staatsbibliothek zu Berlin, Preußischer Kulturbesitz]

Abb. 3: Ausschnitt aus: Humboldt, A. v. (1817) Bandes Isothermes et distribution de la chaleur sur le globe. Paris. [Alexander von Humboldt, Sämtliche Schriften digital, Universität Bern]

Abb. 4: Friedrich, C. D. (1807) Der Sommer (Landschaft mit Liebespaar). [Bayerische Staatsgemäldesammlungen, Neue Pinakothek München]

Abb. 5: d'Houdetot, F. (1807) Alexander von Humboldt. Berlin. [Wikimedia Commons]

Abb. 6: Kopisch, A. (1848) Die Pontinischen Sümpfe bei Sonnenuntergang. [bpk-Bildagentur/Staatliche Museen zu Berlin, Preußischer Kulturbesitz]

Abb. 7: Auschnitt aus: Temperaturtabelle von Giuseppe Calandrelli für Rom, 1807. [SBB-PK, IIIA, Nachl. Alexander von Humboldt, gr. Kasten 1, Mappe 4, Nr. 4, Blatt 2. bpk-Bildagentur/ Staatsbibliothek zu Berlin, Preußischer Kulturbesitz]

Abb. 8: Rekonstruktion der Temperatur, der geopotenziellen Höhe auf 500 hPa, des Niederschlags und des Luftdrucks im Sommer 1807. [Stefan Brönnimann]

KAPITEL 7

1816 – (K)EIN «JAHR OHNE SOMMER»

Abb. 1: (Leeres Blatt) [SBB-PK, IIIA, Nachl. Alexander von Humboldt, gr. Kasten 12, Nr. 64, Blatt 2v, bpk-Bildagentur/Staatsbibliothek zu Berlin, Preußischer Kulturbesitz]

Abb. 2: Rekonstruktion der Temperatur- und Niederschlagsabweichung im Juni–August 1816 relativ zur Periode 1799–1821. [Stefan Brönnimann]

Abb. 3: Ausschnitt aus der Neuen Zürcher Zeitung vom 21. Juni 1816. [NZZ-Verlag]

Abb. 4: Tabelle des Niederschlags. [Zschokke (1817)]

Abb. 5: Vom Vulkanausbruch zur globalen Aerosolwolke 1816. [Stefan Brönnimann]

Abb. 6: Indirekte Klimaeffekte von Vulkanausbrüchen. [Stefan Brönnimann]

Abb. 7: Mensch-Umweltsystem, dargestellt am Beispiel des Tambora-Ausbruches. [Stefan Brönnimann]

KAPITEL 8

WETTERBEOBACHTUNGEN UND GESCHÜTZDONNER

Abb. 1: Schallbeobachtungen bei dem Geschützfeuer. [SBB-PK, IIIA, Nachl. Alexander von Humboldt, gr. Kasten 12, Nr. 31. bpk-Bildagentur/Staatsbibliothek zu Berlin, Preußischer Kulturbesitz]

Abb. 2: Lorentzen C. A. (1807/1808) Den rædsomste Nat. Kongens Nytorv under bombardementet natten mellem 4. og 5. september 1807. [Statens Museum for Kunst, Kopenhagen]

Abb. 3: Übersicht der am Mittwoch, den 21. Juni 1822 abgegebenen Kanonenschüsse. [Arago (1822), 215–216]

Abb. 4: Feststellung der Geschwindigkeit des Schalls durch Alexander von Humboldt, Joseph Louis Gay-Lussac, Alexis Bouvard. [Kraemer, H. (1904) Weltall und Menschheit. Geschichte der Erforschung der Natur und der Verwertung der Naturkräfte im Dienste der Völker. Berlin]

Abb. 5: BJ, Krakau, Nachlass Alexander von Humboldt, Bd. 10, Blatt 443–448. [Jagiellonische Bibliothek, Krakau]

KAPITEL 9

DAS KLIMA WIRD GLOBAL

Abb. 1: Mittlere Temperaturen in Graden des hunderttheiligen Thermometer. [SBB-PK, IIIA, Nachl. Alexander von Humboldt, gr. Kasten 2, Mappe 5, Nr. 5, Blatt 1r. bpk-Bildagentur/Staatsbibliothek zu Berlin, Preußischer Kulturbesitz]

Abb. 2: Karte der Passatwinde von Edmond Halley. [Halley (1686), Tafel]

Abb. 3: Isothermenkarte von William Woodbridge. [SBB-PK, IIIA, Nachl. Alexander von Humboldt, gr. Kasten 1, Mappe 8, Nr. 25r. bpk-Bildagentur/ Staatsbibliothek zu Berlin, Preußischer Kulturbesitz]

Abb. 4: Differenz zwischen der langjährigen Monatsmitteltemperatur und der langjährigen Jahresmitteltemperatur. [Brönnimann (2019)]

Abb. 5: Kukawa im 19. Jahrhundert. [Barth (1855–1858)]

Abb. 6: Meteorologische Stationen in der Karibik vor 1850. [Umgezeichnet aus: Brönnimann et al. (2019a)]

Abb. 7: Der Rhonegletscher um 1856. [Alpine Club Library, London (Photo: H. J. Zumbühl)]

Abb. 8: Temperatur der nördlich-außertropischen Landfläche im April bis September. [Umgezeichnet aus: Brönnimann et al. (2019b)]

KAPITEL 10

EINE WETTERNACHHERSAGE FÜR HUMBOLDTS ZENTRALASIENREISE

Abb. 1: Barometrische Messungen während Humboldts-Zentralasienreise in Jekaterinburg. [SBB-PK, IIIA, Nachl. Alexander von Humboldt, gr. Kasten 4, Nr. 51b, Blatt 7r. bpk-Bildagentur/ Staatsbibliothek zu Berlin, Preußischer Kulturbesitz]

Abb. 2: Ausschnitt aus: Ausschnitt aus dem Tagebuch von Gustav Rose. [Rose (1837), 33]

Abb. 3: Die Kurische Nehrung. [wikimedia commons]

Abb. 4 links: Handgefertigte Wetteranalyse der Deutschen Seewarte für 1896. [NOAA Library Foreign Climate]

Abb. 4 rechts: Druckfeld aus der Wetterrekonstruktion «Twentieth Century Reanalysis» [Stefan Brönnimann]

Abb. 5: Temperatur auf Humboldts Reise von Berlin nach St. Petersburg alle 3 Stunden. [Stefan Brönnimann]

Abb. 6: Wetterkarten für den 27. April 1829, 15 UTC und 28. April 1829, 18 UTC. [Stefan Brönnimann]

Abb. 7: Das Altai-Gebirge 2001. [MODIS, Rapid Response Team]

KAPITEL 11

KLIMAWISSEN IM ENTWURF

Abb. 1: Isotherme Linie von 10°. [SBB-PK, IIIA, Nachl. Alexander von Humboldt, gr. Kasten 1, Mappe 7, Nr. 12, Blatt 17r. bpk-Bildagentur/Staatsbibliothek zu Berlin, Preußischer Kulturbesitz]

Abb. 2: Isothermenkarte aus: Humboldt, A. v. (1817b) [Alexander von Humboldt, Sämtliche Schriften digital, Universität Bern]

Abb. 3: Isothermentabelle aus: Humboldt, A. v. (1817a) [Alexander von Humboldt, Sämtliche Schriften digital, Universität Bern]

Abb. 4: Klimazonen nach Abraham Ortelius. [Ortelius A. (1606), Aevi Veteris Typus Geographicus. In: Theatrum Orbis Terrarum. London, Tafel VI]

Abb. 6: Meteorological Map of the world showing the distribution of the temperature of the air. [SBB-PK, IIIA, Nachl. Alexander von Humboldt, gr. Kasten 12, Nr. 46. bpk-Bildagentur/Staatsbibliothek zu Berlin, Preußischer Kulturbesitz]

Abb. 6: Zonendarstellung des Weltklimas 1901. [Oehlmann (1901), 11]

Abb. 7: Die Isothermkurven Der Nordlichen Halbkugel [Berghaus H. (1845)]

Abb. 8: Vergleich des Fallens der Schneelinie. [SBB-PK, IIIA, Nachl. Alexander von Humboldt, gr. Kasten 6, Nr. 41.42, Blatt 10r. bpk-Bildagentur/Staatsbibliothek zu Berlin, Preußischer Kulturbesitz]

Abb. 9: Temperature du Globe. [SBB-PK, IIIA, Nachl. Alexander von Humboldt, gr. Kasten 1, Mappe 1, Nr. 4, Blatt 48r. bpk-Bildagentur/Staatsbibliothek zu Berlin, Preußischer Kulturbesitz]

Abb. 10: Chart of the Comparative Magnitudes of Countries, Seas, Lakes, and Islands, Represented by Square. [David Rumsey Historical Map Collection]

Abb. 11: Wellen in der Westströmung im Winter über der Nordhalbkugel. [Stefan Brönnimann]

Abb. 12: Entstehung eines Trogs stromabwärts eines großen Gebirges. [Alexander Hermann]

KAPITEL 12

EIN EISIGER WINTER

Abb. 1: Graphische Darstellung von Temperaturmessungen im Dez., Jan., Februar 1796, 1830 und 1834. [SBB-PK, IIIA, Nachl. Alexander von Humboldt, gr. Kasten 5, Nr. 38. bpk-Bildagentur/Staatsbibliothek zu Berlin, Preußischer Kulturbesitz]

Abb. 2: Sommermitteltemperatur in der Schweiz aus Rekonstruktionen. [Stefan Brönnimann]

Abb. 3: Der Konstanzer Hafen bei der Seegfrörne 1830, Bild von Wendelin Moosbrugger [Wikipedia]

Abb. 4: Temperaturverlauf am Morgen im Winter 1829–1830 an 22 Stationen in der Schweiz. [Stefan Brönnimann]

Abb. 5: Temperaturrekonstruktionen für den warmen Winter 1795/6 (oben) und den kalten Winter 1829/30. [Stefan Brönnimann]

Abb. 6: Terra-Satellitenaufnahme vom 7. Januar 2010. [MODIS Rapid Response Team]

Abb. 7: Schematische Darstellung der positiven und negativen Phase der Nordatlantischen Oszillation. [Stefan Brönnimann]

Abb. 8: Stratosphärenerwärmungen und ihr Einfluss auf das Winterwetter. [Stefan Brönnimann]

KAPITEL 13

KLIMAVISIONEN

Abb. 1: Meteorologische Karte von Adolf Ludwig Agathon von Parpart. [SBB-PK, IIIA, Nachl. Alexander von Humboldt, gr. Kasten 2, Mappe 5, Nr. 1. bpk-Bildagentur/Staatsbibliothek zu Berlin, Preußischer Kulturbesitz]

Abb. 2: Darstellung der Wärme-Aenderungen durch das ganze Jahr für Frankfurt a. Mayn [SBB-PK, IIIA, Nachl. Alexander von Humboldt, gr. Kasten 1, Mappe 8, Nr. 5. bpk-Bildagentur/Staatsbibliothek zu Berlin, Preußischer Kulturbesitz]

Abb. 3: Die Stadt Chełmno (früher Culm), 2016. [Wikimedia Commons]

Abb. 4: Weather Radial für Bern, 2020. [Stefan Brönnimann]

Abb. 5: Jahresverlauf der Temperatur aus Howard (1833) [Wikimedia Commons]

Abb. 6: Temperatur und Mortalität in London aufgrund von wöchentlichen Daten für die Jahre 1840 bis 1850 von William Farr (1852) [Wikimedia Commons]

Abb. 7: Ed Hawkins «Climate Spiral» für 2020. [Zur Verfügung gestellt von Ed Hawkins]

KAPITEL 14

(KEINE) EISZEIT

Abb. 1: Nordische Blöcke. [SBB-PK, IIIA, Nachl. Alexander von Humboldt, gr. Kasten 11, Nr. 35. bpk-Bildagentur/Staatsbibliothek zu Berlin, Preußischer Kulturbesitz]

Abb. 2: Darstellung der Drifttheorie. [Figuier (1863), 329]

Abb. 3: La grosse Pierre sur le Glacier de Vorderaar. [Wikimedia Commons]

Abb. 4: Eiskeil des Giétrozgletschers. [Wikimedia Commons]

Abb. 5: Notizen zur Katastrophe von 1818 im Val de Bagnes. [SBB-PK, IIIA, Nachl. Alexander von Humboldt, gr. Kasten 12, Nr. 25a, Blatt 20r. bpk-Bildagentur/Staatsbibliothek zu Berlin, Preußischer Kulturbesitz]

Abb. 6: Maximale Ausdehnung des Rhonegletschers. [Charpentier (1841), Tafeln]

Abb. 7: Notizzettel Leopold von Buchs zu Geschieben. [SBB-PK, IIIA, Nachl. Alexander von Humboldt, gr. Kasten 11, Nr. 48, Blatt 1. bpk-Bildagentur/Staatsbibliothek zu Berlin, Preußischer Kulturbesitz]

Abb. 8: Eisverbreitung einst und jetzt [Berghaus (1892)]

Abb. 9: Notizzettel Humboldts mit Literaturangaben zur Glaziologie. [SBB-PK, IIIA, Nachl. Alexander von Humboldt, gr. Kasten 12, Nr. 49, Blatt 5–33, Blatt 9r. bpk-Bildagentur/Staatsbibliothek zu Berlin, Preußischer Kulturbesitz]

Abb. 10: Notizzettel Humboldts mit Literaturangaben zu David Purdie Thomson. [SBB-PK, IIIA, Nachl. Alexander von Humboldt, gr. Kasten 12, Nr. 66-69a, Blatt 81. bpk-Bildagentur/Staatsbibliothek zu Berlin, Preußischer Kulturbesitz]

Abb. 11: Hummel, J. E. (1831) Die Granitschale im Berliner Lustgarten. [bpk-Bildagentur/Staatsbibliothek zu Berlin, Preußischer Kulturbesitz]

KAPITEL 15

DER WEG ZUR DRITTEN DIMENSION

Abb. 1: Bemerkungen in Beziehung auf die Temperaturverhältnisse des Peissenberges. [SBB-PK, IIIA, Nachl. Alexander von Humboldt, gr. Kasten 12, Nr. 14. bpk-Bildagentur/Staatsbibliothek zu Berlin, Preußischer Kulturbesitz]

Abb. 2: Hoher Peissenberg von Süden. [Wikivoyage]

Abb. 3: Entwicklung der Erforschung der dritten Dimension der Atmosphäre. [Stefan Brönnimann]

Abb. 4: Die höchsten Berge auf verschiedenen Kontinenten. [Gressler (1854), Tafel IV]

Abb. 5: Die meteorologische Station Chacaltaya, Bolivien [Stefan Brönnimann]

Abb. 6: Gedenktafel zum Aufenthalt Alexander von Humboldts 1797/98 in Salzburg. [Wikimedia Commons]

Abb. 7: Abweichungen der Temperatur und des Luftdrucks auf Meereshöhe. [Stefan Brönnimann]

Abb. 8: Humboldts Messungen in Salzburg sowie Schweizer Wetterlagen. [Stefan Brönnimann]

KAPITEL 16

REISETHERMOMETER, DAMPFSCHIFFE UND DIE KOLONISIERUNG DES WESTENS

Abb. 1: Temperatur der Luft und des Wassers der Südsee. [SBB-PK, IIIA, Nachl. Alexander von Humboldt, gr. Kasten 2, Mappe 4, Nr. 21. bpk-Bildagentur/Staatsbibliothek zu Berlin, Preußischer Kulturbesitz]

Abb. 2: Fahrenheit-Reisethermometer Alexander von Humboldts. [Staatliche Museen zu Berlin, Museum Europäischer Kulturen/Christian Krug]

KAPITEL 17

SCHLUSSWORT – VIELLEICHT NOCH ZU GEBRAUCHEN – HUMBOLDTS KLIMATOLOGISCHER NACHLASS

DANK

Für Anregungen, Korrekturen und Hinweise zum vorliegenden Buch sei den folgenden Personen herzlich gedankt: Benjamin Betgen, David Blankenstein, Stépanie Chessel, Martin Claussen, Carsten Eckert, Ursula und Joachim Erdmann, Sandie-Christine Franck, Utz Held, Georg von Humboldt-Dachroeden, Tobias Kraft, Ulrike Leitner, Oliver Lubrich, Monika Michell, Sibylle Schreiber, Michael Strobel, Christian Thomas und Jeannine Wintzer.

Die dem Buch zugrunde liegenden Forschungsarbeiten wurden durch den Schweizerischen Nationalfonds (188701) und den European Research Council (787574) gefördert.

Der Schweizerische Nationalfonds, das European Research Council (787574), die Sebastiana-Stiftung, die Fondation Johanna Dürmüller-Bol und die Ernst Göhner Stiftung haben durch ihre großzügige Unterstützung das Erscheinen dieses Buches ermöglicht.

Schweizerischer Nationalfonds (SNF), CH-Bern

Schweizerischer Nationalfonds

Ernst Göhner Stiftung, CH-Zug

ERNST GÖHNER STIFTUNG

European Research Council, B-Brüssel

Fondation Johanna Dürmüller-Bol, CH-Muri bei Bern

Sebastiana Stiftung, CH-St. Gallen

ENDNOTEN

KAPITEL 1

VORWORT: DAS KLIMA AN HUMBOLDTS SCHREIBTISCH

1 Humboldt (1977), 85.

2 Dove (1872), 476.

3 Erdmann (2018).

4 Adelung (1801), 1585.

5 Humboldt (1845–1862).

6 Ebd., 304.

7 Vgl. Strobl (2023), 391–392.

8 Humboldt (1845–1862), 33.

9 SBB-PK, IIIA, Nachl. Alexander von Humboldt, gr. Kasten 5, Nr. 31a, Blatt 16–23.

10 Humboldt (1845–1862), 335.

11 Humboldt (1828).

12 Beck (2019), 53–54.

13 Vgl. Brönnimann und Claussen (2023).

14 Vgl. Claussen (2019).

15 Humboldt (1845–1862), 340.

16 Vgl. Brönnimann et al. (2019).

17 https://es.wikipedia.org/wiki/Jos%C3%A9_Antonio_Alzate.

18 Brönnimann et al., (2019a).

19 Camuffo und Bertolin (2012).

KAPITEL 2

KLIMAREIHEN ALS SPIEGEL VON GESCHICHTE UND GESCHICHTEN

20 Alzate y Ramírez, J. A. (1770).

21 Pfister (1975).

22 Pappert et al. (2021).

23 Domínguez-Castro et al. (2017).

24 Menne et al. (2012).

25 Edwards (2010).

KAPITEL 3

ÜBER VORMALIGE TROPENWÄRME

26 SBB-PK, IIIA, Nachl. Alexander von Humboldt, gr. Kasten 12, Nr. 66–69a.

27 Fuchs (1838).

28 SBB-PK, IIIA, Nachl. Alexander von Humboldt, gr. Kasten 12, Nr. 66–69a, Blatt 25r.

29 SBB-PK, IIIA, Nachl. Alexander von Humboldt, kl. Kasten 14, Nr. 10, Blatt 56r [Hervorhebung D. E.].

30 Weber (1852).

31 Ebd., 135–145.

32 Ebd., 149.

33 Parthey (1827–1828), 343.

34 Humboldt (1845–1862), 293.

35 Ebd., 297.

36 Bode (1797).

37 Die Ekliptik ist die von der Erde aus gesehene scheinbare Bahn der Sonne vor dem Fixsternhimmel im Verlauf eines Jahres. Die Schiefe der Ekliptik ist dadurch bedingt, dass die Erdachse nicht senkrecht auf der Ebene der Erdbahn steht, sondern geneigt ist. Dieser Neigungswinkel ist ursächlich verantwortlich für die Jahreszeiten auf der Erde und verändert sich langperiodisch.

38 Bode (1797), 197.

39 Ebd.

40 Ebd., 205.

41 Ebd., 205–206.

42 Humboldt (1853), 175.

43 Ebd.

44 Kastner (1823).

45 Ebd., V.

46 Humboldt (1824a).

47 Humboldt (1826), 126–186.

48 Humboldt (1880), 114.

49 Humboldt (1824b), 329–330.

50 Ebd., 331.

51 Humboldt (1827).

52 Ebd., 1.

53 Ebd., 13–14.

54 Buffon (1778).

55 Humboldt (1845–1862), 181.

56 Wegener (1915).

57 Humboldt (1845–1862), 227.

58 Arrhenius (1869).

59 Arrhenius (1908), 48.

60 Ebd., 57.

61 Bölsche (1906), 97.

62 Foote (1856).

63 Ebd., 383.

64 Liebig und Kopp (1856), 63.

KAPITEL 4

TROPISCHE WIRBELSTÜRME

65 García-Herrera et al. (2007).

66 Chenoweth (2014).

67 Traugott Bromme publizierte 1851 ebenfalls einen Atlas zum Kosmos, darin sind drei Zugbahnen eingetragen.

68 Brönnimann et al. (2019c).

69 Die Zugbahnen und die Vergleiche verdanke ich Luca Funk und Michael Bading.

70 https://en.wikipedia.org/wiki/1821_Norfolk_and_Long_Island_hurricane.

KAPITEL 5

MACHT DAS KLIMA KRANK? EINE KLIMAREIHE AUS VERACRUZ

71 Humboldt (1806).

72 Smith (1943).

73 Humboldt (1811a).

74 Humboldt (1813).

75 Humboldt (1859), 112.

76 Humboldt (1811b).

77 Ryan et al. (2019).

78 Diaz und McCabe (1999).

79 Burger et al. (2022).

80 Gubler et al. (2021).

81 Dove (1841), 117.

82 Valler et al. (2022).

KAPITEL 6

EIN JAHRHUNDERTSOMMER IN ROM

83 SBB-PK, IIIA, Nachl. Alexander von Humboldt, gr. Kasten 1, Mappe 4 [Umschlag].

84 Humboldt (1817a).

85 Heller (1807–1809).

86 N.N. (14.10.1807), 328.

87 Gauß (1976), 378.

88 Reiter (1990), 7.

89 Der Vortrag erschien 1808 unter dem Titel «Über die Steppen und Wüsten» in der ersten Ausgabe der Ansichten der Natur. Vgl. Humboldt (1808), 1–155.

90 Der Vortrag erschien 1808 unter dem Titel «Ueber die Wasserfälle des Orinoco, bei Atures und Maypures» in der ersten Ausgabe der Ansichten der Natur. Vgl. Humboldt (1808), 279–334.

91 Humboldt (1807).

92 Humboldt (1808).

93 Humboldt (2009), 81.

94 Sydow (1913), 39.

95 Sydow (1920), 80.

96 Sydow (1913), 47.

97 Ebd., 54.

98 Leitzmann (1917), 431.

99 SBB-PK, IIIA, Nachl. Alexander von Humboldt (Tagebücher) II und VI, Blatt 42v und Blatt 45v.

100 Humboldt (2013), 278.

KAPITEL 7

1816 – (K)EIN «JAHR OHNE SOMMER»

101 Nur beiläufig, beispielsweise in Humboldt (1817), 558.

102 Brönnimann und Krämer (2016).

103 Bsp. im Magazin «Der Schweizerfreund», vgl. Bodenmann et al., (2011).

104 Brönnimann und Krämer (2016).

105 Ebd.

106 Bodenmann et al. (2011).

107 Usteri (1817).

108 Zschokke (1817).

109 Krämer (2016).

110 Brönnimann und Krämer (2016).

KAPITEL 8

WETTERBEOBACHTUNGEN UND GESCHÜTZDONNER

111 SBB-PK, IIIA, Nachl. Alexander von Humboldt, gr. Kasten 12, Nr. 31.

112 Humboldt (1853), 371–397.

113 Humboldt (1820).

114 Ebd., 387.

115 Arago (1822), 213.

116 Humboldt (1853), 387.

117 Ertel (1955).

118 Ebd., 17.

119 Humboldt (1820).

120 Ebd. 163: «Aristote en a parlé dans ses Problêmes, Plutarque dans ses Dialogues.»

121 Ebd. 165: «[...] le bruit des Grandes-Cataractes de l'Orénoque dans la plaine [...] est trois fois plus fort de nuit que de jour».

122 Ebd., 169: «La température de l'air à l'ombre d'un Bombax était 36°,2; au soleil, à 18 pouces de hauteur au-dessus du sol 42°,8. De nuit, le sable n'avait plus que 28°; il avait perdu plus de 24°.»

123 Ebd., 169: «[...] donne un charme inexprimable à ces lieux solitaires.»

124 Humboldt (1849), 317–340.

125 Humboldt (2009), 337.

126 Ebd.

127 Humboldt (1845–1862), 85–86.

128 Humboldt (1849), 328.

129 Ebd., 329–330.

130 Ebd., 332.

131 Ebd., 333.

132 Ebd., 333–334.

133 Ebd., 334.

134 Ebd., 335.

135 Ebd.

136 Ebd., 336.

137 Humboldt (1853), 377.

138 Humboldt (1849) 337.

139 Ebd.

140 Humboldt (1845–1862), 332.

KAPITEL 9
DAS KLIMA WIRD GLOBAL

141 Halley (1686).

142 Pappert et al. (2021).

143 Barth (1858).

144 Denham et al. (1826).

145 Brönnimann et al. (2019a).

146 Robertson (2014).

147 Brönnimann und Wintzer (2019).

148 Brönnimann et al. (2019b).

KAPITEL 10
EINE WETTERNACHHERSAGE FÜR HUMBOLDTS ZENTRALASIENREISE

149 Rose (1837), 33.

150 Slivinski et al. (2019).

151 Edwards (2010).

152 Brönnimann et al. (2022).

KAPITEL 11
KLIMAWISSEN IM ENTWURF

153 SBB-PK, IIIA, Nachl. Alexander von Humboldt, gr. Kasten 1, Mappe 7, Nr. 12, Blatt 17r.

154 Schneider (2018).

155 Humboldt (1817a).

156 Ebd.

157 Humboldt (1817a), 488: «Rassuré sur la précision des moyennes numériques, j'ai tracé sur une carte les lignes isothermes analogues aux lignes d'inclinaison et de déclinaison magnétique: je les ai considérées à la surface de la terre dans un plan horizontal, et sur la pente des montagnes dans un plan vertical.»

158 Humboldt (1817b).

159 Ebd., 102: «Le lecteur trouvera à la fin du Cahier, une carte que nous devons à l'amitié de M. de Humboldt, et dans laquelle il a représenté graphiquement quelques-uns de ses curieux résultats sur la forme et la situation des lignes isothermes ou d'égale chaleur.»

160 Trabert (1901), 52–53.

161 Humboldt (1853), 242.

162 Meinardus (1899), 32.

163 Schneider (2018), 363–370.

164 Humboldt (1843) und Humboldt (1844).

165 Humboldt (1853).

166 Ebd., 448.

167 Humboldt (1844), 73–221.

168 Ebd., 96.

KAPITEL 12
EIN EISIGER WINTER

169 Wolfers (1847), 331.

170 Zit. nach Pfister und Wanner (2021).

171 Humboldt (1845), 304.

172 Humboldt (1845), 345.

173 Brönnimann et al. (2019b).

174 CH2018 (2018).

175 Pfister und Wanner (2021).

176 Schwander et al. (2017).

177 Stephenson et al. (2003).

178 Wanner et al. (2001).

KAPITEL 13
KLIMAVISIONEN

179 Vgl. zu Klimavisualisierungen: Schneider (2018).
180 Vgl. Rosenberg und Grafton (2018) zur Darstellung der Zeit, die ähnlich unterschiedlich visualisiert wurde.

KAPITEL 14
(KEINE) EISZEIT

181 SBB-PK, IIIA, Nachl. Alexander von Humboldt, gr. Kasten 11, Nr. 35.
182 Ebd.
183 Buch (1870).
184 Ebd., 601.
185 Humboldt (1853).
186 Die Ausführungen zur Wissenschaftsgeschichte der Eiszeit stützen sich im Wesentlichen auf Krüger (2008).
187 Zumbühl (1980), 43.
188 Gilbert (1819), 343–344.
189 Charpentier (1836), 493–494.
190 Ebd., 494.
191 Ebd.
192 Schimper (1837).
193 MfN, HSBS, Pal. Mus., S I, Tgb. Buch, L. v., Bd. 16. Ich danke Carsten Eckert für den Hinweis auf diese Tagebuchstelle und die Unterstützung bei deren Transkription.
194 Vgl. Seibold und Seibold (2003), 430.
195 Humboldt, A. v. an Agassiz, L., Teplitz, 19.7.1837. Harvard University Library, Cambridge, Am 1419 (423).
196 Agassiz (1833–1843).
197 Humboldt, A. v. an Agassiz, L., Berlin, 17.6.1838, Harvard University Library, Cambridge, Am 1419 (424): «[...] je suis loin de nier la cause des sillons que Vous cherchez dans la glace, d'autres dans les blocs: mais l'idée que Vous sembliez émettre sur les alternatives d'un état glacial et d'un état tropical me paroissoit aucunement justifié par les faits qui me sont connus à moi, y compris les phénomènes de Sibérie. Si je doute sur ce point, je ne partage aucunement l'humeur guerroyante et méprisante de notre ami L. de. B. à ce sujet. [...] Il ne faut pas décourager l'observation et l'affaire des sillons et surfaces polies est extrêmement curieuse.»
198 Agassiz (1840).
199 Charpentier (1841).
200 Stevens und Bohn (1863), 10–11.
201 Ebd., 135–136.
202 Humboldt, A. v. an Agassiz, L., Berlin, 2.3.1842, Harvard University Library, Cambridge, Am 1419 (426).
203 Thomson (1849), 210.
204 Humboldt, A. v. an Agassiz, L., Berlin, 2.3.1842, Harvard University Library, Cambridge, Am 1419 (426).
205 Ebd.
206 Buch (1885), 1051.
207 Hugonnet et al. (2021).
208 Taylor et al. (2023).

KAPITEL 15
DER WEG ZUR DRITTEN DIMENSION

209 Humboldt (1806), 6.
210 Winkler (2006).
211 Schlagintweit (1853).
212 Boscani Leoni (2018).
213 Briefwechsel mit den Brüdern Schlagintweit. https://edition-humboldt.de/briefe/index.xql?person=H0015552
214 Lüdecke (2015a,b).
215 Schlagintweit H. und R. an Humboldt, A. v., Berlin, 26. 3.1859. https://edition-humboldt.de/briefe/detail.xql?id=H0016454&l=de
216 Brönnimann und Stickler (2013).
217 Brönnimann (2022).
218 Edwards (2010).
219 Valler et al. (2022).

KAPITEL 16
REISETHERMOMETER, DAMPFSCHIFFE UND DIE KOLONISIERUNG DES WESTENS

220 SBB-PK, IIIA, Nachl. Alexander von Humboldt, gr. Kasten 2, Mappe 4, Nr. 21, Blatt 2.
221 SBB-PK, IIIA, Nachl. Alexander von Humboldt, gr. Kasten 2, Mappe 4, Nr. 21, Blatt 1 [Hervorhebung D. E.].
222 Möllhausen (1861), VII.
223 SBB-PK, IIIA, Nachl. Alexander von Humboldt (Tagebücher) VIII, Blatt 3r.
224 Humboldt (1837).
225 Humboldt (1863), 284.

226 SBB-PK, IIIA, Nachl. Alexander von Humboldt (Tagebücher) VIII, Blatt 23r.
227 SBB-PK, IIIA, Nachl. Alexander von Humboldt, gr. Kasten 2, Mappe 4, Nr. 21, Blatt 1.
228 SBB-PK, IIIA, Nachl. Alexander von Humboldt (Tagebücher) VIII, Blatt 48r.
229 Humboldt ([1808–] 1811a).
230 Humboldt (1809–1814), 72.
231 Ebd.
232 Hann (1910), 320.
233 Möllhausen (1861), VII.
234 Ebd.
235 Ebd., IX.
236 Kortum (1999), 5–7.
237 Möllhausen (1861), 8.
238 Graf (1991), 321.
239 Möllhausen (1861), 353.
240 Graf (1991), 350.
241 Möllhausen (1858), 7.
242 SBB-PK, IIIA, Nachlass Alexander von Humboldt, Bd. 14/2, Blatt 309.
243 Ives (1861).
244 Graf (1991), 400.
245 Möllhausen (1861), 439.
246 Humboldt (1845–1862), 385.
247 Humboldt (1837), 579.

KAPITEL 17
SCHLUSSWORT: VIELLEICHT NOCH ZU GEBRAUCHEN – HUMBOLDTS KLIMATOLOGISCHER NACHLASS

248 Humboldt (1845–1862).
249 Humboldt (1814–1817).
250 Humboldt (1836–1839).
251 Humboldt ((1833)–ca. 1855).
252 SBB-PK, IIIA, Nachl. Alexander von Humboldt, gr. Kasten 4, Umschlag 19–24, Blatt 1.
253 Humboldt (1853).
254 Humboldt (1808), 71–73.
255 Humboldt (1837).
256 Humboldt (1849).
257 Humboldt (2009), 426.
258 Humboldt (1845–1862), 65.
259 Dove (1872), 425–426.
260 Humboldt (1845–1862), 340.
261 Brönnimann (2021), 147.
262 Hann (1883), 1.
263 Vgl. Schönwiese (2008), 58.

PERSONENREGISTER

Sie möchten nichts mehr verpassen?

Folgen Sie uns auf unseren Social-Media-Kanälen und bleiben Sie via Newsletter auf dem neuesten Stand.

www.haupt.ch/informiert

1. Auflage: 2023

ISBN 978-3-258-08324-7

Gestaltung und Satz: pooldesign, CH-Zürich
Umschlagbild: Frederic Erwin Church (1865): Sky at sunset, Jamaica, West Indies [Wikimedia commons]

Wir verwenden FSC®-zertifiziertes Papier. FSC® sichert die Nutzung der Wälder gemäß sozialen, ökonomischen und ökologischen Kriterien.
Gedruckt in Deutschland

Die Druckvorstufe dieser Publikation wurde vom Schweizerischen Nationalfonds zur Förderung der wissenschaftlichen Forschung unterstützt.

Diese Publikation ist in der Deutschen Nationalbibliografie verzeichnet.
Mehr Informationen dazu finden Sie unter http://dnb.dnb.de.

Der Haupt Verlag wird vom Bundesamt für Kultur für die Jahre 2021–2024 unterstützt.

Wir verlegen mit Freude und großem Engagement unsere Bücher. Daher freuen wir uns immer über Anregungen zum Programm und schätzen Hinweise auf Fehler im Buch, sollten uns welche unterlaufen sein.

www.haupt.ch